張永仁◆著　台灣館◆編輯製作

遠流出版公司

目錄

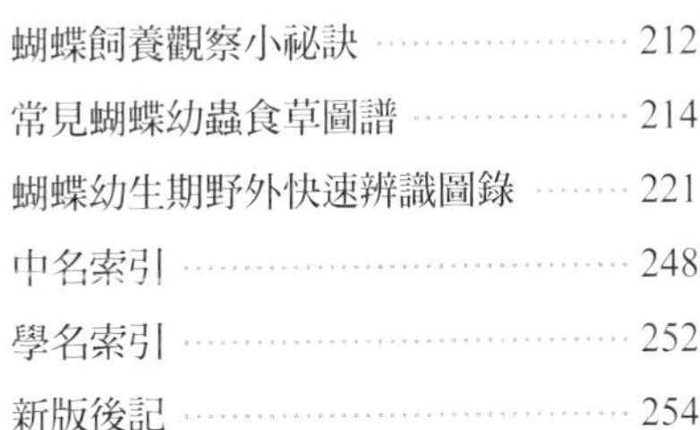

如何使用本書

台灣擁有三百多種各類蝴蝶，其中約三分之一是平地至低海拔地區，普遍分布或常見的種類。本書選介當中體型較大、外觀較醒目的最常見100種，予以深入而詳盡的解說。

為方便讀者查詢，本圖鑑依最易觀察的外觀特徵，設計了「形態大類辨識法」（P.10），將全書所收錄的蝶種分為八大類。而每種蝴蝶皆以一個跨頁的篇幅來介紹，內容分為成蟲與生活史兩大部分。

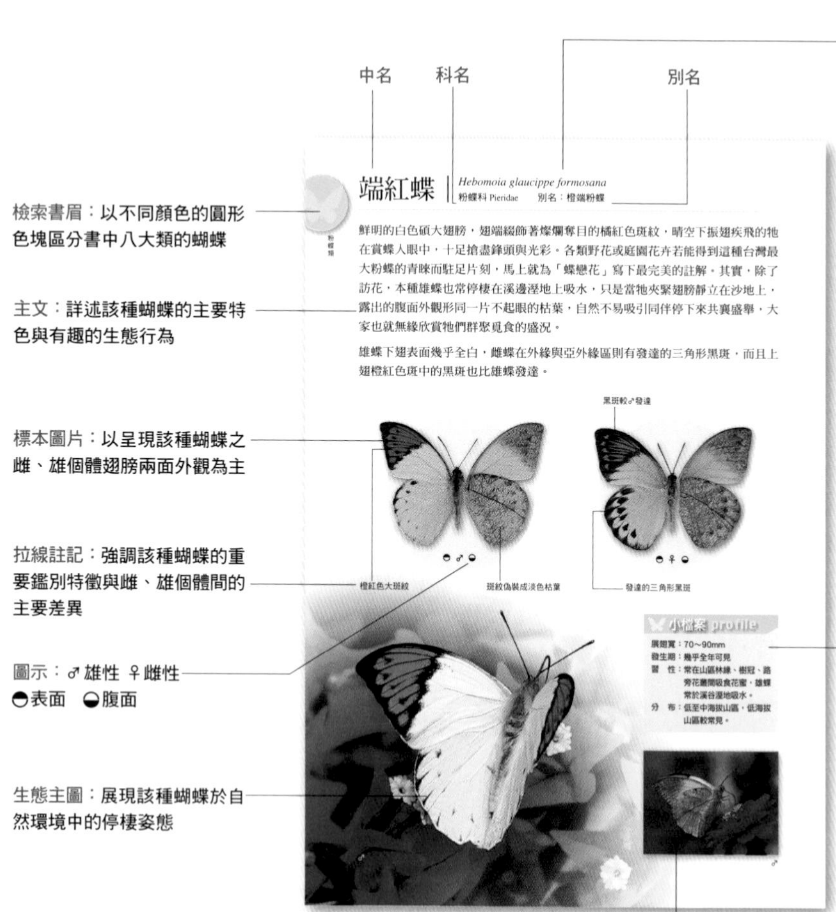

在成蟲辨識上，以雌、雄個體翅膀兩面標本照，搭配重點拉線註記，加上現場生態攝影，提供正確且快速的鑑定指南；而生活史則呈現蝴蝶從卵、幼蟲、蛹到成蟲的完整圖像，並有幼生期各階段相關說明，期使讀者對其蛻變成長過程，有全面的認識。書後並附有「蝴蝶幼生期野外快速辨識圖錄」（P.221），依照外觀形態上較明顯可見的特徵，提供卵、終齡幼蟲及蛹的分類查詢辨識，可隨時進行觀察比對。

另外，書中除了陳述每種幼蟲攝食的植物種類，並特別於延伸附錄提供「蝴蝶飼養觀察小祕訣」（P.212）及70種「常見蝴蝶幼蟲食草圖譜」（P.214），以利掌握蝶蹤。

學名：拉丁文所寫的國際通用名稱。斜體字第一字為「屬名」，第二字為「種小名」，若出現第三字則為「亞種名」。

幼蟲食草：詳列該種蝴蝶幼蟲的食草

生活史 life history

幼蟲食草：山柑科的魚木和多種山柑

粉蝶類

鳥類是蝴蝶幼蟲的一大天敵，然而，為了確保族群命脈的傳承，小毛蟲可不會乖乖地坐以待斃，牠們往往身懷各種保命絕招，以躲過掠食者的致命攻擊。其中，偽裝成小蛇模樣來嚇阻小鳥，成為牠們慣用的欺敵手法，鳳蝶家族的終齡幼蟲就常有這樣的本領。而在粉蝶家族裡，唯獨個頭夠大的本種幼蟲能採用這種偽裝術，並且堪稱技冠群蟲。因為平時靜棲在植物葉面的牠，一身保護色的綠衣可說是第一道護身符，萬一強敵壓境，則挺起前半身，把頭胸向後擠成一團，於是體側的小斑點頓時變成怒目相視的大眼睛，儼然就是一隻盤身示警的小青蛇。

砲彈形的卵較粗胖，高約1.6mm。蛹形亦顯粗胖，體長約42mm，有綠色、濃黃色、淡黃褐色等不同外觀。

生活史內文：介紹雌蝶產卵的習性，與食草植物相關的生態，或幼生期中較特殊有趣的生態行為，以及各階段的外觀特徵。

卵　三齡幼蟲　終齡幼蟲（體長可達60mm）

黃色型蛹（側面））

♀產卵　綠色型蛹（側面）

69

生活史圖片：提供該種蝴蝶卵→幼蟲→蛹→成蟲的生態圖片，以圖說簡單提示各圖片呈現的重點，並標示終齡幼蟲（未特別註明者皆為五齡）可達的較大體長，以供比對大小之參考。

小檔案說明

展翅寬：蝴蝶展翅的橫幅最寬長度，全書以此計量體型大小

發生期：活動月份

習　性：較常出沒的棲息環境與食性

分　布：在台灣的地理分布與棲息的海拔高度。低海拔為800公尺以下，中海拔為800至2,200公尺，高海拔為2,200公尺以上。

近似種：列出與該種蝴蝶外觀相近易混淆的種類，並提示辨識重點。

小檔案：歸整該種蝴蝶成蟲的重要資訊

什麼是蝴蝶

在昆蟲分類系統中，蝴蝶與蛾同屬於鱗翅目，牠們共同的特徵是翅膀上布滿著一列列相疊的鱗片。而鱗翅目下，又細分出三十多個總科，各種大家熟識的蝴蝶全被歸入一個鳳蝶總科中，其他總科的成員則悉數為蛾類。

一般而言，蝴蝶習慣在白天活動，停棲時會將翅膀豎在背側，或是將翅膀向兩側攤平，且上翅局部覆蓋下翅；蛾的習性則因種類不同而差異懸殊，多數習慣在夜間活動，停棲的姿態除了翅膀向兩側攤平，上下翅局部重疊外，很多種類會將上翅向斜後方伸展並完全覆蓋下翅，甚至外觀呈屋脊狀的也不在少數。想分辨一隻鱗翅目昆蟲到底是蝴蝶還是蛾，最不容易出錯的方法是觀察其觸角：觸角呈末端較膨大的棍棒狀者是蝴蝶；觸角呈絲狀、櫛齒狀、鋸齒狀、羽毛狀或複合狀者都是蛾。

具有羽毛狀觸角的毒蛾

蝴蝶的外部構造

蝴蝶擁有昆蟲典型的外觀特徵：身體由前至後分成頭、胸、腹三部分。頭部有一對明顯的複眼、一對棍棒狀觸角，以及一根二合一的細長虹吸式口器，不用時可捲曲成蚊香狀。胸部的背側有兩對用來飛行而滿覆鱗片的翅膀，而腹側則有三對用來攀附、站立或行走的腳。腹部兩側有呼吸用的氣孔，末端具有交配器（雌蝶另有產卵管）和排泄孔。

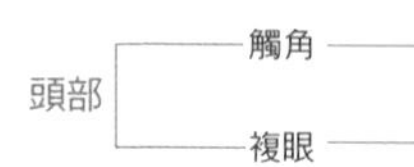

蝴蝶停棲的姿態

蝴蝶平常停棲時，多數較習慣將翅膀夾緊、上下翅局部重疊豎立在背上；進行日光浴時，則把翅膀向體側攤平或呈一角度斜張。少數種類一旦停下來，就習慣把翅膀向兩側攤開，因此，少有機會瞧見牠們夾起翅膀的模樣。至於許多上翅黑色的鳳蝶，若是停在溼地上吸水，經常直接豎起翅膀棲止不動；若是黃昏躲在樹叢間休息，則多把上翅向體側斜後方一攤，並覆蓋住下翅較醒目的斑紋。部分挵蝶停下來時，下翅向身體兩側攤平，上翅卻呈一斜角豎在背上，特殊的姿勢有點類似戰鬥機的模樣。另外，所有剛羽化的蝴蝶都無力張開翅膀，一般用腳攀掛在植物叢下，四片翅膀併攏向下懸垂。

剛羽化的台灣麝香鳳蝶

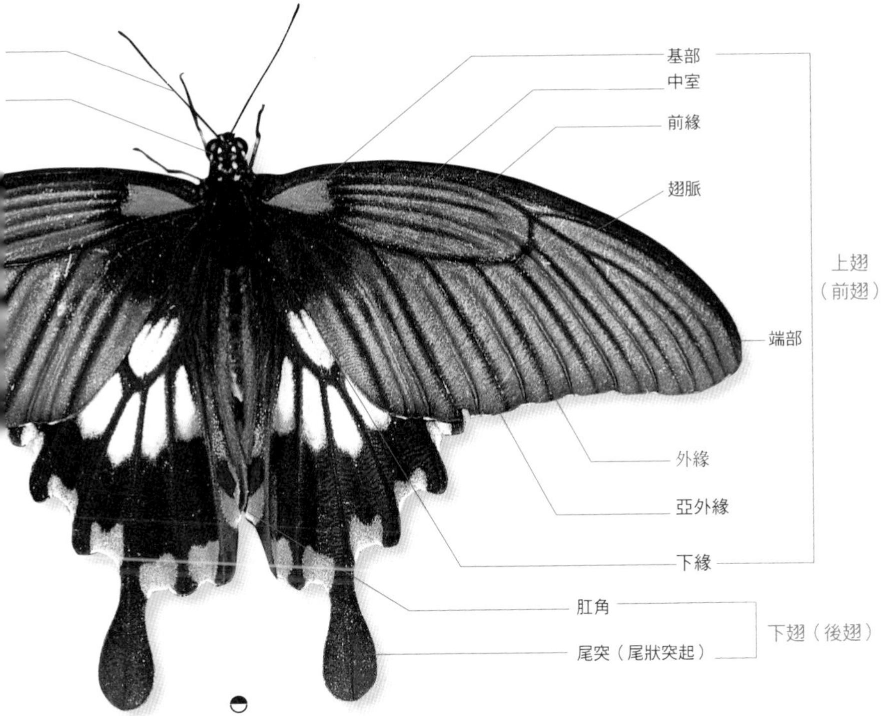

基部
中室
前緣
翅脈
上翅（前翅）
端部
外緣
亞外緣
下緣
肛角
尾突（尾狀突起）
下翅（後翅）

蝴蝶的一生

蝴蝶屬於典型的「完全變態」類昆蟲，牠們完整的一生必須經歷卵、幼蟲、蛹、成蟲四個外形大相逕庭的生命週期。蝴蝶的壽命長短隨著種類不同，會有懸殊的差異性。台灣一年一個世代的種類，大部分棲息在中、高海拔山區，而這些壽命長達一年的蝴蝶，生活史中用來越冬的某一特定階段（通常是卵、幼蟲或蛹），幾乎都長達半年以上。至於生活在平地或低海拔地區的蝶種，一年會有二至五、六個世代，一個世代的壽命通常一個多月至三個月左右；而有明顯休眠越冬的世代，壽命一般都超過半年。

卵

雌蝶交配後，將來自雄蝶的精液保存在儲精囊內，直到產卵的時候，才讓每個即將產下的卵粒分別沾附精液；受精成功的蝶卵，大約一兩天後會在表面出現特定的顏色或斑紋，稱之為「受精斑」。大部分的雌蝶會把卵粒產在幼蟲可以吃食的特定食草植物上，少數種類則將卵產在食草附近的植物或雜物上。因種類不同，蝶卵的外觀變化多端：圓球形、砲彈形、紡錘形、半球形……甚至奇形怪狀；表面有的光滑，有的粗糙；有的具縱稜、橫紋，有的長滿長毛，有的滿布凹紋或鐫刻……，真是千奇百怪不一而足。而產卵的習性也是因「蝶」而異，有些雌蝶一次只產一枚卵；有些會將三、五枚卵產在一起；有些則是花很長的時間，將數十枚，甚至一、兩百枚卵粒集中並列產下。

幼蟲

當卵內的幼蟲發育成熟，就用大顎從內部直接啃食卵殼，等到卵殼上的破洞比牠的頭圍大，才蠕動著柔軟的身體鑽出卵殼。大多數幼蟲在休息片刻後，都會轉身把卵殼吃掉，以補充能增強體壁的營養物質，接著便靠攝食食草而成長。由於幼蟲的外皮組織雖富有彈性，但無法增生長大，因此大部分種類每隔四至七天需要休眠蛻皮一次。剛孵化的幼蟲稱為一齡幼蟲，每蛻一次皮就多一齡；多數幼蟲一生共分五齡，最末一齡慣稱「終齡幼蟲」。同一種幼蟲除了體型隨著齡數增加而變大外，不同齡期的模樣，也有或多或少的差異；至於不同種的幼蟲，其外觀更是大異其趣。一般而言，親緣關係越近的種類，長相越容易相似。

鑽出卵殼

吃掉卵殼

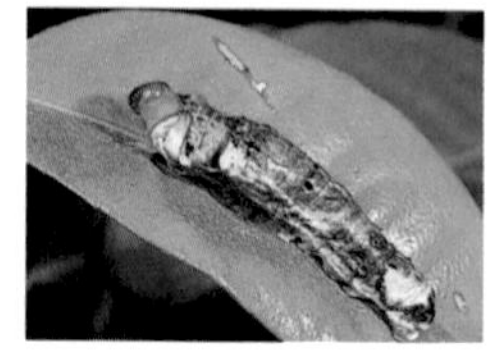

蛻皮

蛹

蛹是蝴蝶幼蟲轉變為成蟲的一個過渡時期。成熟的終齡幼蟲停止攝食後，自會依循本能在食草植物叢間，或是爬離食草植株，選一處較為隱蔽的場所準備化蛹。然後，利用吐絲的方式將自己固定在附著物上，經過一兩天再蛻一次皮就變成蝶蛹。由於吐絲固定的方式不同，蝶蛹分「垂蛹」與「帶蛹」兩種形態。

帶蛹：除尾端固定在附著物上，還有一粗絲帶圍繞支撐在背側。

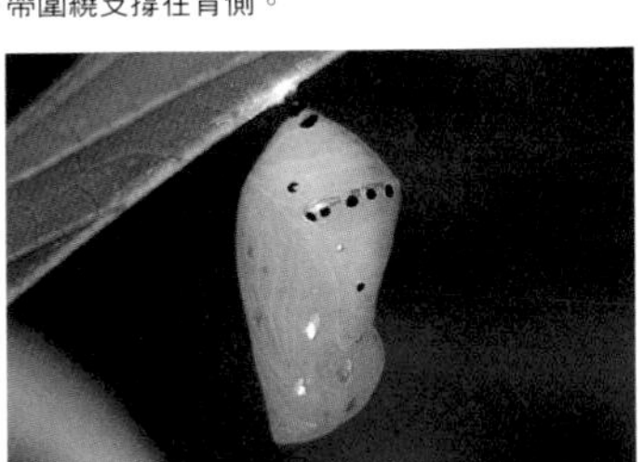

垂蛹：只有尾端一點固定在附著物上，其他整個身體倒懸在半空中。

蝴蝶的蛹已具有成蟲的雛形，從外觀可找到複眼、口器、觸角、胸部背側、上翅、各腳和腹部所在的位置，只有下翅因遭上翅覆蓋而看不見。一般常見蝶種非越冬蛹的蛹期約一至二星期。蝶蛹無法自由移動位置，為了自保多數均有絕佳的保護色，有些甚至偽裝成植物的枝葉；少數因具保命的毒素而呈現光彩奪目的警戒色。

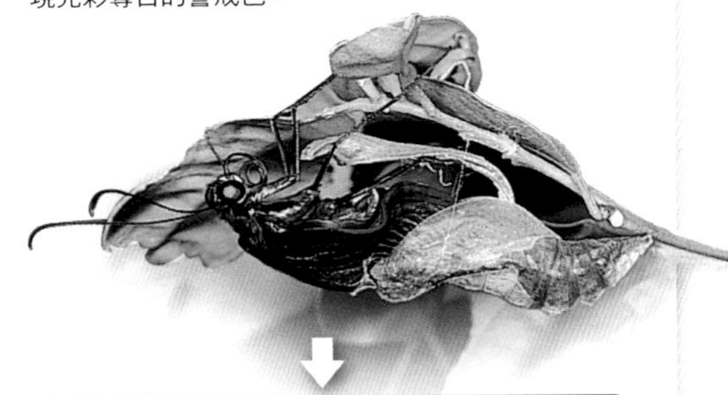

羽化成蟲

蝶蛹羽化的前一日，蛹的外壁會變得半透明，清楚可見內部一隻蝴蝶的縮影，尤其身體兩側上翅的部位，顯現該種蝴蝶翅表的色彩與斑紋。成蟲羽化通常都在夜間進行，羽化時會先用力蠕動腹部，以身體去推擠身前的蛹殼，當蛹殼從胸前裂開，探出頭的成蟲用腳攀住蛹殼外的附著物，將身體、翅膀拉出殼外，接著倒掛在蛹殼或植物枝葉下方，利用腹部內的體液透過中空翅脈的輸送，將原本縮皺的小翅膀慢慢撐大，等翅膀完全成型，再將翅脈中過多的體液排泄掉。當翅脈硬化成支撐翅膀的骨架，牠就是一隻能翩翩飛舞的蝴蝶仙子。

形態大類辨識法

根據早期的分類系統，台灣產的各類蝴蝶總共區分成十個科，分別為鳳蝶科、粉蝶科、斑蝶科、蛇目蝶科、蛺蝶科、環紋蝶科、小灰蝶科、挵蝶科、長鬚蝶科及小灰蛺蝶科。而現今較新的分類模式，則將斑蝶科、蛇目蝶科、環紋蝶科、長鬚蝶科併入蛺蝶科中，各成獨立的「亞科」；小灰蛺蝶科也被歸成小灰蝶科中的一個亞科。因此，台灣產的蝴蝶只剩下五個不同的科別；蛺蝶科變成種類最多的一科。

為了讓初入門者能依據蝴蝶的外觀形態與生態特色快速檢索，本辨識法參考舊分類系統，將所介紹的100種常見蝴蝶分成八大類——鳳蝶、粉蝶、斑蝶、蛺蝶、環紋蝶、蛇目蝶、小灰蝶、挵蝶（分別隸屬舊分類系統的前八個科別），並各擇一典型的標本圖片呈現該大類的特徵。讀者直接比對確認類型後，即可根據所提供的大類起首頁頁碼，查閱圖鑑內頁。

鳳蝶 (P.12)

- 體型大
- 多數上翅顏色深而無鮮豔斑紋，下翅則有或多或少顏色鮮明的斑紋
- 下翅末端常具鳳尾狀突起
- 活動時慣用六隻腳

粉蝶 (P.52)

- 體型中等
- 翅膀底色多為較淡的白色系或黃色系
- 活動時慣用六隻腳

斑蝶 (P.80)

- 體型中大
- 上、下翅有相似的淡色條狀、塊狀斑紋，或翅膀深色、翅表帶藍紫色光澤
- 活動時慣用中、後四隻腳，前腳退化縮在胸前
- 雄蝶腹部內末端有「毛筆器」

蛺蝶（P.106）

- 體型中等或中大
- 翅膀顏色、花紋變化大
- 觸角末端膨大特別明顯
- 活動時慣用四隻腳，前腳退化縮在胸前

蛇目蝶（P.160）

- 體型中等
- 翅膀底色多為褐色系
- 翅膀亞外緣附近具有或多或少的眼紋，下翅眼紋比上翅多
- 活動時慣用四隻腳，前腳退化縮在胸前

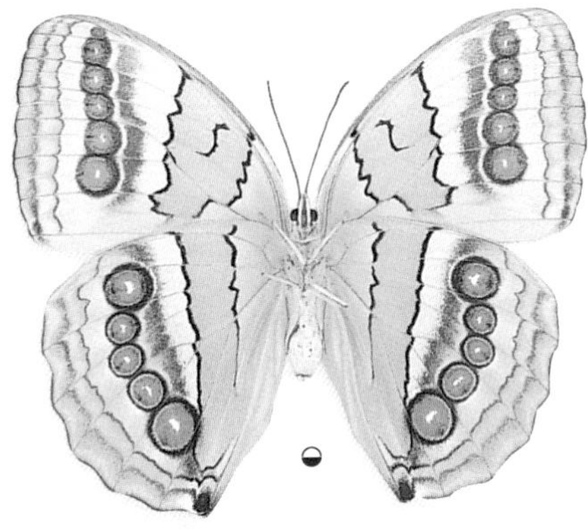

環紋蝶（P.158）

- 體型大
- 翅膀表面無眼紋，腹面有眼紋
- 活動時慣用四隻腳，前腳退化縮在胸前

小灰蝶（P.186）

- 體型小
- 複眼周圍有一圈白色鱗片與短毛
- 多數種類觸角呈黑白相間狀
- 多數種類下翅末端具細長尾突
- 活動時慣用六隻腳，但雄蝶前腳稍退化、無爪，常半縮以四隻腳站立

挵蝶（P.200）

- 體型小或中小
- 觸角末端呈微彎的尖鉤狀
- 活動時慣用六隻腳
- 後腳脛節末端有二枚短刺（脛距）

※以上標本圖片除小灰蝶為實際尺寸之86%外，其餘皆為65%

黃裳鳳蝶 | *Troides aeacus kaguya*

鳳蝶科 Papilionidae

在墾丁熱帶雨林中，不難瞥見這種下翅閃現著鮮黃色彩的大型蝴蝶，牠的雄蝶喜好在林間上空翱翔滑行，這算是某種形式的領域行為；因此一旦兩隻雄蝶在空中狹路相逢，免不了上演一場相互追逐示警的戲碼，不知情的人可能會誤以為牠們是一對比翼雙飛的愛侶呢。

想近身一睹黃裳鳳蝶駐足花叢的迷人風采，其實是可遇不可求的，但若能鍥而不捨地跟隨牠進入樹林，或許還有機會捕捉到牠停棲在葉面上歇息的片刻。美中不足的是，牠漆黑的上翅向下一攤，也就連帶把那耀眼的黃色裙襬遮掉大半。本種體型居台灣本島蝶種之冠，雄蝶下翅除了外緣有一列三角形黑斑外，其餘部分幾乎都呈鮮黃色；雌蝶下翅中央部位，尚有一列弧形的三角形大黑斑。

♂

小檔案 profile

展翅寬：110～130mm

發生期：幾乎全年可見，但春、秋二季較常見。

習　性：喜於林緣灌木花叢間訪花

分　布：主要於南台灣（尤其是恆春半島）低山區，中、北部偶爾可見。

近似種：珠光鳳蝶（*T. magellanus sonani*）僅產於蘭嶼

珠光鳳蝶♂

生活史 life history

幼蟲食草：港口馬兜鈴（局部地區雌蝶也會在異葉馬兜鈴產卵繁殖）

本種雖主要分布於墾丁地區，但就算在中、北部郊山，只要是大量栽植港口馬兜鈴之處，一樣能吸引嗅覺靈敏的雌蝶遠道而來，在植株葉背產下直徑超過2mm，外觀像裹著一層糖衣的卵。

以各種馬兜鈴葉片為食的鳳蝶類幼蟲，身上每個體節都有長短不一的肉棘，而且長相極為近似，因此區分不易；不過，黃裳鳳蝶是本島體型最大的蝴蝶，看見港口馬兜鈴植株間，有成人拇指般粗的終齡（五齡）幼蟲，保證就是牠的小孩！

和其他鳳蝶相比，本種的幼蟲期較長，約一至一個半月才會化蛹。淡黃褐色的超大蛹體，用條粗黑的絲帶托在植物叢間，體背還泛著一大片鮮黃色斑，不仔細看，倒三分神似一團捲曲的枯葉隱身在自然環境中。

卵

終齡幼蟲（體長可達60mm）

蛹（背面）

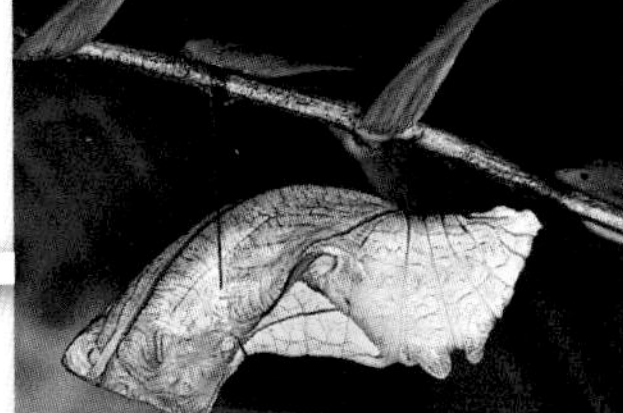
蛹（側面）

♀

大紅紋鳳蝶

Byasa polyeuctes termessus

鳳蝶科 Papilionidae　　別名：多姿麝鳳蝶

鳳蝶科底下有一支麝香鳳蝶族，在台灣共有七種成員，因其幼蟲都吃食馬兜鈴科植物，因此成蟲身上皆會散發一股大同小異的馨香味。這樣的氣味人們聞起來舒服，天敵吃起來卻恐怕難以下嚥，因此少有掠食性動物會打牠們的主意，而這一成功的自衛機制，也使得牠們在花叢間穿梭時，舞姿格外輕緩悠哉。

大紅紋鳳蝶是此家族中全島分布最廣的一種，常榮登各地蝴蝶園的要角。野外，牠偏好的蜜源植物主要是冇骨消、馬纓丹與長穗木等。本種下翅外半段具有多枚明顯的桃紅色斑，而位於尾突上的「大紅紋」尤為重要的鑑別特徵；雌雄蝶下翅中央附近均有一大一小兩個白斑，雌蝶下翅表面比雄蝶多一至二枚粉紅色小斑。

小檔案 profile

展翅寬：80～90mm

發生期：全年可見，較冷的分布區以蛹越冬。

習　性：常在山區林緣、路旁或樹冠花叢間吸食花蜜

分　布：平地至中、高海拔山區

近似種：台灣麝香鳳蝶（P.16）、紅紋鳳蝶（P.20）下翅尾突上均無紅色系斑

生活史 life history

幼蟲食草：異葉馬兜鈴、港口馬兜鈴、大葉馬兜鈴等

雌蝶準備產卵時，經常在馬兜鈴植株附近盤旋慢飛，偶爾停在葉背或蔓莖上產下一枚直徑近2mm的橙色卵，接著再起飛選擇下一個產卵位置；不過，在寄主植物攀爬的其他植物枝葉、雜物上，也很容易找到牠的卵粒。

本種幼蟲在台灣另有三種外觀難分彼此的近似種，牠們布滿雜亂斜紋的體軀中段，均有一條明顯的白色斜帶。辨識的重點在於本種的白色帶較細，橫幅小於一個體節的長度，而且體背中段僅一個體節具白色肉棘。

成熟的終齡幼蟲習慣在寄主植物附近的枝條下結蛹。蛹體長約30mm，淡橙褐色，體背具有棕色系與白色交雜的細紋；胸部背面有一枚橙色大斑紋，腹部背面具兩列縱向的板狀稜突。

卵

終齡幼蟲（體長可達50mm）

蛹（背面）

♀

蛹（側面）

台灣麝香鳳蝶

Byasa impediens febanus

鳳蝶科 Papilionidae　　別名：長尾麝鳳蝶

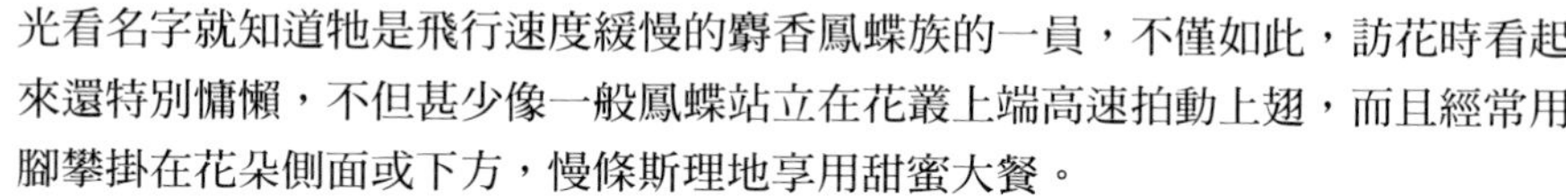

光看名字就知道牠是飛行速度緩慢的麝香鳳蝶族的一員，不僅如此，訪花時看起來還特別慵懶，不但甚少像一般鳳蝶站立在花叢上端高速拍動上翅，而且經常用腳攀掛在花朵側面或下方，慢條斯理地享用甜蜜大餐。

本種在台灣的分布尚廣，但不及大紅紋鳳蝶常見；然而，在種植著大量馬兜鈴植栽的少數開放式蝴蝶園裡，時有穩定而可觀的族群數。下翅末端具有鳳尾狀突起是鳳蝶外觀上的典型特徵，而台灣麝香鳳蝶則擁有同類中最長的「鳳尾」，其下翅外緣與下緣區還具七枚淡粉紅色斑紋，腹面較表面發達；雌蝶翅膀表面的底色比雄蝶稍淡，下翅斑紋較雄蝶稍大，但差異不明顯。

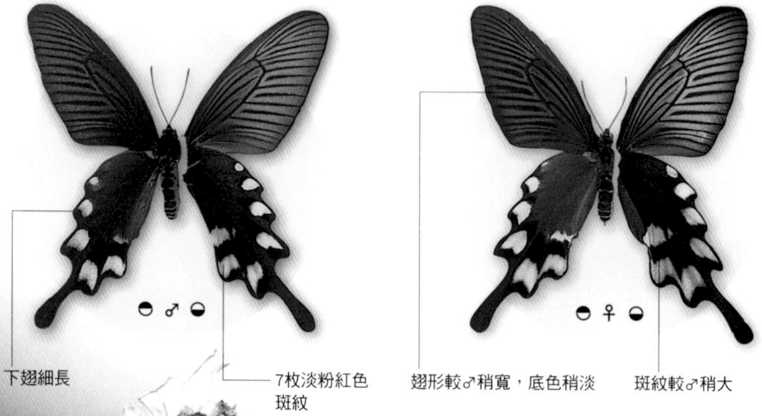

小檔案 profile

展翅寬：80～90mm

發生期：幾乎全年可見

習　性：常在山區林緣、路旁或樹冠花叢間吸食花蜜

分　布：主要於各地低海拔山區

近似種：大紅紋鳳蝶（P.14）下翅有白斑，麝香鳳蝶（P.18）下翅斑紋較小、顏色較濃，呈桃紅色。

♀

生活史 life history

幼蟲食草：異葉馬兜鈴、港口馬兜鈴、瓜葉馬兜鈴等

雌蝶產卵的習性和大紅紋鳳蝶大同小異，即使卵粒產在非食草植物上，孵化後的幼蟲只要爬行一段距離，便能找到可供牠吃食的馬兜鈴葉片。本種卵的大小、長相也和大紅紋鳳蝶幾乎一樣，唯有當場目睹雌蝶產下卵粒，才是鑑定不會出錯的保證。

成熟幼蟲的模樣乍看之下，像極了大紅紋鳳蝶的孿生兄弟；不過本種體軀側面中段的白色斜帶較寬大些，橫幅超過一個體節的長度，體背中段有兩個體節具白色肉棘。蛹的外觀也與大紅紋鳳蝶十分近似，從側面觀看：本種腹部背面的板狀稜突呈圓弧狀，大紅紋鳳蝶的稜突前緣則呈尖角狀。兩者的蛹期均為二週左右。

卵

終齡幼蟲（體長可達50mm）

蛹（背面）

蛹（側面）

♂

麝香鳳蝶

Byasa alcinous mansonensis

鳳蝶科 Papilionidae　　別名：麝鳳蝶

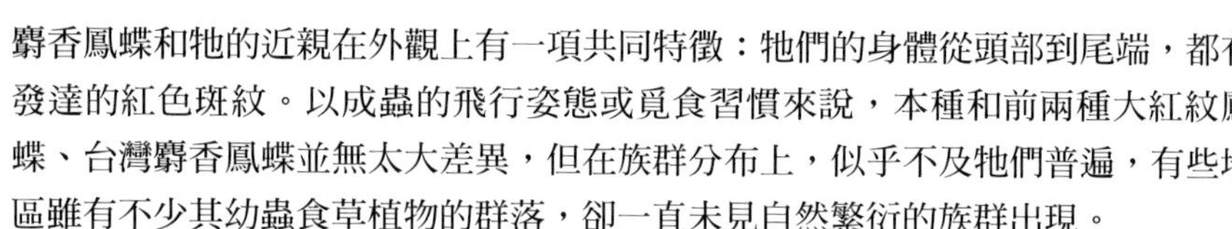

麝香鳳蝶和牠的近親在外觀上有一項共同特徵：牠們的身體從頭部到尾端，都有發達的紅色斑紋。以成蟲的飛行姿態或覓食習慣來說，本種和前兩種大紅紋鳳蝶、台灣麝香鳳蝶並無太大差異，但在族群分布上，似乎不及牠們普遍，有些地區雖有不少其幼蟲食草植物的群落，卻一直未見自然繁衍的族群出現。

本種外觀近似台灣麝香鳳蝶，但下翅的斑紋較小，顏色則呈較濃豔的桃紅色。成蟲是同屬中最容易分辨雌雄的種類，雌蝶展翅表面的底色為黃褐色，雄蝶則是黑色。

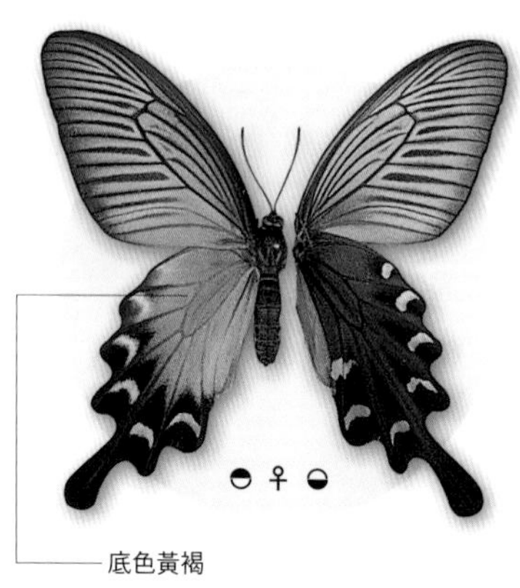

小檔案 profile

展翅寬：80～90mm

發生期：幾乎全年可見

習　性：常在山區林緣、路旁或樹冠花叢間吸食花蜜

分　布：主要在各地低海拔山區

近似種：台灣麝香鳳蝶（P.16）下翅斑紋較大，顏色較淡，呈粉紅色。

♀

生活史 life history

幼蟲食草：異葉馬兜鈴、港口馬兜鈴、瓜葉馬兜鈴等

麝香鳳蝶族的雌蝶產卵時，通常習慣徘徊在食草植株附近，一次產下一粒小卵後，再起飛找尋下一次的產卵地點；唯獨本種雌蝶與眾不同，每回選定產卵的食草或附近雜物、枝葉後，都會停留比較長的時間，將數粒至十數粒的卵產在一起。不過，幼蟲孵化後就沒有明顯的群聚習慣。

卵直徑約1.5mm。幼蟲外觀近似台灣麝香鳳蝶，但體背深色斜紋仍有不同，較明顯的差異是本種體表的肉棘較短。蛹外觀略似前二種，但本種體型較大紅紋鳳蝶小，體長約26mm；體色則較前二種淡，底色呈淡黃褐色，胸部背面稜突中的顏色為橙黃色。

卵

終齡幼蟲（體長可達45mm）

蛹（背面）

交配（上♀下♂）

蛹（側面）

紅紋鳳蝶 | *Pachliopta aristolochiae interposita*

鳳蝶科 Papilionidae　　別名：紅珠鳳蝶

本種是麝香鳳蝶族中身材最嬌小的一員；體型小往往代表著生活史的幼生期短，食物需要量少，在同類中自然有較佳的競爭力。因此以台灣低海拔地區來說，牠們是家族中最優勢的種類，有馬兜鈴科植物生長的地方，就有機會見到這種姿色迷人的「香蝶」，連人車熙來攘往的都市綠地，一樣會有讓人喜出望外的驚豔。

牠的名字和大紅紋鳳蝶雖只有一字之差，分類上卻歸隸於兩個不同的「屬」，顯示彼此的親緣關係稍遠一些。本種下翅腹面的外緣與下緣區具七枚桃紅色圓斑，翅中央附近則有四個白斑；展翅表面的桃紅色斑不明顯。雌蝶翅形比雄蝶略寬廣，其餘差異不大。由於本種身上有天敵嫌忌的異香，因而招來玉帶鳳蝶雌蝶的擬態模仿，賞蝶新手很容易混淆不清！

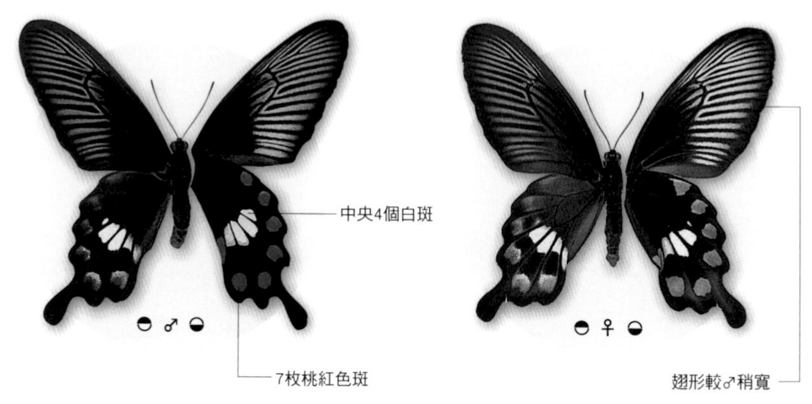

小檔案 profile

展翅寬：70～90mm
發生期：全年可見
習　性：常在山區林緣、路旁或樹冠花叢間吸食花蜜
分　布：平地至低海拔山區
近似種：大紅紋鳳蝶（P.14）體型較大，且下翅白斑有一枚特大；玉帶鳳蝶（P.32）擬態型雌蝶的下翅腹面紅斑為橙紅色。

生活史 life history

幼蟲食草：異葉馬兜鈴、港口馬兜鈴、瓜葉馬兜鈴等

雌蝶的產卵生態習性與大紅紋鳳蝶相差不多，但本種的卵粒明顯較小，直徑不及1.5mm。由於和大紅紋鳳蝶不同「屬」，幼蟲較容易與該屬三種成員區分：本種體軀中段的白色帶僅橫置在一個體節上，不呈斜帶狀；其餘底色為單純的紫黑色，不具雜亂的斜紋。若從野外採集幼蟲回家飼養，有時會發現近成熟的幼蟲變得不再攝食葉片，也不移動位置，數天後牠的身旁出現了一大堆白色小繭，原來這是幼蟲先前已遭寄生蜂——小繭蜂產卵寄生的結果，這隻幼蟲最後終將死亡。

本種蛹體長約25mm；從背面觀看，頭部頂端有向兩側平展的突起，胸部不具橙黃色斑。

卵

終齡幼蟲（體長可達45mm）

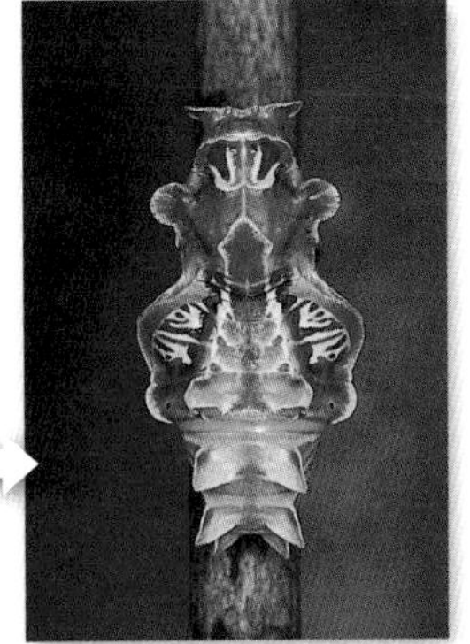
蛹（背面）

蛹（側面）

♀

青帶鳳蝶 | *Graphium sarpedon connectens*

鳳蝶科 Papilionidae　　別名：青鳳蝶

即使是在台北市林蔭大道的大樟樹旁，也可能偶遇前來準備產卵的雌蝶，可見高度空氣汙染的市區，並不會阻礙這種蝴蝶的族群繁衍。青帶鳳蝶在台灣常見鳳蝶中稱得上是身手敏捷的「快閃族」，在喧鬧的都市中人們或許較不易留意牠們的行蹤，但夏季造訪山區溪谷時，可別錯過近身觀察的良機。只要趁著牠停降在溪邊溼地上專心吸水的當下，躡手躡腳地慢慢靠過去，就能細賞這美麗的饕客；若待得夠久還有可能目睹牠邊喝邊尿的有趣畫面哩。

在東部許多林木茂盛的溪谷環境中，本種常是最優勢的蝶種，喜歡成群駐足於溼地吸水。最明顯的特徵：翅膀兩面有一列水青色的帶狀斑紋，貫穿上下翅；雌雄外觀差異不明顯，雄蝶下翅內緣上翻部位的夾層內有白色長毛。金門地區少部分個體下翅青帶消失，呈現所謂的「半帶型」外觀。

小檔案 profile

展翅寬：50～60mm
發生期：南部全年可見，中、北部以蛹越冬。
習　性：常在山區林緣、路旁花叢間吸食花蜜，雄蝶常成群於溪谷溼地吸水。
分　布：平地至中海拔山區
近似種：青斑鳳蝶（P.24）翅表的水青色斑顏色稍淡、數量較多，不呈一列縱帶。

生活史 life history

幼蟲食草：樟樹、大葉楠與該兩屬的多種樟科植物，台灣檫樹。

台灣有一珍貴的特有種植物叫台灣檫樹，它是珍稀特有蝶種寬尾鳳蝶的食草樹種。以往常有人以為在台灣檫樹嫩葉上拍攝到的蝶卵，就一定是寬尾鳳蝶的寶寶，直到研究人員將卵粒取下全程飼養，才發現被青帶鳳蝶戲弄了。

本種雌蝶習慣將卵粒個別產在食草植物的新芽或嫩葉上，卵呈光亮的米黃色，直徑約1.3mm。最初數齡的幼蟲體色較深，尾端白色；終齡（五齡）幼蟲綠色，胸部背側二枚不明顯的假眼紋間，有道黃色或黃綠色細橫線。蛹體呈綠色或褐色，外形則固定不變——胸部背面中央具一尖銳的長棘突，尖突至蛹體末端有四條縱向的淡色微幅稜突。

卵

三齡幼蟲

終齡幼蟲（體長可達40mm）

綠色型蛹（側面）

交配（左♀右♂）

青斑鳳蝶 *Graphium doson postianus*

鳳蝶科 Papilionidae　　別名：木蘭青鳳蝶

本種和青帶鳳蝶是同屬的近親，「急驚風」的個性如出一轍，連雄蝶偏愛群聚在溪邊溼地吸水的習性也相同；這兩種鳳蝶一樣喜歡訪花吸蜜，只是駐足每朵花的時間都不久，往往前一刻才在這朵花上歇腳，接著又趕路似地匆匆飛到下一朵。有趣的是，牠們雖同為山區溪流環境中的優勢蝶種，但因季節或地區的不同，而經常有兩族群間互為消長的特殊現象；牠們的幼蟲食草不重疊，不算有族群競爭的問題，前述現象可能是受到食草植物群落分布的影響。

本種外觀略似青帶鳳蝶，但翅膀上的水青色斑較多且雜亂，由於體色相近，溼地上吸水的群體中，兩種混棲的情形並不罕見。雌雄差異和青帶鳳蝶類似，但部分老熟雌蝶翅表的青色斑褪色呈米黃色。

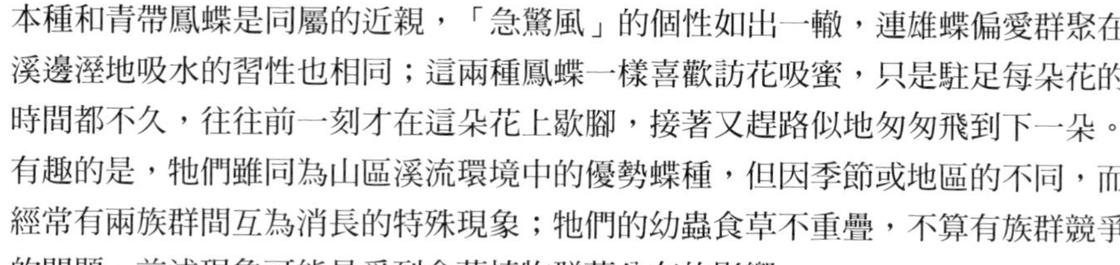

◓ ♂ ◒

水青色斑多且略雜亂

內側有白色長毛（♀無）

◓ ♀ ◒

外觀與♂無明顯差異

♂

小檔案 profile

展翅寬：50～60mm

發生期：春至秋季，以蛹越冬。

習　性：常在山區林緣、路旁花叢間吸食花蜜，雄蝶常成群於溪谷溼地吸水。

分　布：平地至中海拔山區

近似種：青帶鳳蝶（P.22）的水青色斑呈一列縱帶，綠斑鳳蝶（P.26）翅表斑紋呈翠綠色。

黃斑型老熟♀

生活史 life history

幼蟲食草：白玉蘭、含笑花、烏心石等木蘭科植物

本種幼蟲除了以烏心石等原生植物為食外，人們栽種的含笑花、玉蘭花（白玉蘭）也是牠們的最愛，所以被視為庭園植栽的害蟲；郊區、鄉村甚至都市中的食草植株，都很容易吸引雌蝶前來產卵，若是不介意自家的香花植栽葉片會被毛毛蟲啃得七零八落，這可是觀察蝴蝶生活史變化的難得機會。

幼生期各階段的外觀都和青帶鳳蝶相似，但初齡幼蟲體色單純，不像青帶鳳蝶有不明顯橫紋；終齡幼蟲假眼紋較明顯，兩眼紋間沒有相連的橫線。蛹體胸部背面的尖棘突向前直出，側視體背幾乎呈一直線，青帶鳳蝶蛹體背側則在尖突處向外彎曲。

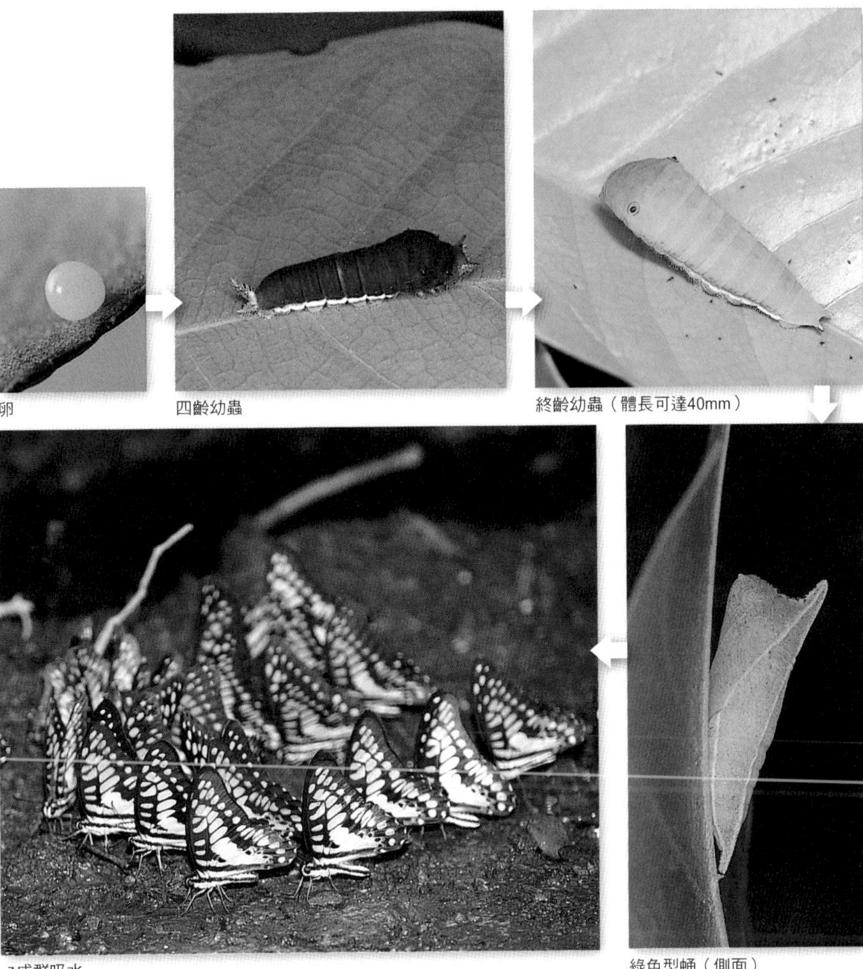

卵

四齡幼蟲

終齡幼蟲（體長可達40mm）

綠色型蛹（側面）

♂成群吸水

鳳蝶類

綠斑鳳蝶 | *Graphium agamemnon*

鳳蝶科 Papilionidae　　別名：翠斑青鳳蝶

與青斑鳳蝶、青帶鳳蝶為同屬近親的牠，由於整體族群主要分布於熱帶地區，在台灣自然也以較溫暖的中、南部平地為其聚居的大本營，一到海拔稍高的山區就十分罕見。只是綠斑鳳蝶也是反應靈敏的「快閃族」，人們想要在公園花叢間趨近觀賞牠那翠綠色的花衣裳，還得靠著幾分技巧或運氣。

本種雄蝶也喜在溪邊溼地上吸水，但不常呼朋引伴地成群擠在一起。外觀上，牠展翅表面的碎斑分布和青斑鳳蝶雷同，但色彩是更耀眼的翠綠色；下翅末端還有一個短小的尾突。雌雄外觀差異不明顯，辨識方法和青帶鳳蝶相同，皆須藉採集才能進一步鑑定區分。

小檔案 profile

展翅寬：60～80mm
發生期：南部全年可見，中部以蛹越冬。
習　性：常在公園、庭院、山路旁花叢間吸食花蜜，雄蝶常於溼地吸水。
分　布：北部除外的平地至低海拔山區
近似種：青斑鳳蝶（P.24）翅表斑紋呈水青色

生活史 life history

幼蟲食草：木蘭科的白玉蘭、含笑花、烏心石和番荔枝科的番荔枝（釋迦）、鷹爪花等

本種幼蟲在食草的選擇上特別青睞人類的造園或經濟植栽，不僅住家庭院內的香花植物躲不過，連果園中成片的釋迦果樹，也免不了雌蝶循味前去產卵。所以南部高、屏、台東等縣的鄉間，成了牠繁衍子孫的快樂天堂。

本種卵的外觀和青帶鳳蝶、青斑鳳蝶幾乎一模一樣。幼蟲略似青帶鳳蝶（P.23），但在前四齡階段體背後方有一縱向的長方形淡色斑紋；另一個重要特徵，是胸部兩側各有三根尖銳而明顯的小刺突。蛹綠色，多半隱藏在食草植物的葉片下；胸部背面具有一段向前直出的粗短棘突，從棘突先端沿著蛹體翅緣部位有道褐色細紋，側看就像一片遭小蟲啃咬而殘缺、半枯黃的葉子，保護色兼偽裝的效果十足。

卵

三齡幼蟲

終齡幼蟲（體長可達40mm）

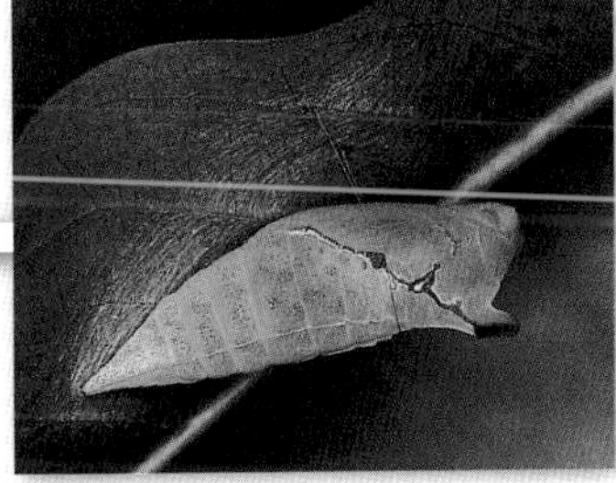

蛹（側面）

♂

無尾鳳蝶

Papilio demoleus
鳳蝶科 Papilionidae　　別名：花鳳蝶

假如要選出都市中最具代表性的蝴蝶，無尾鳳蝶鐵定可以名列前茅。稍留意些就不難發現牠在安全島花叢間淺嚐即止的飛快身影；而高樓大廈的頂樓花園，或公寓陽台的園藝盆栽，也是牠遊走覓食或尋找產卵場所的勢力範圍；說牠是蝴蝶中的「都市小遊俠」，可一點都不為過！

雖然無尾鳳蝶也會在全台各地低海拔山區出沒，但與山區環境中常見的蝶種相比，還是都市、城鎮中比較容易見到牠的蹤影。本種展翅表面，黑色底色中散布著大小不一的米黃色斑，下翅肛角區有一枚明顯的橙褐色斑；翅膀腹面的米黃色斑較發達，並散生一些橙黃色斑與淡藍色細紋。雌雄差異小，雌蝶翅表肛角的橙褐色斑略呈眼紋狀。

小檔案 profile

展翅寬：70～80mm
發生期：春至秋季，以蛹越冬。
習　性：常在公園、庭院、山路旁花叢間吸食花蜜，雄蝶常於溼地吸水。
分　布：平地至低海拔山區

生活史 life history

幼蟲食草：主要為各式各樣的芸香科柑橘類栽培種植物

這種蝴蝶早已和人類發展出密不可分的關係：儘管幼蟲亦可吃食數種原生植物，但雌蝶特別偏愛將卵產在栽培種的柑橘類植物上，包括各種觀賞性柑橘盆栽和橘子、柳丁、檸檬、柚子……等果樹葉片上。若想從事蝴蝶生活史的飼養觀察，牠是最適合的對象：只要將柑橘盆栽放在戶外陽台，雌蝶總會悄悄飛來產卵，等幼蟲孵化出來慢慢長大後，植株葉片會出現坑坑洞洞的食痕，這時就要把盆栽搬進室內，免得蝴蝶寶寶慘遭小鳥的毒手。

幼蟲四齡以前偽裝成鳥糞；五齡（終齡）則搖身一變為具保護色作用的草綠色外觀，胸部兩側還有用來嚇唬天敵的眼紋。鳳蝶屬（*Papilio*）成員的蝶蛹常同時有綠色與褐色兩型，無尾鳳蝶也不例外；但除了顏色有別，同種蝶蛹的外形可是固定不變的。

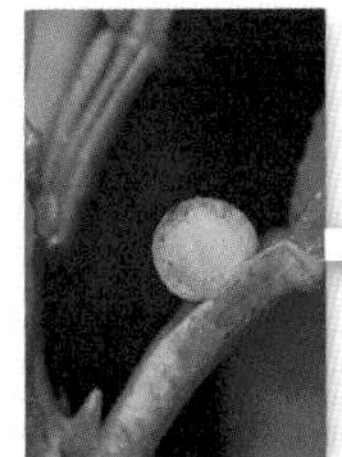
卵

四齡幼蟲

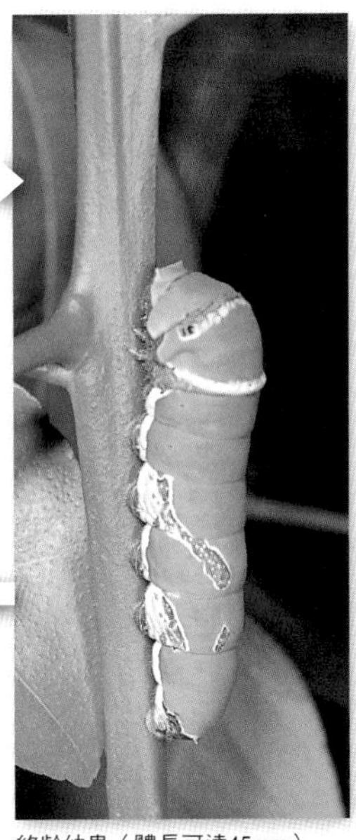
終齡幼蟲（體長可達45mm）

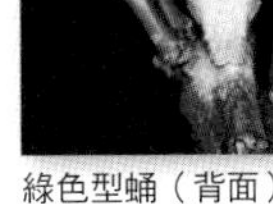
綠色型蛹（背面）

剛羽化的♀

褐色型蛹（側面）

柑橘鳳蝶

Papilio xuthus
鳳蝶科 Papilionidae

本種日文名直譯成中文就叫「鳳蝶」，可見得這種蝴蝶的外觀，足可當鳳蝶類的代表。鳳蝶屬（*Papilio*）是個成員眾多的大家族，多數種類的上翅呈較單純的黑色；常見種中，只有本種和無尾鳳蝶（P.28）的上翅有著和下翅雷同的花斑，花叢間翩然起舞時，丰姿綽約，格外賞心悅目。

柑橘鳳蝶的分布相當奇特，例如：堪稱蝴蝶故鄉的南投眉溪流域，盛產低海拔常見的各色蝶種，卻罕見牠的蹤跡；反而在植有大量胡椒木的局部地區，牠是獨領風騷的優勢種。本種外觀特徵明顯，翅膀底色黑色，各翅室間均有米白色或米黃色的大小斑紋，在低海拔地區沒有近似種。雌雄外觀無明顯差異。

底色黑色
各翅室有米白色或米黃色斑

尾突細

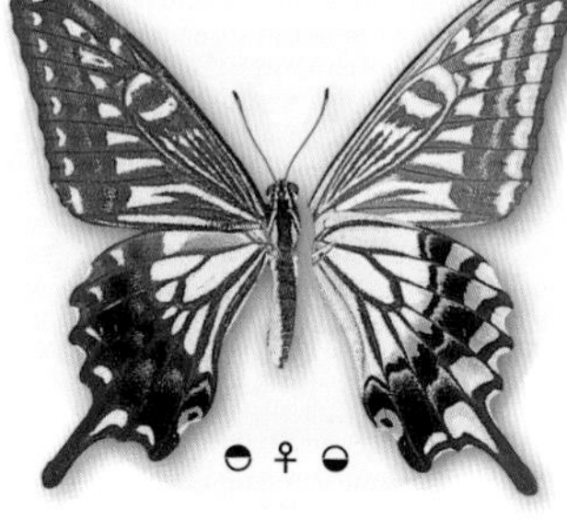

外觀與♂無明顯差異

小檔案 profile

展翅寬： 70～90mm
發生期： 春至秋季，以蛹越冬。
習　性： 常於山區林緣、路旁花叢間吸食花蜜，雄蝶偶爾會在溼地吸水。
分　布： 平地至中海拔山區，以低山區較普遍。
近似種： 黃鳳蝶（*P. machoan sylvina*）是只分布在中、高海拔的稀有種

♂

黃鳳蝶

生活史 life history

幼蟲食草：芸香科的食茱萸、賊仔樹與胡椒木、芸香、柑橘屬等栽培種植物

本種幼蟲也會以柑橘類栽培種植物為食，多種芸香科的原生植物也有牠的觀察紀錄。最特殊的是近年逐漸普遍的園藝植栽胡椒木與芸香，亦成為本種繁殖後代的最佳新選擇；這兩種植物葉片散發的腥味，雖讓許多人不敢恭維，柑橘鳳蝶幼蟲卻視為珍饈美饌，或許這些植物在原產地就是牠們的自然食草吧。

卵直徑約1.2mm。幼蟲四齡以前偽裝成鳥糞狀；五齡（終齡）變成翠綠色，最主要特徵是體側下緣有一列白色斑紋。蛹體長約36mm，有綠色、褐色兩型；側面觀看時，胸部背面具有一個向前方斜出的粗鈍角突。

卵

四齡幼蟲

終齡幼蟲（體長可達50mm）

♂

綠色型蛹（背面）

褐色型蛹（側面）

玉帶鳳蝶

Papilio polytes polytes
鳳蝶科 Papilionidae

從台灣頭到台灣尾，玉帶鳳蝶的分布相當普遍，較特殊的是夏季在恆春半島附近，偶有非常龐大的族群出現，甚至會有數以百計的雄蝶飛抵屏鵝公路路邊排水溝群聚吸水，或是接二連三向海外飛去。

另外更特殊的是本種雌蝶有兩種不同的面貌：一種和雄蝶幾乎相同，黑色下翅具一列白斑形成的斜帶，雌蝶僅在翅表肛角區較雄蝶多了一枚橙色斑；另一種則是下翅中央有四至五枚相鄰的白斑，亞外緣具一列弧形分布的橙紅色斑，外觀擬態紅紋鳳蝶。就生態機制來分析，擬態型的雌蝶比另一型雌蝶更容易躲過天敵的掠食攻擊，因而在同種累代繁殖下，慢慢強化了擬態型的基因遺傳；或許再過個數千年或數萬年，就會只剩擬態型的模樣了！

小檔案 profile

展翅寬：70～90mm
發生期：南部全年可見，中、北部以蛹越冬。
習　性：常在山區林緣、路旁花叢間吸食花蜜，雄蝶常成群於溪谷溼地吸水。
分　布：平地至中海拔山區
近似種：無，惟擬態型雌蝶近似紅紋鳳蝶（P.20），但該種下翅腹面斑紋桃紅色。

擬態型♀

生活史 life history

幼蟲食草：柑橘類栽培種植物與食茱萸、過山香、飛龍掌血等芸香科植物

幼蟲以芸香科植物為食草、和本種同屬的近緣蝶種，在野外山區多半頗為常見。除少數生長在海拔較高地區的種類外，牠們彼此間族群的分布與數量的消長，通常和食草植物群落的所在密切相關。由南台灣恆春、墾丁、滿州山區遍地繁生的過山香群落，不難想見玉帶鳳蝶為何在當地有龐大族群。

卵直徑約1.2mm，單憑外觀無法和其他近緣種加以區分；幼蟲四齡以前偽裝成鳥糞狀的模樣也都大同小異，甚難以三言兩語說明當中的細微差別。終齡幼蟲綠色；體側斜紋米白色至褐色，在體背中央左右不相連。蛹一樣有綠色、褐色兩種形態，體長約35mm；頭部前端兩側角突向前方直出，短而鈍圓。

卵

四齡幼蟲

終齡幼蟲（體長可達45mm）

褐色型蛹（側面）

交配

綠色型蛹（背面）

黑鳳蝶 | *Papilio protenor protenor*

鳳蝶科 Papilionidae

在台灣分布極廣的黑鳳蝶，雖有於都市高樓陽台產卵繁殖的紀錄，但主要的棲息環境仍以山區為主。雄蝶除穿梭於各類蜜源花叢外，也經常在溪邊溼地逗留吸水。一般喜愛在溼地吸水的雄蝶，往往無法抗拒尿騷味的誘惑；因此若在原本已有蝴蝶出沒的溪谷溼地上留下尿液，各類逐臭之夫便會陸續前來報到，本種當然也會湊上一腳，而且由於物以類聚的本能，牠和同屬間翅膀底色漆黑的近緣種，很快就混棲在一起享用難得的尿水大餐。

本種翅膀底色黑色；雄蝶下翅表面前緣有一段白色橫紋，腹面外緣和肛角附近散生一些橙色系弦月紋。雌蝶翅膀底色較淡；下翅表面無白紋，肛角有一個較明顯的橙色環紋；腹面橙色斑較雄蝶發達。

小檔案 profile

展翅寬：80～90mm

發生期：春至秋季，以蛹越冬。

習　性：常在山區林緣、路旁花叢間吸食花蜜，雄蝶常群聚於溪谷溼地吸水。

分　布：平地至中海拔山區

近似種：台灣鳳蝶（P.42）雄蝶翅表略帶藍色之金屬光澤，下翅無白色橫紋；大鳳蝶（P.44）雄蝶下翅表面有放射狀淡藍色條紋，上下翅腹面基部有橙紅斑。

生活史 life history

幼蟲食草：柑橘類栽培種植物與食茱萸、賊仔樹、飛龍掌血、雙面刺等多屬的芸香科植物

鳳蝶類幼蟲有一個共同的特色，就是當牠們遭受騷擾攻擊時，會馬上從頭部後方體內伸出一對肉質的「臭角」，並散發一股來自食草植物的特定腥臭味，希冀藉此讓天敵知難而退。而幼蟲食草為柑橘類栽培種植物的鳳蝶，台灣有六種，並且都是鳳蝶屬的常見種；若在家中種盆柑橘類大盆栽，以鄉下、郊外地區來說，六種鳳蝶中，大概半數以上的雌蝶都會不請自來產下卵粒；就算住在空氣汙染嚴重的都市，本種仍可能偶爾賞光；再不濟，也有無尾鳳蝶（P.28）充當最低保障名額。

本種卵直徑約1.5mm，和同屬近緣種都呈淡黃色球形，近孵化時則出現不規則的褐色系受精斑。幼蟲四齡以前亦偽裝成鳥糞，尾端白斑大而明顯；終齡幼蟲擁有近似種間最大的假眼紋，體側各有二道黑褐色斜紋，在體背中央左右相連。蛹體長約38mm，頭部前方角突呈V字形尖銳後彎。

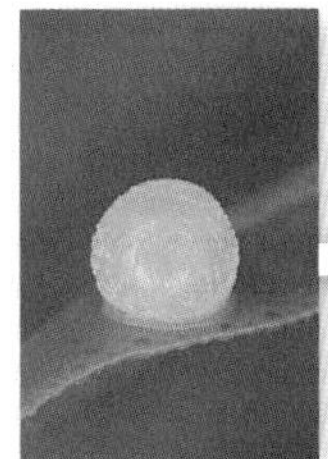

卵

終齡幼蟲（體長可達50mm）

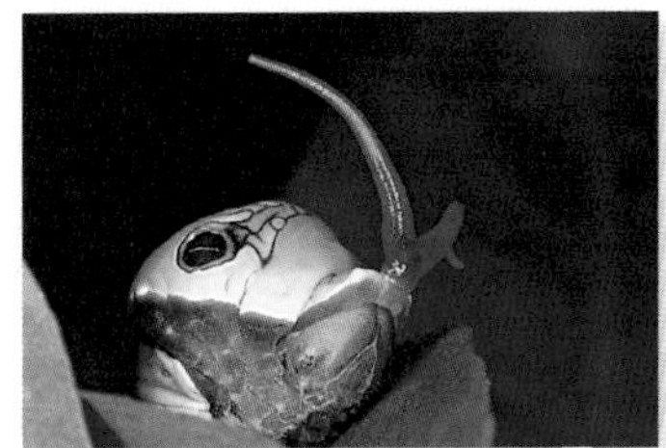

幼蟲伸出臭角自衛

褐色型蛹（側面）

剛羽化的♀

綠色型蛹（背面）

白紋鳳蝶 | *Papilio helenus fortunius*

鳳蝶科 Papilionidae

白紋鳳蝶是棲息於山區森林環境的典型蝶種，平時就常沿著公路或林道上空快速飛翔。盛夏時節，山路邊向陽地區花團錦簇的冇骨消，正是讓牠流連不去的最佳蜜源植物。涼爽的溪谷地上，人或動物的尿液也會招來雄蝶駐足，這可是近距離觀賞牠們的大好時機；因為吸尿的蝶兒比吸水時更專注，較不易被人們移動的身影所驚嚇。

本種特徵相當明顯：下翅前緣下方有一塊橫跨三個翅室的大白斑，腹面外緣至肛角內側具有一列橙紅色的弦月紋。雌蝶翅膀底色較淡，下翅表面外緣至肛角內側有一列明顯的橙紅色弦月紋。

◓ ♂ ◒

大白斑橫跨3個翅室

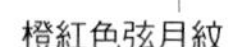

橙紅色弦月紋

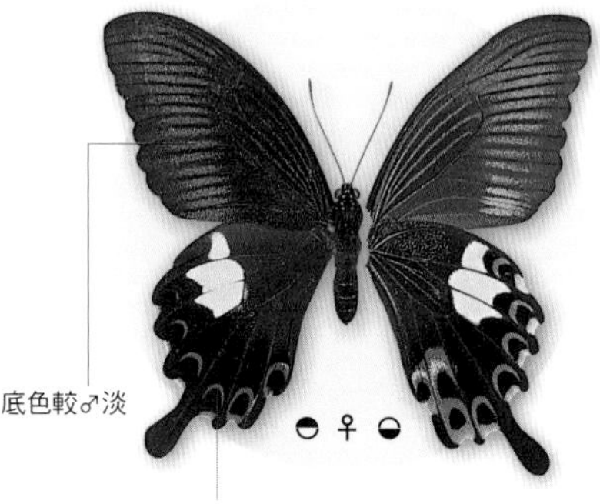

底色較♂淡

◓ ♀ ◒

明顯的橙紅色弦月紋

小檔案 profile

展翅寬：90～100mm

發生期：春至秋季，以蛹越冬。

習　性：常在山區林緣、路旁、樹冠花叢間吸食花蜜，雄蝶常群聚於溪谷溼地吸水。

分　布：低、中海拔山區

近似種：台灣白紋鳳蝶（P.38）下翅白斑較大，橫跨4～5個翅室；弦月紋黃色。

♂

♂

生活史 life history

幼蟲食草：芸香科的食茱萸、賊仔樹、飛龍掌血

儘管本種幼蟲的食草植物，在全台許多郊山都不難找到，卻不是每個地區都能發現雌蝶前來產卵；一般海拔低於500公尺、林相較為單純的山區，牠們似乎就比較罕見。

卵直徑約1.5mm。各齡幼蟲的外觀都近似黑鳳蝶幼蟲（P.35），但是本種身體底色黃色感較濃；四齡以前幼蟲尾端白斑較小；終齡幼蟲假眼紋外圈具紅色細紋，體側斜紋顏色較深，在體背中央左右不相連或僅微幅相連。蛹的背視角度，頭部前端角突短而鈍，略向兩側外彎；與近似種間最明顯的差異特徵是側面觀看時，蛹體腹面邊線特別彎曲，呈90度弧形後彎。

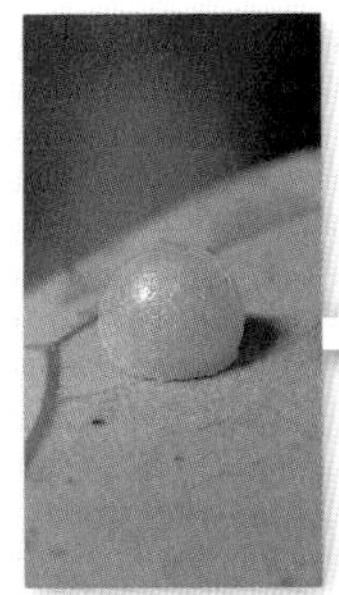
卵

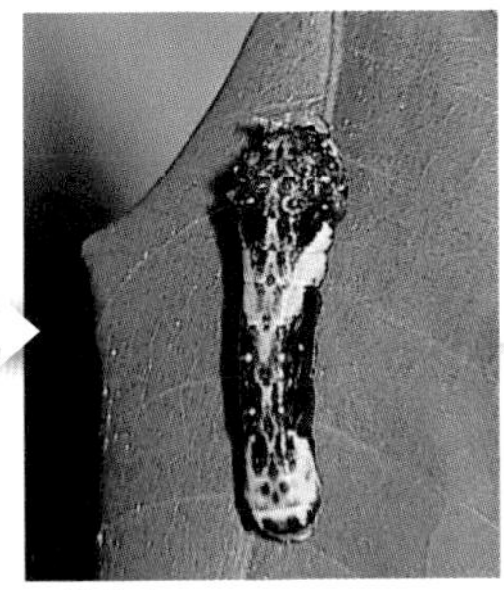
四齡幼蟲

終齡幼蟲（體長可達50mm）

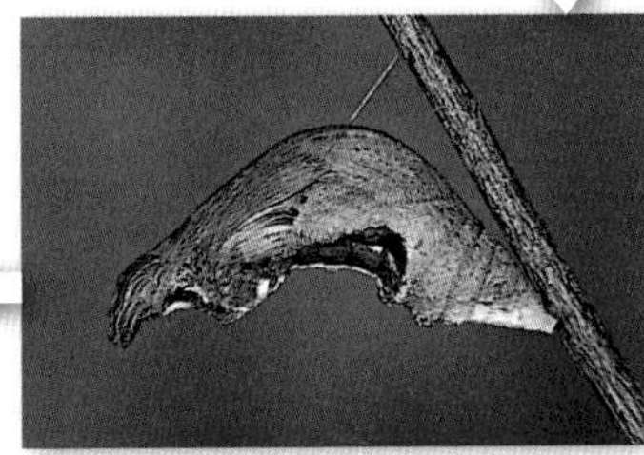
褐色型蛹（側面）

♀

綠色型蛹（背面）

台灣白紋鳳蝶

Papilio nephelus chaonulus

鳳蝶科 Papilionidae　　別名：大白紋鳳蝶

無論是外觀、飛行的習慣、蜜源的偏好或族群的分布，本種和白紋鳳蝶都非常相似。連雄蝶在溪邊溼地吸水時，這兩種也常像手足般並肩站在一起，只有眼尖的人才認得出牠們並非孿生兄弟。當然，遇到牠們從眼前一溜煙的飛過，就更難斷定了。或許有人以為只要等到牠們停下來休息，確認身分就容易得多。那可不！幾乎所有鳳蝶屬的成員停棲時，都會把上翅平攤下垂，正好遮住能夠驗明正身的下翅斑紋，這個習性雖不利於賞蝶者的辨識，卻是與天敵保持安全距離的絕招。

本種除了體型較白紋鳳蝶稍大外，下翅的白斑面積也較大，總共橫跨四至五個翅室；腹面的弦月紋為黃色。雌蝶翅表的底色較淡。

大白斑橫跨4～5個翅室

黃色弦月紋

底色較♂淡

小檔案 profile

展翅寬：90～110mm

發生期：春至秋季，以蛹越冬。

習　性：常在山區林緣、路旁、樹冠花叢間吸食花蜜，雄蝶常群聚於溪谷溼地吸水。

分　布：低、中海拔山區

近似種：白紋鳳蝶(P.36)下翅白斑較小，只橫跨3個翅室；弦月紋橙紅色。

生活史 life history

幼蟲食草：芸香科的食茱萸、賊仔樹、飛龍掌血

本種成蟲在外觀、生態上和白紋鳳蝶高度近似，其幼蟲的食草植物也幾乎完全一樣。

不過，除了卵以外，幼蟲與蛹倒不會很難區分。本種幼蟲四齡以前雖然也偽裝成鳥糞，但身上淡色斑紋不呈白色，而是米黃色或淡褐色，體背尚有成對排列的淡藍色小點；終齡幼蟲綠色，體側下緣鮮黃色，假眼紋間與後方的橫斑中都有淡藍色細紋，體側的斜紋也有淡藍色小點。蛹除了單純綠色或褐色兩種形態外，少數個體呈褐、綠兩色交雜；頭部前方的角突尖銳向前，最明顯的特徵是側面觀看時，胸部背面有一個向斜前方突出的鈍角突。

卵

三、四齡幼蟲

終齡幼蟲（體長可達55mm）

♀

三種不同顏色形態的蛹（側面）

無尾白紋鳳蝶 | *Papilio castor formosanus*
鳳蝶科 Papilionidae

鳳蝶的雄蝶除了訪花或在溪邊吸水外，也常四處飛行找尋可以交配的雌蝶。蜜源植物的花叢是雄蝶最容易邂逅雌蝶的地點，因此花叢上總是不斷上演鳳蝶求偶的戲碼；然而專心覓食的雌蝶多數已經交配過，不會再理會其他雄蝶的追求。為了能順利傳宗接代，雄蝶也懂得穿梭在幼蟲的食草植物附近，找尋剛羽化的處女蝶。由於本種的食草植物——石苓舅主要分布在較陰涼的森林間，牠的雄蝶比一般蝶種更常在樹林中緩慢地低飛穿梭。

本種下翅具三至四枚較大且相互緊鄰的白斑，沒有尾突是另一特點；雌蝶翅膀底色較淡，下翅白斑較多，腹面尤其發達。

小檔案 profile

展翅寬：70～90mm

發生期：春至秋季，以蛹越冬。

習　性：常在山區林緣、路旁花叢間吸食花蜜，雄蝶常群聚於溪谷溼地吸水。

分　布：主要在低海拔山區

生活史 life history

幼蟲食草：芸香科的石苓舅

本種雌蝶為了產卵，當然也會到茂密的林間尋找石苓舅，但是嗅覺靈敏的牠不必像雄蝶為了覓得伴侶而花許多時間在樹林中遊蕩，花叢反而是觀賞牠的最佳環境。

卵直徑約1.2mm。四齡以前幼蟲近似黑鳳蝶，但體背中央白斑較不明顯，略呈倒三角形，尾端白斑亦較不明顯。終齡幼蟲黃綠色，散生多寡不一的褐色小碎斑；主要特徵是體側中央的褐色斜紋內側尚有一條白色細紋，白紋發達者在體背相連呈V字形。蛹體長約32mm，外觀近似黑鳳蝶，但體型較小，頭部前方角突略尖銳外斜卻不後彎，且先端內緣有一個不明顯的小瘤突。

卵

四齡幼蟲

終齡幼蟲（體長可達45mm）

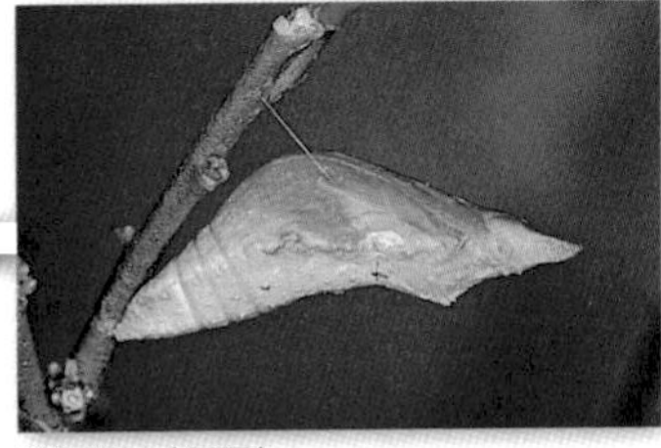

綠色型蛹（側面）

♀

褐色型蛹（背面）

台灣鳳蝶 | *Papilio thaiwanus*

鳳蝶科 Papilionidae

台灣鳳蝶科的特有種蝴蝶只有四種，本種是低海拔地區唯一較有機會見到的。牠在台灣的分布範圍相當廣泛，許多郊山也可見零星的個體現身，只是各地的族群量都不多。雄蝶在溪邊溼地吸水時，不是加入體翅較黑的其他蝶群，就是孤芳自賞地單棲在一隅，少有機會瞧見牠和同胞聚餐的畫面。同大多數鳳蝶一樣，雌蝶只偏愛訪花吸蜜，夏季的冇骨消花叢是欣賞牠與各類鳳蝶的不二選擇。

本種雌雄外觀的差異十分明顯：雄蝶全黑的翅表略閃著微弱的藍色金屬光澤；腹面有發達的橙紅色斑紋。雌蝶翅膀底色較淡，上翅基部具橙紅色斑；下翅兩面均有大塊白斑，表面下緣有數個橙紅色弦月紋。

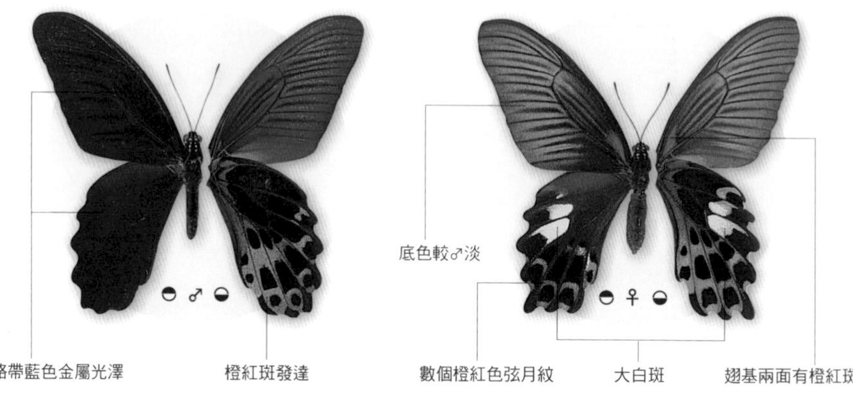

小檔案 profile

展翅寬：80～100mm

發生期：春至秋季，以蛹越冬。

習　性：常在山區林緣、路旁、樹冠花叢間吸食花蜜，雄蝶常於溪谷溼地吸水。

分　布：低、中海拔山區

近似種：黑鳳蝶（P.34）近似本種雄蝶，但翅表較無光彩，下翅腹面斑紋明顯較少。

生活史 life history

幼蟲食草：芸香科的食茱萸、飛龍掌血和樟科的樟樹

在台灣有確定分布（迷蝶不計在內）的鳳蝶，包括僅產於蘭嶼的珠光鳳蝶共三十一種。各種幼蟲喜好的食草種類多寡不一，有些只對某種植物情有獨鍾，有些則可超過五種（但多是同一科的植物）。而本種不但以傳統的芸香科植物為食，也會吃樟科的樹種；此一食草跨科的情形，在鳳蝶類的幼蟲習性上算是十分特殊。

卵直徑約1.5mm。幼蟲四齡以前也偽裝成鳥糞，但體色偏綠；綠色的終齡幼蟲辨識容易，因為近緣種間唯獨牠體側中央僅具一道淡色斜紋。蛹也具兩類保護色外觀；從背面觀看，頭部前方角突向前直出，且角突內側有二個微小瘤突。

卵

四齡幼蟲

終齡幼蟲（體長可達50mm）

綠色型蛹（背面）

♀

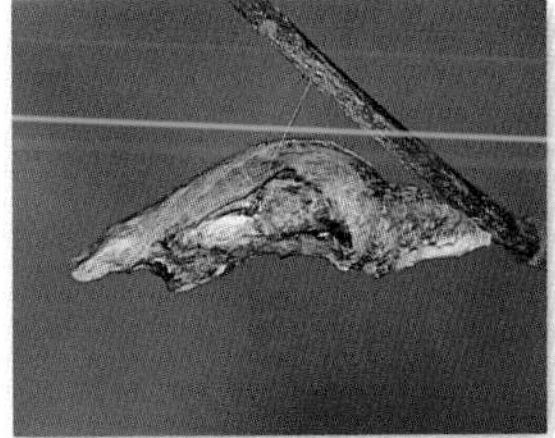
褐色型蛹（側面）

大鳳蝶 | *Papilio memnon heronus*

鳳蝶科 Papilionidae

在蝴蝶藝品手工業鼎盛的年代，台灣每年自野外採集了不計其數的蝴蝶標本，其中身價不凡的就是左右翅各為不同性別模樣的陰陽蝶；而一邊是有尾型雌蝶、一邊是雄蝶外觀的大鳳蝶陰陽蝶，更是一些知名昆蟲館的鎮館瑰寶。這種體型碩大、外觀美麗、飛行速度不快、雌雄差異懸殊且普遍而常見的蝴蝶，至今仍是各地觀光、教育蝴蝶園中，大量繁殖放養的閃亮明星。

雄蝶翅表黑色，下翅具放射狀的淡藍色條紋；上下翅腹面翅基均有明顯的橙紅色斑紋。雌蝶翅膀的底色較淡，有兩種不同形態：一類有尾突，另一類沒有。無尾型下翅有大面積的發達白斑；有尾型下翅的白斑大小、多寡不一，個體變化極大；另尚有若干橙色斑紋。

小檔案 profile

展翅寬：100～120mm

發生期：春至秋季，以蛹越冬。

習　性：常在山區林緣、路旁、樹冠花叢間吸食花蜜，雄蝶常群聚於溪谷溼地吸水。

分　布：平地至中海拔山區

近似種：黑鳳蝶（P.34）略似本種雄蝶，但下翅表面無放射狀條紋。

♂

生活史 life history

幼蟲食草：以柑橘類栽培種植物為主（尤其最喜好柚子）

由於食草植物或其葉片取得容易，本種幼蟲是飼養觀察的熱門蝶種。建議初試身手的蝶友別一次養太多隻，因為牠的終齡幼蟲體型大、食量驚人，柑橘盆栽若不夠大，光三、四隻幼蟲就能將其所有葉片一掃而光，而花市新買的盆栽又怕有農藥殘留，到時就得多費神去張羅食草葉片。

卵直徑約1.7mm。四齡以前幼蟲偽裝成鳥糞，體色偏綠，白斑多集中於體側，背面中央白斑較不明顯；終齡幼蟲外觀近似台灣鳳蝶（P.43），但體側斜紋有兩道。蛹在以芸香科為食草的近似種間體型最大，體長可逾40mm；頭部前方角突向前直出，且微幅向中央內彎；和同屬其他種類相同，於植物葉片或嫩枝條附近結蛹者呈綠色，於樹幹、枯枝葉或各類雜物結蛹者呈褐色。

卵

四齡幼蟲

終齡幼蟲（體長可達60mm）

綠色型蛹（背面）

有尾型♀

褐色型蛹（側面）

烏鴉鳳蝶

Papilio bianor thrasymedes

鳳蝶科 Papilionidae　　別名：翠鳳蝶

台灣蝴蝶的分類研究奠基於早年日本學者完整的基礎調查，本種「烏鴉鳳蝶」的名稱即是由其日文名直譯而來，大概是因為牠全身遠看就像烏鴉一般黑黝黝的緣故吧！不過只要稍微靠近點，就會發現牠的下翅表面散布略帶光澤的藍、綠色鱗片，有些個體可還頗具姿色呢。本種在台灣的分布非常廣泛，各地山區都很容易見到牠的身影。而分布於蘭嶼的另一亞種「琉璃帶鳳蝶」（*P. bianor kotoensis*），藍、綠色光斑呈帶狀分布，外觀更耀眼。

本種特徵為下翅表面的藍綠色光斑在亞外緣有黑斑橫斷而不直達外緣（極少數例外），尾突外緣不具藍、綠色鱗片。雄蝶上翅表面具數條橫生的毛狀雄性性斑。

琉璃帶鳳蝶♂

♂

體色較豔麗的孔雀型 ♂◒

小檔案 profile

展翅寬：90～100mm

發生期：春至秋季，以蛹越冬。

習　性：常在山區林緣、樹冠、路旁花叢間吸食花蜜，雄蝶常群聚於溪谷溼地吸水。

分　布：低至中海拔山區

近似種：台灣烏鴉鳳蝶（P.48）尾突表面均勻分布藍、綠色鱗片

生活史 life history

幼蟲食草：芸香科的食茱萸、賊仔樹、飛龍掌血與柑橘類栽培種植物

1990年以前，本種幼蟲在自然狀態下，大多數只取食野生食草植物葉片，雖然以柑橘類葉片進行人工餵養，牠們也能適應，但是少有雌蝶在栽培種柑橘上產卵的情形。近年，郊山柑橘類植栽上常有幼蟲的觀察紀錄，可見本種食草的選擇範圍有擴大的跡象，只是筆者尚未在都市的柑橘類植株發現過幼蟲。

卵直徑約1.3mm，稍具光澤。四齡以前幼蟲近似大鳳蝶（P.45），但前胸與尾端兩側白斑較不明顯。終齡幼蟲外觀變異大，有的全身翠綠，有的滿布黑色碎斑，共同特徵是體側中段起有多條由前向後漸次變短的深色斜紋。蛹體長約33mm，從背面觀看頭部角突尖銳直出，內緣約呈90度角，且兩側內緣中央附近有一不明顯的凹陷。

卵

四齡幼蟲

終齡幼蟲（體長可達45mm）

綠色型蛹（背面）

褐色型蛹（側面）

♂

台灣烏鴉鳳蝶 *Papilio dialis tatsuta*

鳳蝶科 Papilionidae　別名：穹翠鳳蝶

本種中名雖有「台灣」二字，卻不是只分布在台灣的特有種。這是因為過去台灣曾為日本的殖民地，當時學者在為蝴蝶命名時，常將日本內地沒有紀錄但台灣有分布的蝶種，或是首次採集紀錄在台灣的蝶種，加上「台灣」二字，之後就沿用至今。

本種的外觀、生態習性皆與烏鴉鳳蝶相差不多，卻沒那麼常見，僅能算是局部地區普遍的蝶種。剛入門的蝶友常將牠和體型稍小的烏鴉鳳蝶混淆，重點差異為本種下翅表面的藍、綠色鱗片自翅基到外緣均勻分布，且在亞外緣區未被黑斑中斷，不如烏鴉鳳蝶有局部鱗片較密集的亮麗個體；尾突表面，本種的藍、綠色鱗片也均勻分布至外緣。雌雄差異和烏鴉鳳蝶相同。

藍、綠色鱗片在亞外緣區未被黑斑中斷

尾突均勻散布藍、綠色鱗片

橫條毛狀雄性性斑

無橫條毛狀性斑

小檔案 profile

展翅寬：100～120mm

發生期：春至秋季，以蛹越冬。

習　性：常在山區林緣、樹冠、路旁花叢間吸食花蜜，雄蝶常群聚於溪谷溼地吸水。

分　布：低至中海拔山區

近似種：烏鴉鳳蝶（P.46）尾突表面外緣不具藍、綠色鱗片

♂

生活史 life history

幼蟲食草：芸香科的食茱萸、賊仔樹、飛龍掌血

幼蟲的野生食草植物和烏鴉鳳蝶一模一樣，但在自然狀態下不會吃食栽培種的柑橘類植物；本種的分布範圍遠不及烏鴉鳳蝶廣泛，可能和此有些關聯。

卵直徑約1.4mm。四齡以前幼蟲近似台灣白紋鳳蝶（P.39），但體背有較明顯的小瘤突。終齡幼蟲則近似烏鴉鳳蝶的深色個體，最容易區分的特徵：本種體側中央最粗大的深色斜紋內側，有一道明顯的白斑，且體背有成對的淡藍色小斑點。蛹體長約35mm；從背面觀看外形幾呈菱形，頭部左右二角突比其他近似種接近。

卵

四齡幼蟲

終齡幼蟲（體長可達50mm）

褐色型蛹（側面）

綠色型蛹（背面）

♂

大琉璃紋鳳蝶

Papilio paris nakaharai

鳳蝶科 Papilionidae　　別名：琉璃翠鳳蝶

夾緊雙翅停在溼地上吸水的牠，很容易被誤認為是迷你型的烏鴉鳳蝶；但當牠揚翅起飛，露出翅表璀璨耀眼的青色琉璃光斑，不僅輕易擄獲賞蝶人的目光，同時也宣告了牠正是名副其實的「大琉璃」！在台灣，本種是分布範圍相當狹小的常見蝴蝶，台北盆地四周郊山是牠棲息生活的大本營，族群非常龐大。

本種展翅表面布滿許多綠色鱗片，最炫目的特徵是下翅那一大塊具金屬光澤的青色斑紋。雄蝶青色斑後方有一條青綠色細紋延伸至肛角眼紋的上方；雌蝶無此明顯細紋，且青色斑紋較雄蝶稍小。

小檔案 profile

展翅寬：80～90mm

發生期：春至秋季，以蛹越冬。

習　性：常在山區林緣、樹冠、路旁花叢間吸食花蜜，雄蝶常於溪谷溼地吸水。

分　布：新竹、宜蘭以北的低海拔山區

近似種：琉璃紋鳳蝶（*P. hermosanus*）的青斑被2條黑色翅脈明顯隔成3區（分布於北北基以外的低、中海拔山區）

琉璃紋鳳蝶♂

♀

生活史 life history

幼蟲食草：芸香科的山刈葉、三腳鼈（琉璃紋鳳蝶幼蟲的食草則為飛龍掌血）

通常一種蝴蝶的分布與數量，與其幼蟲的食草植物密切相關。早年中和圓通寺附近的山坡林間，四處都找得到山刈葉和三腳鼈，後來由於高速公路的興建與別墅區的開發，這兩種樹木比起以往少了許多，導致大琉璃紋鳳蝶不再是當地夏季數量最多的蝶種。相對地，新店山區直潭國小校園中，因種植許多山刈葉及其他食草植栽，而成了大琉璃紋鳳蝶等眾彩蝶的樂園。

卵直徑約1.3mm。四齡以前幼蟲體色深綠，尾端白斑不明顯；終齡幼蟲外觀似烏鴉鳳蝶幼蟲（P.47）的翠綠色個體，但體側僅有一至二條稍明顯的淡色細斜紋。蛹體長約33mm，近似烏鴉鳳蝶蛹，但本種體背幾無黑褐色斑，頭部角突內緣呈鈍角。

卵

三齡幼蟲

終齡幼蟲（體長可達45mm）

綠色型蛹（背面）

♂

綠色型蛹（側面）

紋白蝶

Pieris rapae crucivora

粉蝶科 Pieridae　　別名：白粉蝶

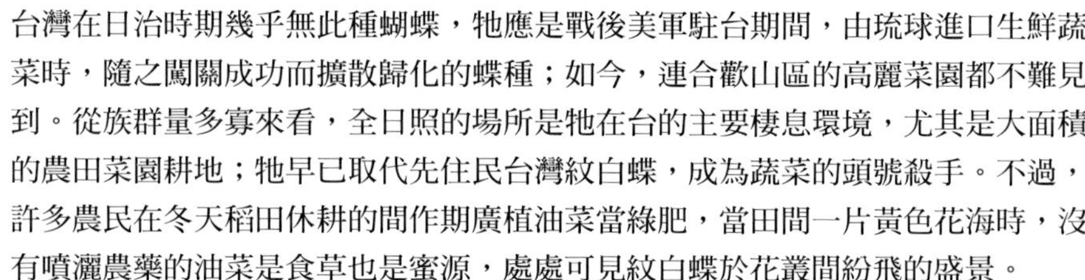

台灣在日治時期幾乎無此種蝴蝶，牠應是戰後美軍駐台期間，由琉球進口生鮮蔬菜時，隨之闖關成功而擴散歸化的蝶種；如今，連合歡山區的高麗菜園都不難見到。從族群量多寡來看，全日照的場所是牠在台的主要棲息環境，尤其是大面積的農田菜園耕地；牠早已取代先住民台灣紋白蝶，成為蔬菜的頭號殺手。不過，許多農民在冬天稻田休耕的間作期廣植油菜當綠肥，當田間一片黃色花海時，沒有噴灑農藥的油菜是食草也是蜜源，處處可見紋白蝶於花叢間紛飛的盛景。

本種雄蝶翅膀表面底色白色，上翅端部有塊大黑斑，中央有枚黑點；下翅表面除前緣有一枚黑點外，其餘全白。雌蝶翅表的黑點較大；上翅下緣多一枚黑點，且上翅表面基半部因有黑色鱗片而帶黑褐色感。

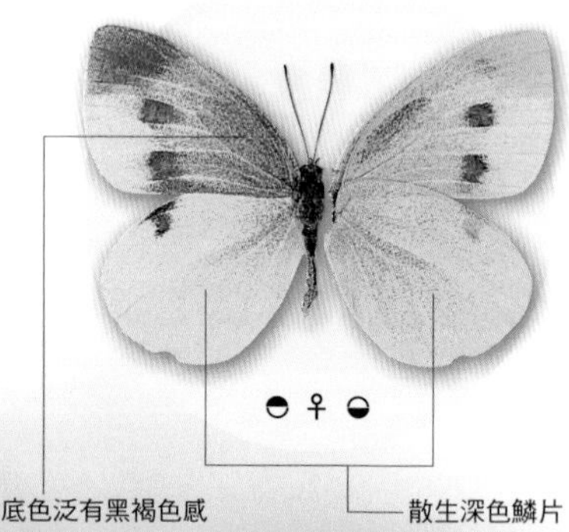

小檔案 profile

展翅寬：45～50mm

發生期：全年可見

習　性：常在各處菜園、荒地、路旁、公園花叢吸蜜，雄蝶偶爾會在溼地吸水。

分　布：從海邊至高山

近似種：台灣紋白蝶（P.54）下翅表面下緣有一排黑點

♂

生活史 life history

幼蟲食草：十字花科的蔬菜與多種野生植物，山柑科（白花菜科）的向天黃、平伏莖白花菜、醉蝶花

可別以為紋白蝶幼蟲只鍾愛蔬菜而已。以冬季的高、屏鄉間為例，當地農民雖少植蔬菜而多種各類果樹、花卉與檳榔，但路旁的大花咸豐草花叢上一樣蝶滿為患，且放眼所見盡是紋白蝶。這是因為此時的農田、檳榔園地面長滿了十字花科野草——焊菜，蹲下身去就能找到數不清的本種幼蟲正在其葉片上大快朵頤，難怪牠們在這兒照樣可以獨霸天下。

砲彈形的卵高約1.2mm。本種和台灣紋白蝶幼蟲（P.55）即一般俗稱的菜蟲，體色黃綠色，全身滿布不明顯的白色短細毛，體側有一列虛線般的黃色斑點，部分個體有極不明顯的黃色背中線。蛹體長約23mm，和其他粉蝶均屬於帶蛹，有綠色及灰褐色兩種形態，頭部前方具一根長棘突，胸部背側具一片鈍角形稜狀縱突；體側另具一個尖角稜狀棘突，尖角稜突前方延伸一小型耳狀稜突。

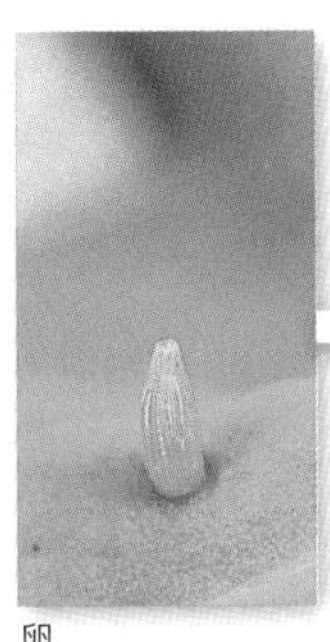

卵

終齡幼蟲（體長可達35mm）

灰褐色型蛹（側面）

♀

綠色型蛹（背面）

台灣紋白蝶

Pieris canidia
粉蝶科 Pieridae　　別名：緣點白粉蝶

自從紋白蝶定居台灣後，就以蠶食鯨吞的方式逐漸占據了本種在鄉村平原的活動領域。不過，生命總會找到自身的出路，雖然在全日照的地區敗下陣來，但稍有遮蔭的環境，本種依然堅守著先祖留下來的江山。因此，無論是都市中的公園、校園、安全島、小菜園，或是街道巷弄、大廈陽台與公寓頂樓，都可以見到牠的芳蹤。而分布廣泛、全年開花的菊科黃鵪菜，則是台灣紋白蝶經常造訪、互惠的熱門蜜源。至於遮蔭更多的山區，本種的優勢亦顯而易見，以多山的北部來說，牠的族群量就比紋白蝶多。

本種外觀與紋白蝶近似，但展翅表面的黑斑較發達；雄蝶下翅下緣有一排小黑點；雌蝶黑斑更發達，上翅有兩個大黑點，下翅下緣黑點更多更大。

小檔案 profile

展翅寬：45～50mm
發生期：全年可見
習　性：常於菜園、荒地、路旁、公園、林緣花叢吸蜜，雄蝶偶爾會在溼地吸水。
分　布：從海邊至高山
近似種：紋白蝶（P.52）下翅表面下緣全白

生活史 life history

幼蟲食草：十字花科的蔬菜與多種野生植物，山柑科（白花菜科）的向天黃、平伏莖白花菜、醉蝶花

在台灣，不論是本種或是紋白蝶，族群最活躍的季節是冬季與早春，可能的原因除了這時節的天敵——寄生蜂較少外，冬天農田中大片未被噴灑藥劑的油菜綠肥，也提供了較多的食草。不過，更重要的主因也許是此時適逢野生焊菜大量繁殖，這些隨處可見的野草葉片，正是這兩種粉蝶幼蟲鍾愛的佳餚。另一種同屬於十字花科的植物——葶藶，從平地到中海拔山區的路旁都很常見，也是台灣紋白蝶的主要野生食草。

本種幼生期各階段都與紋白蝶（P.53）近似，但幼蟲體色稍深，最明顯的差異是體背有一條明顯的黃色中線。本種蛹體兩側的尖角稜突先端呈尖刺狀，前方則無明顯的耳狀稜。

卵

終齡幼蟲（體長可達35mm）

綠色型蛹（背面）

♀

灰褐色型蛹（側面）

淡紫粉蝶

Cepora nadina eunama

粉蝶科 Pieridae　　別名：淡褐脈粉蝶

也許有人會質疑，本種翅膀的顏色主要是白色、黑色或綠褐色，怎麼名字會有個「紫」字呢？其實，若有機會檢視牠的標本，就能看見雄蝶的翅膀腹面，以及雌蝶的翅膀兩面，泛著一層淡紫色的光輝，這個特徵在雌蝶身上尤其明顯而迷人。

這種蝴蝶不僅雌雄外觀有別，季節不同個體差異也明顯。夏型雄蝶上翅表面底色白色，外緣有延伸進入翅脈的黑邊；下翅腹面呈綠褐色，中央具白斑。夏型雌蝶翅表底色深黑褐色，各翅中央有大型白斑；翅膀腹面和雄蝶相似。春型雄蝶上翅表面的黑邊內緣不呈鋸齒狀，下翅腹面呈淡紫灰褐色，斑紋較不明顯。春型雌蝶翅表底色較夏型淡，白斑更發達，翅膀腹面和雄蝶相似。

夏型♀

小檔案 profile

展翅寬：45～55mm

發生期：春至秋季，以蛹越冬。

習　性：常在山區林緣、路旁花叢間吸食花蜜，雄蝶常聚集於溪谷溼地吸水。

分　布：低至中海拔山區，以低山區為主，北部少見。

近似種：春型黑脈粉蝶（*C. coronis cibyra*）雄蝶近似本種春型雄蝶，但上翅表面黑邊內緣中央有一黑斑。

生活史 life history

幼蟲食草：銳葉山柑等多種山柑科山柑屬植物

粉蝶的蛹和鳳蝶一樣屬於「帶蛹」，但因種類不同，粉蝶幼蟲固定前半身的方式可分為兩種：一種和鳳蝶幼蟲相同，習慣在葉背或枝條下端化蛹，牠們將尾端固定於附著物後，會先在胸前懸掛處的位置，來回吐下二、三十圈的絲線，形成一圈粗絲帶，然後才將頭部鑽過絲帶，讓它環繞在體背；另一則如本種的蛹，形狀較扁平，幼蟲會直接在葉面仰著頭，把絲線來回繞過背側而形成粗絲帶。

本種卵呈砲彈形，米黃色，孵化前轉為橙色，高約1.3mm。終齡幼蟲綠色，體表具極細小的白色微凸瘤點，體側有白色長密毛。蛹體長約23mm，綠色，體背中央有略呈梯形的褐白色大斑，大斑下緣角呈尖角狀棘突。

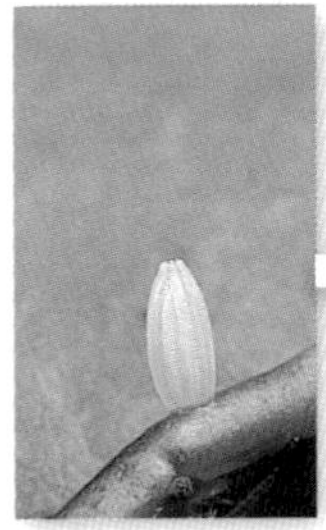
卵

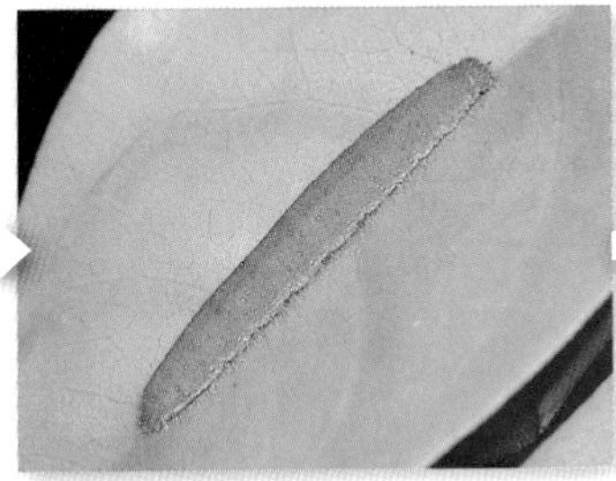

終齡幼蟲（體長可達40mm）

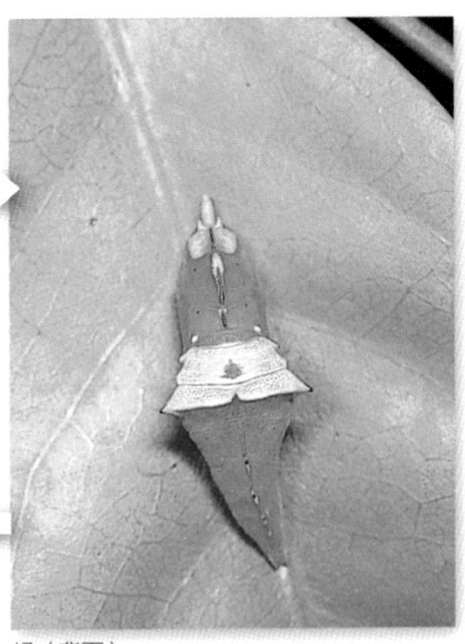
蛹（背面）

夏型♂群聚吸水

春型♂

蛹（側面）

台灣粉蝶

Appias lyncida formosana
粉蝶科 Pieridae　　別名：異色尖粉蝶

大多數的粉蝶科成員，外觀體色都比較樸素淡雅，用手觸摸時，常在人手指上留下一堆白粉狀的鱗片，這大概是牠們被稱作「粉蝶」的由來。本種在台灣是同屬六種近親（包括兩種偶爾從南方國度飛來的「迷蝶」）中，分布最廣的一種。牠們的飛行速度很快，從眼前一閃而過時，往往難以辨明身分。幸好此一蝴蝶家族中的雄蝶喜歡停在溼地上吸水，大家不難靠近看個究竟；至於雌蝶因速度略緩，蝶友較有機會觀賞牠們在花叢間起起落落的身影。

本種雄蝶翅膀表面白色，上下翅外緣有鋸齒狀黑邊；下翅腹面黃色，外緣為寬大的黑褐色邊。雌蝶體色較深；翅膀表面黑褐色，具若干白色條狀橫斑，下翅腹面中央有白斑，黃色斑範圍較小。

◓ ♂ ◒　　◓ ♀ ◒

鋸齒狀黑邊　寬黑褐色邊　白色條狀橫斑　中央有白斑，黃色斑範圍較小

♀

小檔案 profile

展翅寬：50～60mm
發生期：春至秋季
習　性：常在山路旁、林緣花叢吸蜜，雄蝶會群聚於溪邊溼地吸水。
分　布：低至中海拔山區

生活史 life history

幼蟲食草：山柑科的魚木和多種山柑

在台灣，魚木、山柑的葉片是好幾種蝴蝶幼蟲的食草，因此大家很有機會在這些植物上找到蝶卵。而從卵的大小、顏色、形狀和產附的位置，大致上可推斷出牠是什麼種類。本種雌蝶習慣將卵產在嫩葉葉面或新芽上，並且常有一次產下數個卵粒並排在一起的情形。

卵呈長砲彈形，高約1.4mm，由淡黃色漸轉為橙色，具縱稜與橫紋。幼蟲綠色，體覆不明顯短毛並滿布微小黑色瘤點，體側下緣有一道白色細縱線。蛹翠綠色，體長約20mm，通常直接依附在食草葉背，外形略似紋白蝶蛹（P.53），但較扁平；頭部前方具長棘突，棘突背面有細黑線；體側尖角狀稜突具黃色邊線，角突先端尖銳。

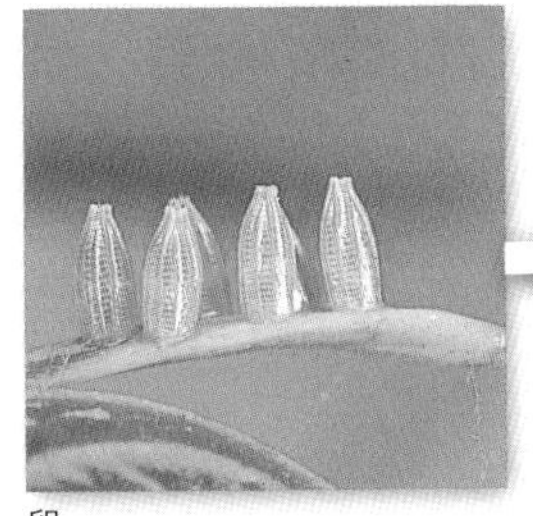
卵

終齡幼蟲（體長可達40mm）

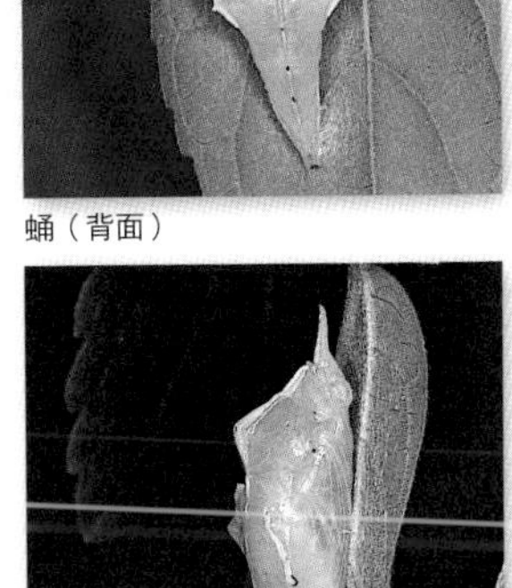
蛹（背面）

蛹（側面）

♂群聚吸水

雲紋粉蝶

Appias indra aristoxemus
粉蝶科 Pieridae　　別名：雲紋尖粉蝶

這種蝴蝶的主要族群都分布在台東縣的低海拔山區，其他地區大多只是零星出現，所以說牠是台東的特產一點也不為過。每年春季，若有機會造訪台東林木茂密的低山溪谷地，常能欣賞到數以千計的本種雄蝶群聚在溼地上吸水的特殊景觀。而且牠們在溪谷環境活動時，常會一隻接著一隻地列隊低飛前進，這個獨一無二的飛行習慣具有何種生態意義目前仍不得而知，不過台灣溪谷環境中常見的其他蝶種，並無相同的習性。

本種展翅表面底色白色，上翅端角區呈黑色，黑底中有三至四枚大小不一的白斑；下翅腹面呈黃褐與紫白色交雜的雲狀斑紋。雌蝶下翅表面具寬大的黑邊。

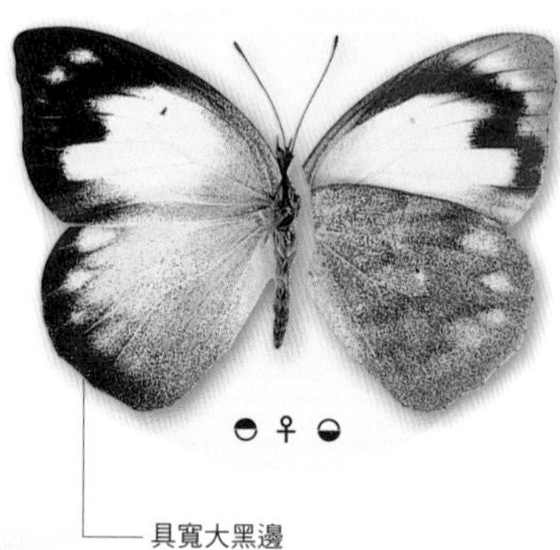

小檔案 profile

展翅寬：50～60mm
發生期：春至秋季
習　性：常在山路旁、林緣花叢吸蜜，雄蝶會群聚於溪邊溼地吸水。
分　布：主要在南部、東南部低海拔山區，中、北部有零星族群。
近似種：尖翅粉蝶（*A. albina semperi*）、蘭嶼粉蝶（*A. paulina minato*）的雌蝶與本種雌蝶近似，但下翅腹面皆為單色。

♂

生活史 life history

幼蟲食草：大戟科的鐵色、台灣假黃楊

幼蟲食草植物的分布與數量，常直接影響蝴蝶的相對分布與族群多寡。以本種來說，鐵色主要分布於南部和東南部的低海拔自然林，尤其台東有相當龐大的群落，所以這些地區能孕育出數量可觀的雲紋粉蝶；至於台灣假黃楊雖於全台低山都可見，但僅在較複雜的海岸林植株才稍多一些，所以這種蝴蝶在中、北部並不常見，若有族群分布也以海岸林附近為主。

卵近似台灣粉蝶（P.59），但本種集中產附的數量常多達數十枚，孵化前由米白轉橙黃。終齡幼蟲體青綠色，體背上滿覆大小交錯的藍黑色短刺狀瘤點，體側細縱線為黃色。蛹黃色，體長約23mm，體側具三個向腹面彎曲的尖角狀棘突，體背各體節有縱向排列的黑點。

卵

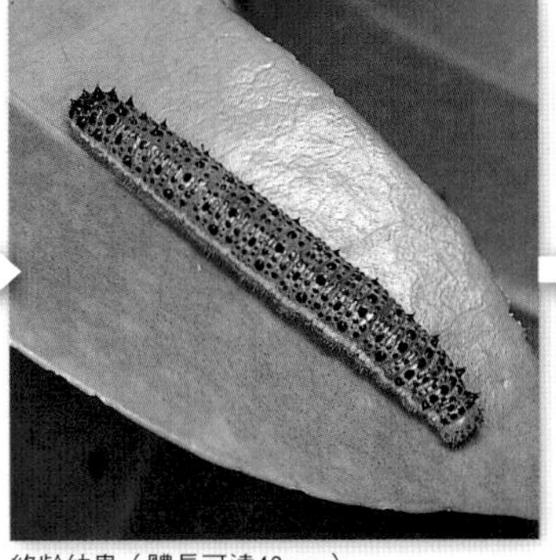
終齡幼蟲（體長可達40mm）

蛹（側面）

♂群聚吸水

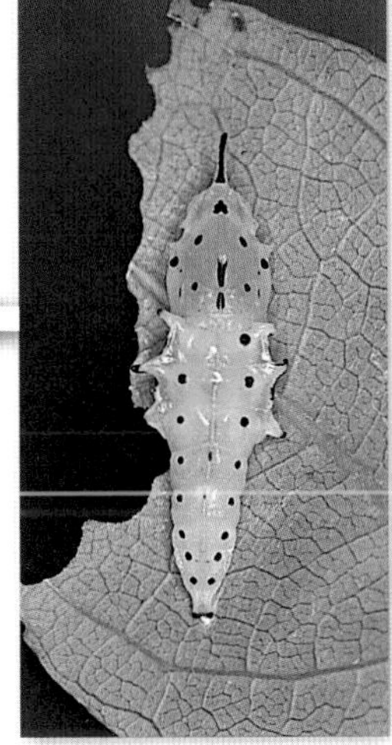
蛹（背面）

斑粉蝶 | *Prioneris thestylis formosana*

粉蝶科 Pieridae　　別名：鋸粉蝶

斑粉蝶的個頭在台灣所有粉蝶中排名第二，但身手矯健，一點也不笨重；平時最常見牠沿山區溪谷的方向，在不太高的空中快速飛行。和許多蝴蝶一樣，斑粉蝶特別喜歡駐足於冇骨消的花叢吸食蜜露。不過，真要仔細欣賞牠的英姿，不妨到溪邊尋覓吸水的個體，較容易讓人如願。

本種雄蝶翅膀表面底色白色，上翅端部區有發達的黑斑，下翅外緣有黑邊；下翅腹面底色黃色，散生一些發達的黑斑。雌蝶外觀因季節不同而有明顯差異：較少見的春型個體翅膀表面底色白色，黑斑較雄蝶發達；夏型個體翅表呈淡黃色，翅脈與外緣區有發達的黑斑。

小檔案 profile

展翅寬：70～80mm
發生期：春至秋季
習　性：常在山區林緣、路旁花叢間吸食花蜜，雄蝶常聚集於溪谷溼地吸水。
分　布：低至中海拔山區

生活史 life history

幼蟲食草：銳葉山柑等多種山柑科山柑屬植物

根據現有的資料，台灣本島有四種粉蝶的幼蟲，只吃食山柑科山柑屬的植物。由於北部地區各種山柑均相當罕見，因此以山柑為幼蟲食草的淡紫粉蝶（P.56）、雌白黃蝶（P.66）和黑脈粉蝶，也幾乎不見蹤影，唯獨本種在烏來、北橫等局部山區的溪谷環境卻不罕見，有時還可見雄蝶群聚在溪邊集體吸水的情形，這是因為牠的飛行能力遠超過其他三種粉蝶？或是這三種粉蝶不適應北部較冷的天氣？還是本種幼蟲在北部可吃食山柑科的魚木？尚待進一步觀察確認。

本種卵呈砲彈形，高約1.3mm，具非常突出的縱稜，孵化前由黃色轉橙色。終齡幼蟲綠色，體表有黑色與藍色的微小瘤狀點突，體側有白色長密毛。幼蟲化蛹於葉面，蛹體長約35mm。

卵

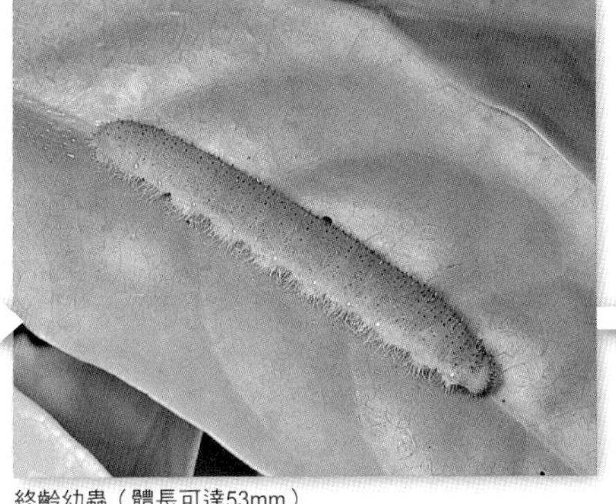
終齡幼蟲（體長可達53mm）

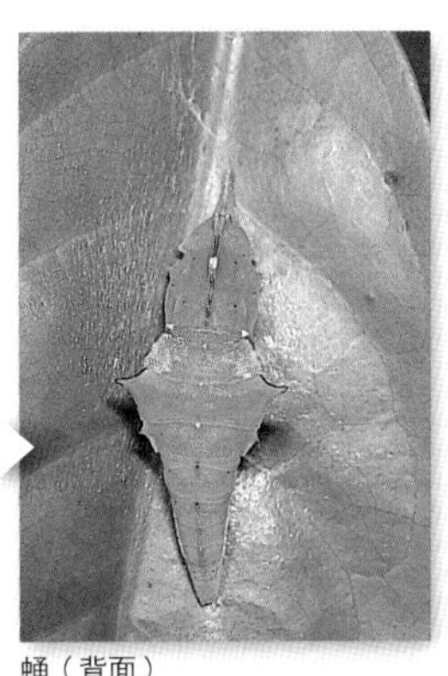
蛹（背面）

蛹（側面）

黑點粉蝶

Leptosia nina niobe
粉蝶科 Pieridae　　別名：纖粉蝶

本種雖不是台灣展翅寬度最小的粉蝶，卻是體型最迷你、纖細的一種。牠最迷人的特色，就是十分優雅輕緩的飛行姿態；平時習慣在陰涼的山路旁或林間小徑低空，沿路徑的方向呈波浪狀飄移前進，其上翅若隱若現的小黑點，看起來就像隨著音樂節拍跳動的音符，讓人的心情也跟著躍動起舞。相較於其他中、大型蝴蝶，山路邊一叢叢小花的蜜量，就夠牠久久駐足痛快暢飲，因此人們反而更容易靠近，細賞這樹林間的小精靈。

牠的展翅表面一片雪白，只有上翅端角區內側有一個明顯黑點；下翅腹面密布波紋狀的黑褐色斑。雌雄個體外觀差異不明顯。

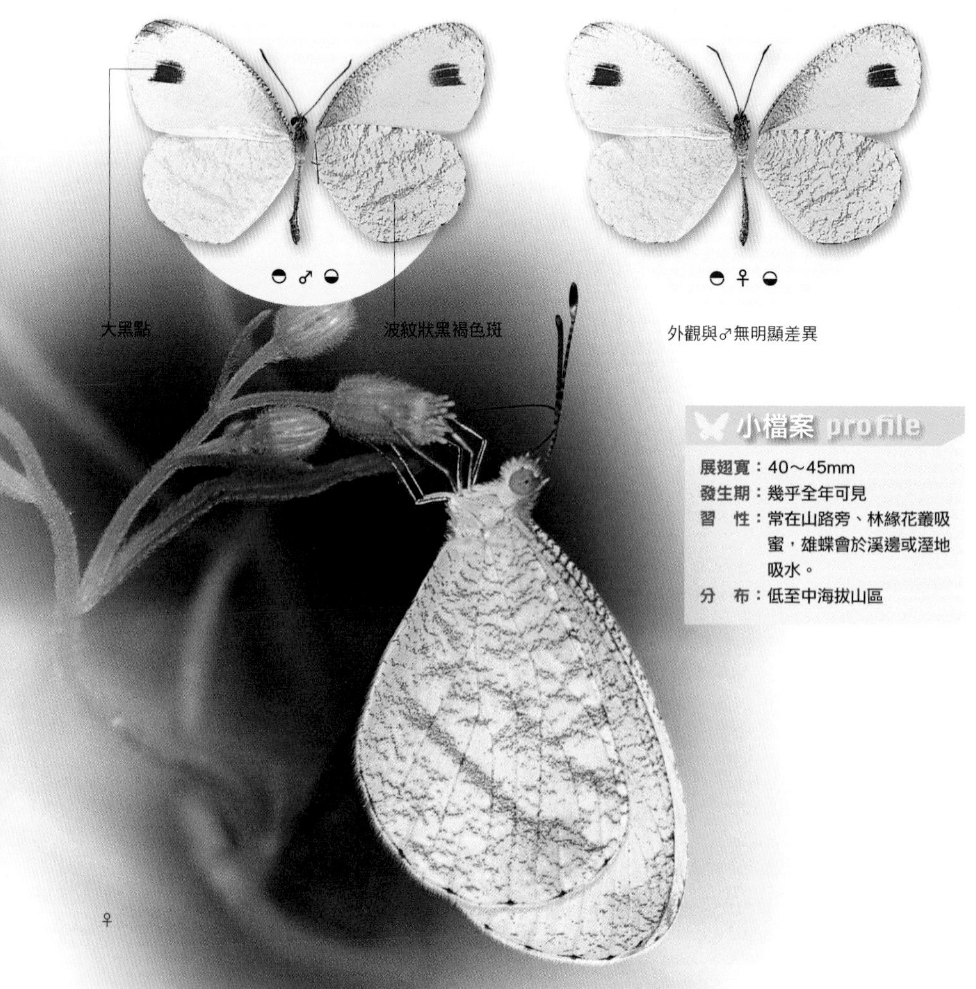

小檔案 profile

展翅寬：40～45mm
發生期：幾乎全年可見
習　性：常在山路旁、林緣花叢吸蜜，雄蝶會於溪邊或溼地吸水。
分　布：低至中海拔山區

生活史 life history

幼蟲食草：山柑科的魚木和多種山柑

山柑科的魚木是多種常見粉蝶的共同食草植物，而這些以魚木葉片為食的各種幼蟲，都習慣停棲在葉面的主脈上。因此想在野外找尋牠們時，通常只要鎖定路旁一些不需仰視的食草枝葉叢，直接用目視搜尋葉面，便能立即判定有無收穫。可是這個方法並不適用於本種幼蟲，原因倒不是牠會躲藏在葉背或隱蔽處，而是牠甚少在較高大植株的向陽葉面上出現；這是因為牠的成蟲偏愛在較低的林下活動，樹林中低矮的魚木小植株或山柑類灌木，才是雌蝶選擇產卵的地點。

卵呈紡錘形，淡水青色，高約1.4mm。幼蟲體色全綠，體表滿覆白色短細毛與不明顯的深綠色瘤點。蛹形細長，約16mm，淡黃褐色。

卵

終齡幼蟲（體長可達20mm）

蛹（側面）

即將羽化的蝶蛹

雌白黃蝶

Ixias pyrene insignis

粉蝶科 Pieridae　　別名：異粉蝶

埔里是台灣早年蝴蝶手工藝品的加工重鎮，數十年前用來加工的蝶類標本，除了一部分是從南、北、東部各地盤商收購外，很多就直接由周邊地區的捕蝶人供應。流經埔里的眉溪流域，即是該地區的最大蝴蝶產地，其支流南山溪、本部溪、獅子頭溪等溪谷地，成為當時捕蝶人最常出沒的採集地。而族群數量龐大、雄蝶鮮明亮眼的雌白黃蝶，則是當年這些採集地最熱門的蝶種。

本種雄蝶翅膀底色黃色，最大特徵為上翅表面具豔麗的大塊橙色斑；雌蝶翅表底色白色，不具橙色斑。

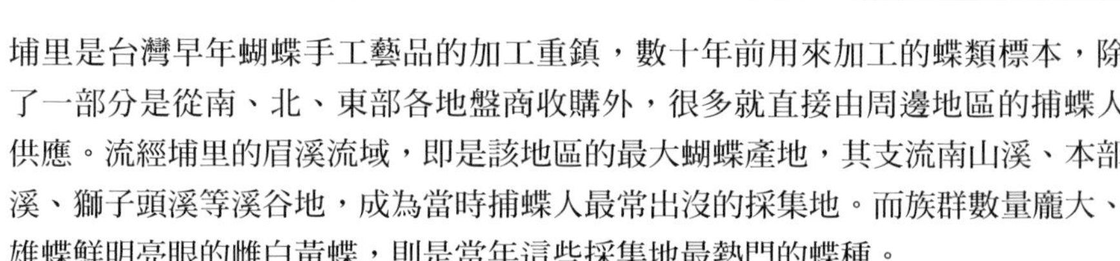

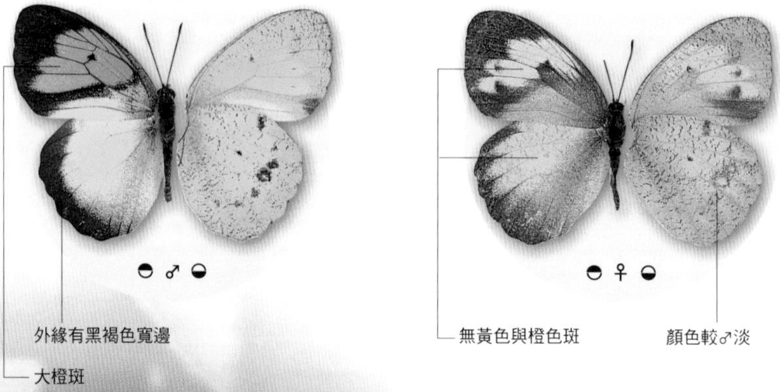

◓ ♂ ◒

外緣有黑褐色寬邊

大橙斑

◓ ♀ ◒

無黃色與橙色斑

顏色較♂淡

♂

小檔案 profile

展翅寬：45～58 mm
發生期：春至秋季
習　性：常在山路旁、林緣花叢吸蜜，雄蝶會群聚於溪邊溼地吸水。
分　布：北部以外的低海拔山區

♂

生活史 life history

幼蟲食草：山柑科的銳葉山柑

眉溪流域自然林中數量不斐的銳葉山柑，正是孕育雌白黃蝶龐大家族的衣食父母，只要銳葉山柑的族群不減，本種蝴蝶就永是當地最耀眼的大自然舞姬。可惜的是，埔里蝴蝶藝品加工業消失後，雖不再有人以捕蝶餬口，但因附近山林的人為開墾日益加劇，導致銳葉山柑的族群逐年銳減，加上九二一地震後，眉溪流域的山壁邊坡常因大雨而土石崩落，對原已凋零的野生植物群落更是雪上加霜。如今，雌白黃蝶的族群數量已大不如前了。

本種卵呈紡錘形，高約1.3mm，米白色，孵化前出現橙色受精斑。幼蟲綠色，體側具有紅色細縱線，尾部附近的紅線上緣有一段較明顯的白線。蛹翠綠色，體長約23mm，頭尾尖銳，體背近平直，腹面於翅膀處呈90度弧形彎曲。

卵

終齡幼蟲（體長可達30mm）

蛹（側面）

即將羽化的蝶蛹

♀

端紅蝶

Hebomoia glaucippe formosana
粉蝶科 Pieridae　　別名：橙端粉蝶

鮮明的白色碩大翅膀，翅端綴飾著燦爛奪目的橘紅色斑紋，晴空下振翅疾飛的牠在賞蝶人眼中，十足搶盡鋒頭與光彩。各類野花或庭園花卉若能得到這種台灣最大粉蝶的青睞而駐足片刻，馬上就為「蝶戀花」寫下最完美的註解。其實，除了訪花，本種雄蝶也常停棲在溪邊溼地上吸水，只是當牠夾緊翅膀靜立在沙地上，露出的腹面外觀形同一片不起眼的枯葉，自然不易吸引同伴停下來共襄盛舉，大家也就無緣欣賞牠們群聚覓食的盛況。

雄蝶下翅表面幾乎全白，雌蝶在外緣與亞外緣區則有發達的三角形黑斑，而且上翅橙紅色斑中的黑斑也比雄蝶發達。

♂

橙紅色大斑紋

斑紋偽裝成淡色枯葉

♀

黑斑較♂發達

發達的三角形黑斑

♂

小檔案 profile

展翅寬：70～90mm
發生期：幾乎全年可見
習　性：常在山區林緣、樹冠、路旁花叢間吸食花蜜，雄蝶常於溪谷溼地吸水。
分　布：低至中海拔山區，低海拔山區較常見。

♂

生活史 life history

幼蟲食草：山柑科的魚木和多種山柑

鳥類是蝴蝶幼蟲的一大天敵，然而，為了確保族群命脈的傳承，小毛蟲可不會乖乖地坐以待斃，牠們往往身懷各種保命絕招，以躲過掠食者的致命攻擊。其中，偽裝成小蛇模樣來嚇阻小鳥，成為牠們慣用的欺敵手法，鳳蝶家族的終齡幼蟲就常有這樣的本領。而在粉蝶家族裡，唯獨個頭夠大的本種幼蟲能採用這種偽裝術，並且堪稱技冠群蟲。因為平時靜棲在植物葉面的牠，一身保護色的綠衣可說是第一道護身符，萬一強敵壓境，則挺起前半身，把頭胸向後擠成一團，於是體側的小斑點頓時變成怒目相視的大眼睛，儼然就是一隻盤身示警的小青蛇。

砲彈形的卵較粗胖，高約1.6mm。蛹形亦顯粗胖，體長約42mm，有綠色、濃黃色、淡黃褐色等不同外觀。

卵

三齡幼蟲

終齡幼蟲（體長可達60mm）

黃色型蛹（側面））

綠色型蛹（側面）

♀產卵

水青粉蝶

Catopsilia pyranthe

粉蝶科 Pieridae　別名：細波遷粉蝶

一般而言，都市中的野生植物種類和數量都不多，相對地，蝶類資源亦較少。不過為了美化市容，人們身邊不乏各式景觀植物與行道樹，假如有些蝴蝶幼蟲能以這些園藝植栽的葉片為食，那麼牠們就有可能在都市定居下來，並且穩定地繁衍後代。本種即屬在都市中適應良好的蝴蝶，多種行道樹及公園植栽，正是其幼蟲的最愛；難怪比起野外，市區街道上更容易目睹水青粉蝶快速紛飛的景致。

雄蝶展翅表面一片雪白，僅上翅端部至外緣有一條黑色邊紋；翅膀腹面具密集的波浪形細碎紋。雌蝶上翅端部的黑斑特別發達，中室端有較雄蝶明顯的黑點；下翅表面外緣有細黑邊。冬型個體的翅表黑斑較小，翅膀腹面中室有小圓斑。

♂ 夏型

♀ 夏型

冬型♀

小檔案 profile

展翅寬：48～65 mm
發生期：全年可見
習　性：常在公園、山區林緣、樹冠、路旁花叢吸食花蜜，雄蝶常於溼地吸水。
分　布：平地至低海拔山區
近似種：淡黃蝶（P.72）翅表淡黃色，翅腹無波狀紋。

生活史 life history

幼蟲食草：豆科的望江南、阿勃勒、黃槐、翅果鐵刀木

阿勃勒、黃槐、翅果鐵刀木都是常見的景觀植栽，只要在它們的黃色花叢上，或附近街道旁，看見許多來回快飛的中型白色蝴蝶，就不難在這些植物的葉片上，發現本種的幼蟲與微小卵粒。想進一步測試自己尋蟲的功力，則不妨看看能否在植株枝條或葉背下，找到狀似一片小葉的蝶蛹！想要觀察幼蟲成長、化蛹的人，可適度剪些枝條葉片插在水瓶中，再把幼蟲放在葉片上帶回家中飼養。但是記得用棉花塞住靠近瓶口的部分，以免幼蟲爬入水中淹死。

本種卵呈紡錘形，高約1.5mm。幼蟲綠色，體側有一條黃白色縱線，縱線上緣有一列具光澤的藍黑色瘤點，體背滿布不明顯的深綠色小瘤點。蛹翠綠色，體長約28mm，頭部前端具尖角，體側有黃色細縱線。

卵

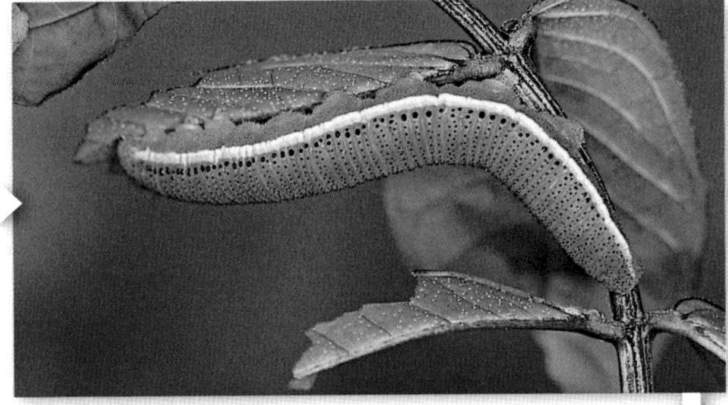

終齡幼蟲（體長可達45mm）

蛹（側面）

夏型♂

淡黃蝶

Catopsilia pomona pomona

粉蝶科 Pieridae　　別名：遷粉蝶

本種正是讓美濃黃蝶翠谷聲名大噪、備受全台矚目的主角。每年五、六月間，龐大的淡黃蝶族群，接連不斷地從當地雙溪流域的上游，沿著溪床向中下游疾飛擴散，形成萬蝶鑽動的「大發生」奇觀。遇到盛產時節，連美濃街上都能看到群蝶輕盈起舞的美景。

本種外觀有兩種不同形態，日治時期分別被取名為「銀紋淡黃蝶」與「無紋淡黃蝶」。無紋型雄蝶的翅膀表面基部有淡黃色斑向外漸層變白，腹面單純淡黃色；雌蝶翅表周邊有發達的黑斑。銀紋型翅膀腹面有幾個小波紋，中室都有圓圈狀的暗色斑紋；少數雌蝶還有暗橙紅色的大斑。

銀紋紅斑型 ♀ ◒

無紋型♂

小檔案 profile

展翅寬：50～65mm

發生期：南部全年可見，中、北部以蛹越冬。

習　性：常在公園、山區林緣、樹冠、路旁花叢吸蜜，雄蝶常群聚於溪邊溼地吸水。

分　布：平地至低海拔山區

近似種：水青粉蝶（P.70）翅表無黃斑，翅腹具波狀紋。

生活史 life history

幼蟲食草：豆科的鐵刀木、阿勃勒、黃槐

美濃山區能孕育出族群非常龐大的淡黃蝶，是因此處的次生林中生長著數不清的鐵刀木大樹，它們原是日治時期引進的人造林樹種，其葉片是淡黃蝶幼蟲的主要食物之一。自從鐵刀木不再被砍伐利用，這裡就成了淡黃蝶的樂園，每三至四年會有一次數量特別驚人的淡黃蝶大發生，梅雨季的放晴日，上百萬隻的蝴蝶在山谷中陸續羽化紛飛，數週後，山林間的鐵刀木葉片便被數量更驚人的下一代幼蟲吃個精光；吃不飽而無法化蛹的幼蟲則爬下樹來到處覓食，停在山路旁的車輛往往一下子就遭毛毛蟲爬滿，景象頗為駭人。隔年由於食物匱乏，族群量會變少很多。

本種幼生期近似水青粉蝶（P.71），但幼蟲體色較深且偏黃，體背滿布帶藍黑色光澤的小瘤點，部分個體體側有寬大的黑色縱帶。蛹體側的黃色邊線較明顯，頭部前方的角突較尖細。

卵

終齡幼蟲（體長可達45mm）

終齡幼蟲

蛹

銀紋型♀

紅點粉蝶

Gonepteryx amintha formosana
粉蝶科 Pieridae　　別名：圓翅鉤粉蝶

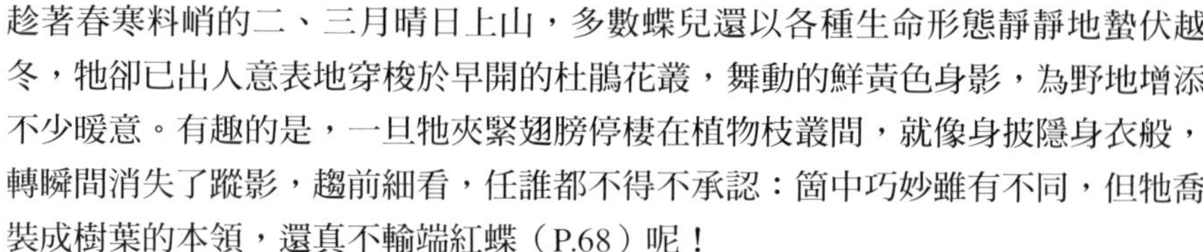

趁著春寒料峭的二、三月晴日上山，多數蝶兒還以各種生命形態靜靜地蟄伏越冬，牠卻已出人意表地穿梭於早開的杜鵑花叢，舞動的鮮黃色身影，為野地增添不少暖意。有趣的是，一旦牠夾緊翅膀停棲在植物枝叢間，就像身披隱身衣般，轉瞬間消失了蹤影，趨前細看，任誰都不得不承認：箇中巧妙雖有不同，但牠喬裝成樹葉的本領，還真不輸端紅蝶（P.68）呢！

雄蝶上翅表面為鮮豔的濃黃色，下翅呈黃色，中室端都有一枚橙色圓點；翅膀腹面偽裝成樹葉狀，中室端具有酷似蟲蛀小洞般的黑褐色圓點。雌蝶翅膀表面米黃色。雌蝶外觀較樸素是許多蝶種的共同特色，為的是盡量別張揚自己的行蹤，以求順利完成產卵的神聖使命。

小檔案 profile

展翅寬： 55～65 mm
發生期： 幾乎全年可見
習　性： 常在山區林緣、路旁花叢間吸食花蜜，雄蝶偶爾會於溪谷溼地吸水。
分　布： 低至中海拔山區
近似種： 小紅點粉蝶（*G. taiwana*）體型小，下翅下緣呈鋸齒狀，低海拔無分布。

♂

小紅點粉蝶

生活史 life history

幼蟲食草：鼠李科的桶鉤藤

本種幼蟲的食草桶鉤藤，在台灣從郊山到海拔2,500公尺左右的高地都能生長，因而紅點粉蝶的分布也相當廣泛。可惜這種姿色迷人的彩蝶數量並不特別多，或許是桶鉤藤在各山區皆不算是優勢植物所致。

雌蝶習慣將卵產在食草的嫩葉或新芽上；黃綠色的卵粒呈比例較為細長的砲彈形，宛如一個小巧袖珍的酒瓶；高約1.8mm。幼蟲體背白綠色，滿布微小的綠色瘤點，體側有條上緣邊界不明的白色縱線；棲止不動時，常會把腹足前方的身體抬高，受到驚擾時尤其明顯。蛹體長約28mm，淡黃色或淡綠黃色，頭部前端呈尖角狀且略向背面彎曲，胸部兩側具黑褐色斑紋，腹面翅膀部位呈明顯的圓弧形彎曲。

卵

終齡幼蟲（體長可達45mm）

蛹（側面）

求偶（2♂1♀）

荷氏黃蝶 | *Eurema hecabe*

粉蝶科 Pieridae　　別名：黃蝶

黃蝶屬（*Eurema*）成員在台灣共有七種，這是一類相當常見的小型粉蝶，從海濱、荒地、城鎮、郊外，一直到山區，處處見得到牠們緩慢低飛的身影，而生命力旺盛的菊科小野花就是牠們最鍾愛的蜜源。對於初入門的賞蝶者，要辨識這七種外觀非常相像的小黃蝶，十分不易。其實，就算是識蝶老手，若無採集的標本，在野外想從兩兩特別酷似的種類間，鑑定出正確的身分也絕非易事；書中未收錄的北黃蝶（*E. mandarins*），即為最容易與本種混淆的近似種。

本種雄蝶翅表濃黃色，雌蝶淡黃色；上翅外緣呈直線狀，緣毛多為黃色或褐色；下翅下緣有個不明顯的彎角。秋、冬的低溫期個體，翅表的黑斑較小，翅腹的黑褐色斑則較發達。

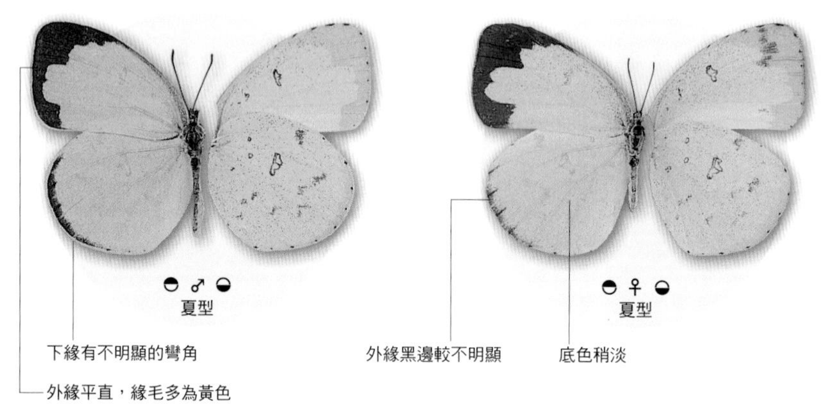

小檔案 profile

展翅寬：35～45 mm
發生期：幾乎全年可見
習　性：常在山區林緣、路旁花叢間吸食花蜜，雄蝶常於溪谷溼地吸水。
分　布：平地至中海拔山區
近似種：北黃蝶翅膀的黃色稍淡，體型較小，上翅外緣緣毛完全鮮黃色，下翅外緣的彎角明顯；食草為鼠李科的桶鉤藤。黑緣黃蝶（*E. alitha esakii*）的上翅表面前緣全段有明顯的細黑邊；台灣黃蝶（P.78）、淡色黃蝶（*E. andersoni godana*）兩種下翅下緣皆呈均勻圓弧邊。

生活史 life history

幼蟲食草：豆科的田菁、合歡、合萌等與大戟科的紅仔珠

台灣七種黃蝶的幼蟲食草，主要是豆科的合歡、決明、田菁、合萌、假含羞草、乳豆等屬植物；而親緣關係較近的黃蝶，其食草種類也常有雷同。本種幼蟲除了以多種豆科植物為食外，連大戟科也有牠的食草，在黃蝶家族中，可說最不挑食，難怪蹤跡所至的範圍也最廣。

雌蝶習慣遊走於食草附近，分次產下單一卵粒；卵呈紡錘形，白色，高約1.3mm。幼蟲體綠色，頭部亦為綠色，體背滿布短細毛，體側有一條明顯的白色縱線。蛹綠色、黃綠色或褐綠色，體長約20mm，外形略似紅點粉蝶（P.75），但本種較修長，頭部前端角突較尖銳，體側無特別集中的暗色斑紋。

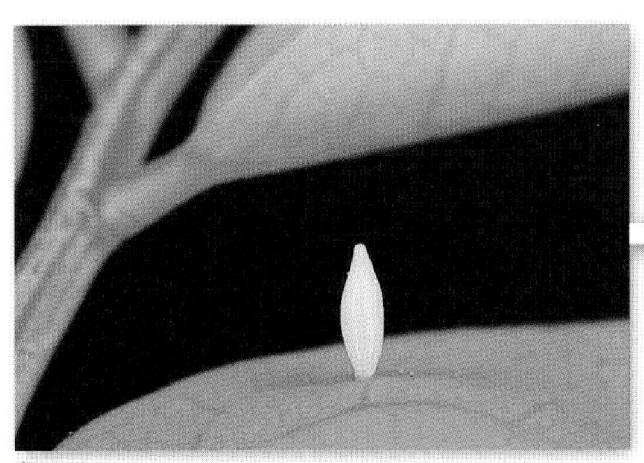

卵

終齡幼蟲（體長可達30mm）

褐綠色型蛹（側面）

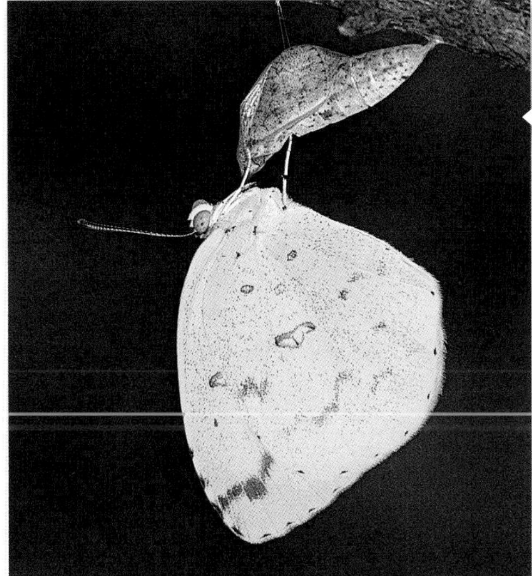

剛羽化的♂

綠色型蛹（側面）

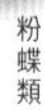

台灣黃蝶 | *Eurema blanda arsakia*

粉蝶科 Pieridae　　別名：亮色黃蝶

從外觀來看，一般人很難分得清楚本種與荷氏黃蝶的差異，但就生態而言，本種無論是成蟲或幼蟲，相較之下「物以類聚」的習性特別明顯，大概是牠的族群數量遠比其他種類多的緣故吧！在各地山區的溪谷溼地，經常可見牠們數十隻、甚至上百隻擠在一起吸水，尤其是台東知本等地的低山林道，連冬天的地面溼地上，都還會出現數百隻雄蝶群聚吸水的精采畫面。

本種雌雄翅表底色的差異和荷氏黃蝶略同。雄蝶上翅表面外緣角的黑邊不向內側明顯延伸突出。夾起翅膀時的辨識重點：下翅下緣為均勻圓弧形；上翅外緣幾乎平直，中室近基部處有二至三枚小黑斑。

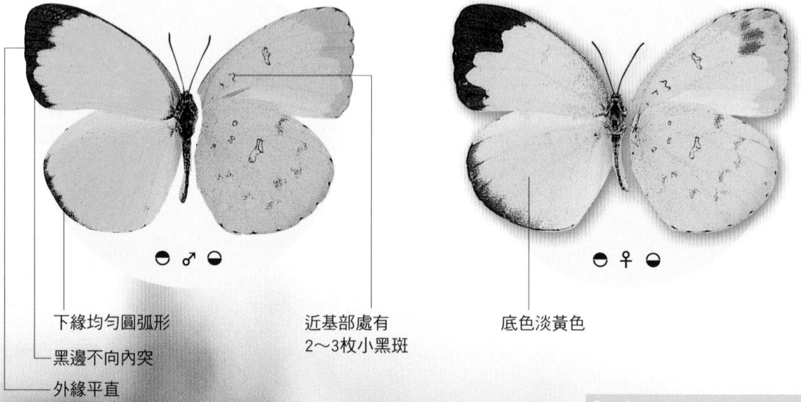

♂　　♀

下緣均勻圓弧形

黑邊不向內突

外緣平直

近基部處有
2～3枚小黑斑

底色淡黃色

小檔案 profile

展翅寬： 40～50 mm

發生期： 幾乎全年可見

習　性： 常在山區林緣、路旁花叢間吸食花蜜，雄蝶常群聚於溪谷溼地吸水。

分　布： 平地與低海拔山區

近似種： 淡色黃蝶上翅腹面中室近基部只有一枚黑斑；荷氏黃蝶（P.76）、黑緣黃蝶下翅下緣有個不明顯的彎角。

♂

生活史 life history

幼蟲食草：豆科合歡屬多種原生種或引進造林種合歡，以及決明屬的鐵刀木、阿勃勒等。

本種群聚的習性從雌蝶產卵就開始，有時牠們會三兩隻像接力賽般陸續在同一棵食草上產卵，而且每隻都長時間停駐，一口氣產下數十粒並列的小卵，因此總數往往多達一百個以上。孵化後的幼蟲也喜歡成群結隊，集體休憩或覓食；甚至到了化蛹階段，牠們仍然常常集結在一起。一般集中產卵的蝶種，幼蟲多半隨著體型變大而逐漸分散，像台灣黃蝶這樣，同胞手足的蛹還會團聚的情形比較少見。

卵高約1.4mm，紡錘形。幼蟲體呈黃綠色或綠黃色，頭部黑色，體背滿布深色的微小瘤點與短細毛。蛹體長約22mm，外形極似荷氏黃蝶（P.77），但其頭部前端的尖角突較長，整體無明顯細小斑紋，且部分個體呈深黑褐色或幾近黑色；最常依附在食草羽狀複葉主脈下緣。

密集並列的卵

終齡幼蟲（體長可達32mm）

綠色型蛹（側面）

♂群聚吸水

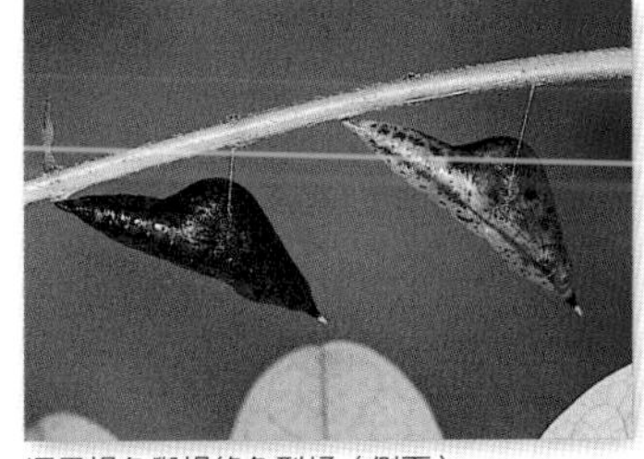
深黑褐色與褐綠色型蛹（側面）

斑蝶類

黑脈樺斑蝶

Danaus genutia

蛺蝶科 Nympalidae　　別名：虎斑蝶

依據最新的分類系統，蛺蝶科是台灣蝴蝶王國最大的一個家族。而全台普遍、常見且觀賞性極高的十三種斑蝶，則共同隸屬於蛺蝶科中的斑蝶亞科，其成蟲外觀都具有醒目的底色、花紋或光斑；生態習性上偏好訪花吸蜜，且飛行的姿態特別緩慢優雅。這是因為牠們體內含有讓掠食性小動物難以吞食下嚥的毒性或腥味，此一得天獨厚的條件，讓牠們可以有恃無恐地遊戲花叢，而鮮豔明亮的外表，就成了昭告天下的「警戒色」。

本種堪稱台灣常見斑蝶中最具姿色的一種，展翅表面底色橙色，翅脈部位具粗大的黑色條紋；上翅端部區黑色，當中有一列白斑呈斜帶狀分布；翅膀腹面底色較淡。雄蝶下翅近中央處，有一個中心白色的黑色雄性性斑。

1列白斑形成的斜帶

小檔案 profile

展翅寬：70～80 mm

發生期：全年可見，但北部冬季罕見。

習　性：常在山區林緣、樹冠、路旁花叢間吸食花蜜

分　布：平地至中海拔山區，以低海拔山區較常見。

近似種：雌紅紫蛺蝶（P.138）雌蝶的翅脈部位黑色線極細

♀

♂

生活史 life history

幼蟲食草：蘿藦科牛皮消屬植物

斑蝶體內的毒性其實來自幼蟲的食物，而牠們的食草不外乎蘿藦科、夾竹桃科或桑科榕屬等植物的葉片。經過長年的演化，幼蟲吃了這些或多或少有毒的植物，不但不會中毒，還把毒性物質保留在體內，變成自衛防身的利器；因此不論是幼蟲或蛹，也多以顯眼的警戒色，告知小鳥、蜥蜴等天敵不要隨便招惹牠們。

本種卵呈短砲彈形，直徑約0.9mm。幼蟲體軀底色黑色，具有規則排列的黃色與白色斑紋，體側的黃斑最發達而呈縱帶狀排列；體背前後共有三對細長的肉質突起，肉突基部為明顯的紅色。蛹體長約20mm，綠色或淡橙褐色；體表具金色的小光斑，腹部背面有道顆粒狀橫向稜突，稜突兩側分別為金色與黑色。

卵

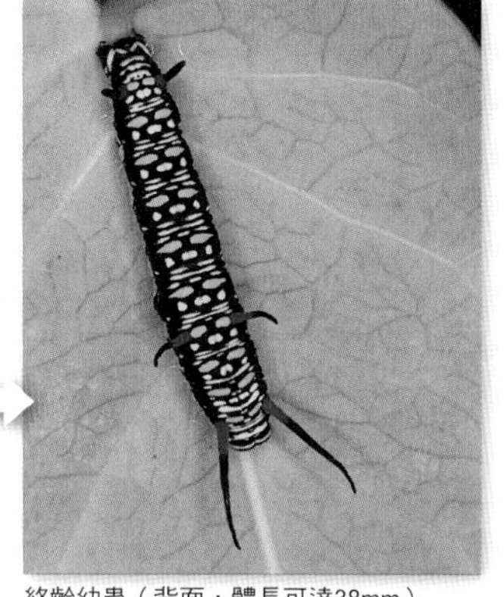
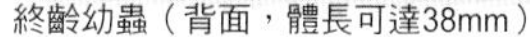
終齡幼蟲（背面，體長可達38mm）

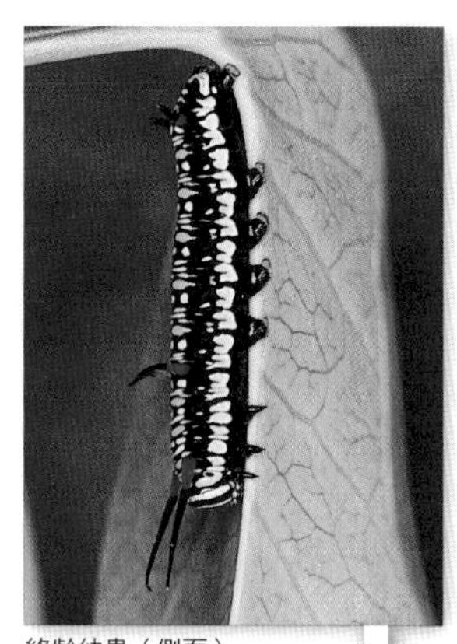
終齡幼蟲（側面）

♂

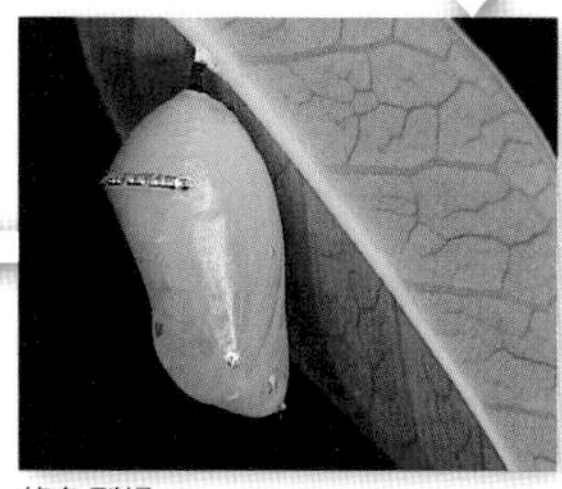
綠色型蛹

淡橙褐色型蛹

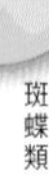

樺斑蝶

Danaus chrysippus

蛺蝶科 Nympalidae　　別名：金斑蝶

本種與黑脈樺斑蝶的親緣關係很近，成蟲喜於花叢間穿梭、覓食的習性也很相像，不過兩者分布的環境卻大異其趣。相較於黑脈樺斑蝶主要生活在林相複雜的山區，本種則常出現在人類活動頻繁的公園、風景區，或城鎮、聚落附近的空曠荒地；都市住家的周遭若植有園藝植栽馬利筋，也很容易發現雌蝶循味前來覓食或繁衍後代。

本種體型比黑脈樺斑蝶小一些，翅脈部位不具黑色條紋，下翅中央區有三枚小黑斑，其餘特徵和黑脈樺斑蝶相似。雄蝶下翅一樣有個雄性性斑，因此外觀呈現四個小黑斑。

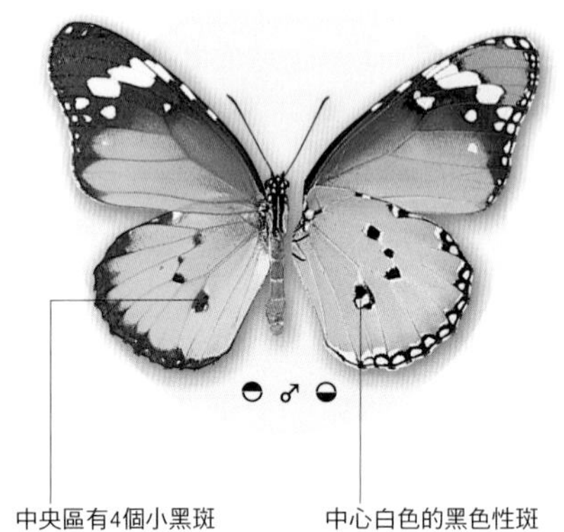

♂

中央區有4個小黑斑　　中心白色的黑色性斑

♀

中央區有3個小黑斑（無性斑）

♂

小檔案 profile

展翅寬：50～65 mm
發生期：全年可見，但北部冬季罕見。
習　性：常在庭園、荒地、路旁花叢間吸食花蜜
分　布：平地至低海拔山區較常見
近似種：黑端豹斑蝶（P.110）雌蝶翅膀底色橙色，其間散布許多小黑斑。

生活史 life history

幼蟲食草：蘿藦科的馬利筋（尖尾鳳）、釘頭果

本種幼蟲的食草──馬利筋和釘頭果，為蘿藦科同一屬的植物，都是原產於美洲或非洲的「外來客」；而台灣的原生植物，至今沒有牠們吃食的紀錄，且這種蝴蝶甚少出現在植物種類多樣的森林區，由此約可研判樺斑蝶應非本地原生的蝴蝶。至於牠們是幼生期藉著食草植栽的引進而成長定居於此？抑或是馬利筋的栽培逐漸普遍後，牠們藉著斑蝶擅長乘風滑行的優異本能，而擴散歸化到台灣來？目前仍未有精確的史料可供考據。

本種幼生期均近似黑脈樺斑蝶（P.81）：卵較小；幼蟲體背有極發達的白色橫紋，長肉突的基部紅色區較短或極不明顯；蛹也略小，體表金色光斑較少而稍不明顯。

卵

一齡幼蟲咬出圓圈狀攝食區

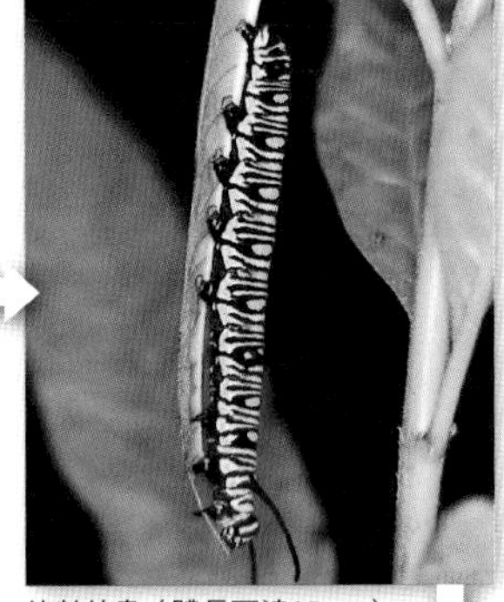

終齡幼蟲（體長可達35mm）

綠色型蛹

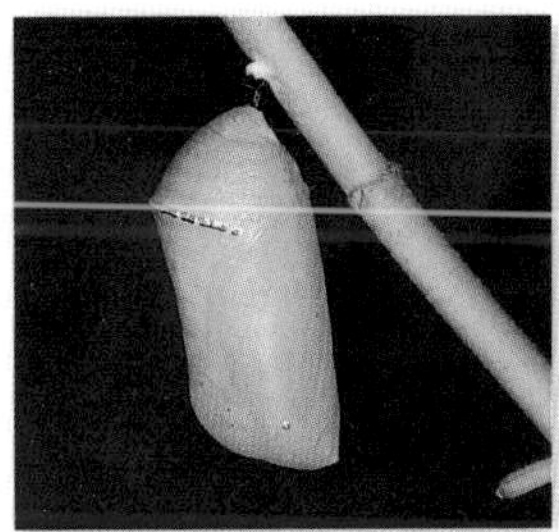

淡橙褐色型蛹

♂

淡色小紋青斑蝶

Tirumala limniace

蛺蝶科 Nympalidae　　別名：淡紋青斑蝶

本種又名淡紋青斑蝶，在台灣南部或東南部，為青斑蝶類中相當優勢的一種，但受限於幼蟲食草植物——華他卡藤的分布，原本在中、北部地區並不多見，近年因許多蝴蝶園於戶外種植不少華他卡藤，牠慢慢也成了全台各地郊山常見的蝶種。這種蝴蝶園中的嬌客，與其他斑蝶一樣，身上都有股腥臭的異味，難怪鳥類對牠們一點食慾也沒有。

本種翅膀底色黑褐色，其間散布許多大大小小的淡青色斑紋，最主要特徵是下翅中室內有兩道基部相連的青斑，中室下方則有兩個倒斜的V形細小青斑；翅膀腹面底色黃褐色。雄蝶下翅腹面有一個耳形的瘤突狀雄性性標。

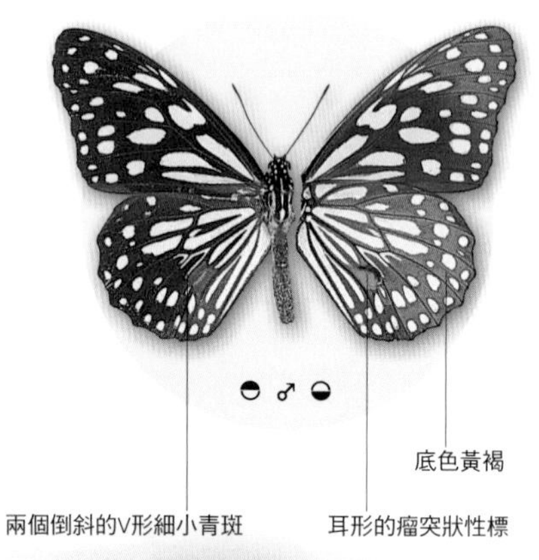

小檔案 profile

展翅寬：80～90 mm

發生期：全年可見，但中、北部冬季無。

習　性：常在山區林緣、樹冠、路旁花叢間吸食花蜜

分　布：主要在低海拔山區

近似種：小紋青斑蝶（P.86）翅膀底色較深，青斑較小。

♀

生活史 life history

幼蟲食草：蘿藦科的華他卡藤

同樣是蝴蝶寶寶，有些極不挑食，不單食草種類繁多，甚至能跨越不同的科；相對地，有些則獨鍾一味，專挑某種植物下手，例如本種幼蟲就只攝食華他卡藤，所以族群的分布與興衰也和華他卡藤密切相關。而台灣一地，目前亦僅有這種蝴蝶的幼蟲會吃食華他卡藤，因此若在其蔓藤枝葉間，找到蝶類的卵或幼蟲，大概就是淡色小紋青斑蝶的寶寶。

卵呈短砲彈形，直徑約1.1mm。幼蟲體背為米黃色或米白色，各體節均有黑色橫紋，體側下緣黃色；體背前後各有一對細長的肉質突起，這是青斑蝶類幼蟲的共同特徵。蛹有淡綠色與淡黃褐色兩型，體長約22mm，體表散布許多銀色小光斑，腹部背面的顆粒狀稜突具銀色金屬光斑。

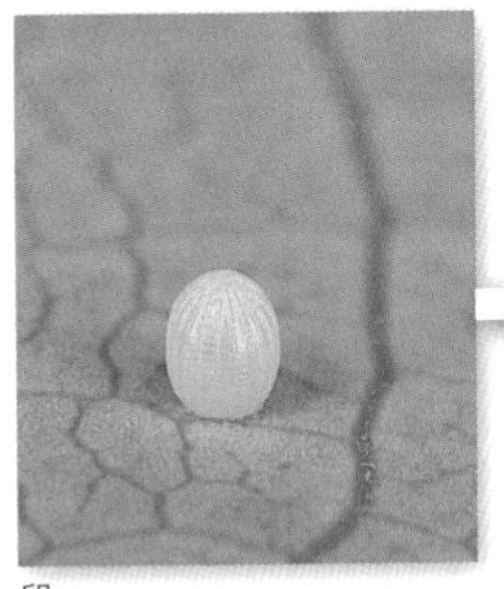

卵

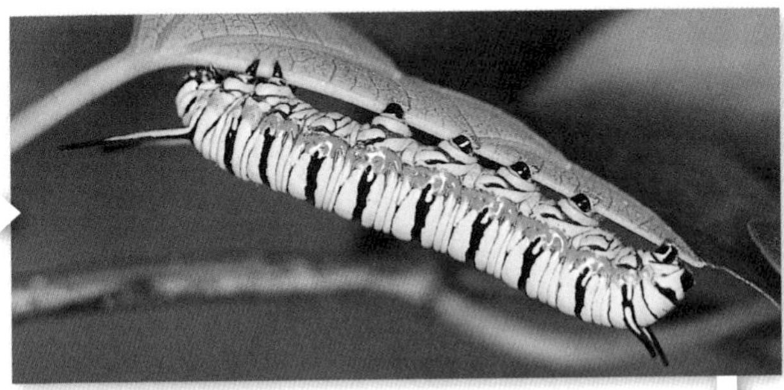

終齡幼蟲（體長可達50mm）

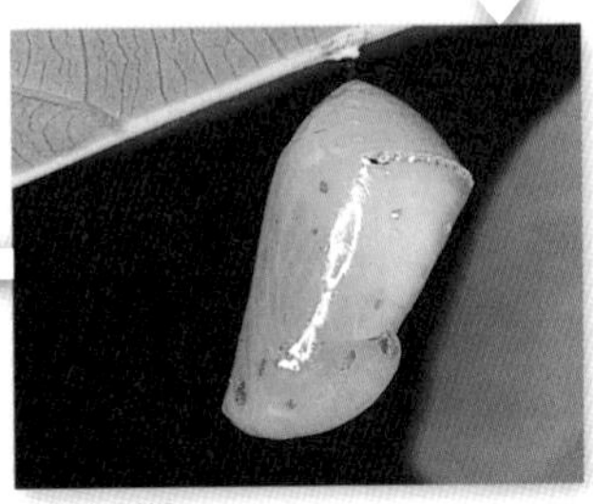

淡綠色型蛹

♂

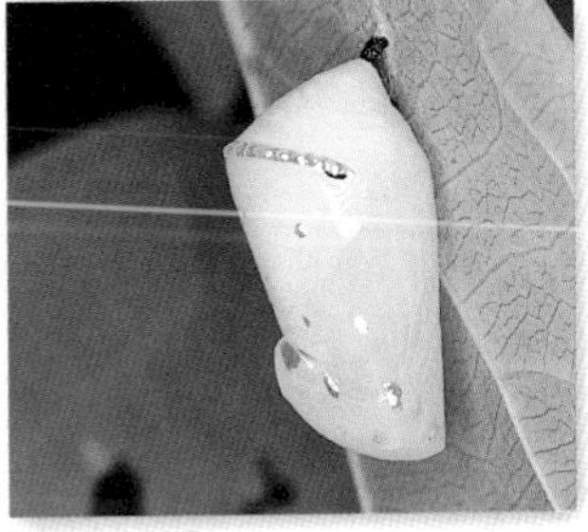

淡黃褐色型蛹

小紋青斑蝶 | *Tirumala septentrionis*

蛺蝶科 Nympalidae

所有昆蟲都是六足動物，蝴蝶自不例外，但是斑蝶或蛺蝶科其他成員駐足花上吸蜜時，怎麼最多也只瞧見四隻腳呢？其實除了顯而易見的兩對腳外，牠們還有一對退化不用的前腳，縮藏於胸前。斑蝶類的另外一個特色是，牠們翅膀上的鱗片不像其他蝶類那麼容易因觸摸摩擦而脫落。

在近似種之間，本種翅膀的青色碎斑面積最小，因此外觀看起來體色最深。就翅膀斑紋的分布而論，本種和淡色小紋青斑蝶最相像，鑑別的特徵之一：本種上翅下緣中央上方的二枚橫斑外側，成上下斜行；後者二橫斑的外側則上下對齊。翅膀腹面底色呈黑褐或棕褐色。雌雄差異與淡色小紋青斑蝶相同。

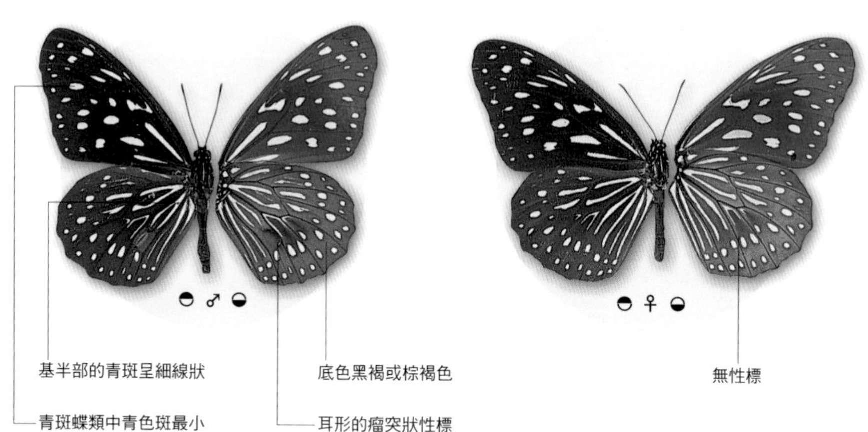

小檔案 profile

展翅寬：75～95 mm

發生期：全年可見；冬季中、北部無，南部成蟲越冬。

習　性：常在山區林緣、樹冠、路旁花叢間吸食花蜜

分　布：低至中海拔山區

近似種：淡色小紋青斑蝶（P.84）翅膀腹面底色黃褐色，青斑較大。

♀

生活史 life history

幼蟲食草：蘿藦科的布朗藤

本種幼蟲也是「寡食性」一族，目前所知唯獨布朗藤合牠的胃口。青斑蝶類中，雖有兩、三種幼蟲可以布朗藤葉片為食，不過在植株間找到的個體，多半是本種，這是因為別種雌蝶偏愛於陽光充足的地點產卵，而常優先選擇了其他蘿藦科植物。布朗藤通常生長在溪谷兩側或較陰涼的林間步道旁，所以本種雌蝶除了喜好流連於日照充足的花叢外，也常在林間穿梭，找尋可以產卵的食草植物。

卵略呈砲彈形。幼蟲體背具黑白相間的細橫紋，體側下緣黃橙色。蛹近似淡色小紋青斑蝶（P.85），但體表的銀色光斑較大，而數量較少。

卵

終齡幼蟲（體長可達45mm）

淡綠色型蛹（側面）

♂

淡綠色型蛹（背面）

姬小紋青斑蝶

Parantica aglea maghaba

蛺蝶科 Nympalidae　　別名：絹斑蝶

本種是台灣六種常見青斑蝶中，個頭最為嬌小的一員，當牠夾緊翅膀訪花時，下翅滿布白色的條狀斑紋，實在看不出來「青斑」的模樣，不過一旦牠張開翅膀，你就能認出牠是青斑蝶家族中的一份子。有趣的是，鳳蝶科中的黃星鳳蝶，乍看之下不僅體型、展翅外觀和本種近似，連飛行姿態也一樣緩慢優雅，這是無毒蝶種運用唯妙唯肖的擬態術，模仿有毒斑蝶，以躲開天敵侵襲的自衛妙招。至於掠食性動物會不會攻擊不具毒性的擬態種？端看其識蝶的功力深不深。就以地球上不同地區都有許多類似的擬態現象來推想，此招數的保命效果應當不差。

本種外觀最主要特徵是翅膀腹面斑紋發達且呈白色。雄蝶下翅腹面近肛角處有個黑色的雄性性斑。

♂

展翅寬：60～80 mm

發生期：全年可見；冬季中、北部無，南部成蟲越冬。

習　性：常在山區林緣、樹冠、路旁花叢間吸食花蜜

分　布：主要在低海拔山區

近似種：黃星鳳蝶（*Chilasa epycides melanoeucus*）下翅肛角有枚黃斑，下翅腹面白斑較少。

黃星鳳蝶

生活史 life history

幼蟲食草：蘿藦科的甌蔓屬植物與布朗藤、蘭嶼牛皮消

蘿藦科植物不但有毒，而且多汁，許多種類會從莖、葉受傷處滴出白色或透明的乳汁；對於攝食其葉片的斑蝶幼蟲而言，食物水分太多也是一件麻煩事。遇到這種情況，初齡幼蟲會先在食草葉背咬出一個比自己大的圓圈狀傷口，藉此阻斷葉脈繼續輸送水分到圓圈內的葉肉組織，加上此範圍內的水分也會從傷口處散失不少，牠因此可從容進食；或許這個行為兼能減少毒素的攝取，以免自己有中毒之虞。

本種卵直徑約0.9mm。幼蟲體色黑色或黑褐色，全身滿布規則排列的黃色與白色小斑點。蛹體長約19mm，翠綠色，具許多銀色光斑；腹部背面稜突不明顯，但有兩列橫排的黑點。

卵

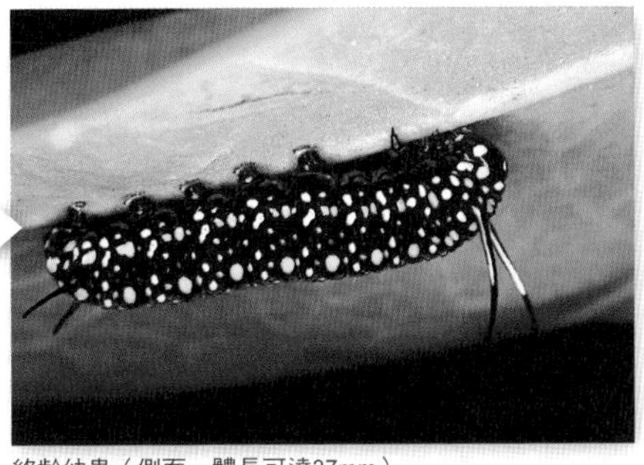
終齡幼蟲（側面，體長可達37mm）

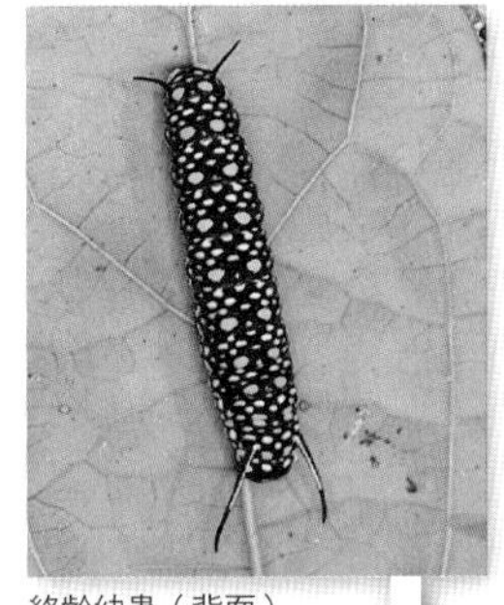
終齡幼蟲（背面）

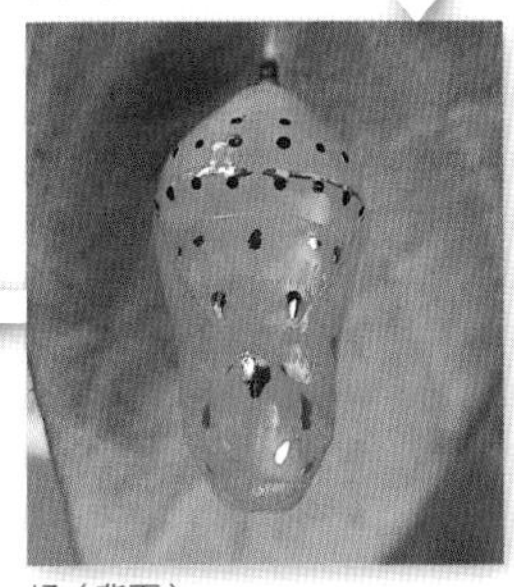
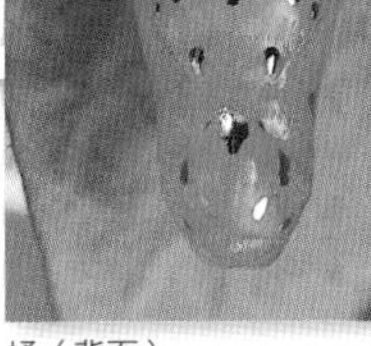
蛹（背面）

♂

蛹（側面）

青斑蝶

Parantica sita niphonica
蛺蝶科 Nympalidae　　別名：大絹斑蝶

台灣六種常見青斑蝶中，就屬本種體型最大。牠也是陽明山地區青斑蝶類大發生期間，族群量最多的要角。每年五、六月間，大屯山主峰車道旁的島田氏澤蘭花叢上，到處可見牠們起起落落的身影；但一到七月，牠們又慢慢消失了群聚的蹤影。為了解青斑蝶有無特殊的遷移現象，台、日的蝶類專家分別將許多青斑蝶採集下來標記後再野放，而經過兩地持續的採集調查，已經證實：台灣與日本兩地的青斑蝶族群，會因季節變化隨著季風進行長距離的跨海遷徙。初夏時牠們會乘著南風從台灣飛抵日本；秋天時則會隨著東北季風從日本飛抵台灣。至於牠們在兩國間的遷徙，具有如同候鳥般整體族群渡冬與異地繁殖這雙重功能的生態意義，抑或只是單純部分族群的基因擴散行為，仍須持續更多的科學研究來解謎。

本種上翅基半部除翅脈外，全是半透明的淡青色；下翅中室除一條不明顯的褐色細線紋外，也呈半透明的淡青色。雌雄差異和前種略同。

小檔案 profile

展翅寬：80～100 mm
發生期：春至秋季
習　性：常在山區林緣、樹冠、路旁花叢間吸食花蜜
分　布：低至中海拔山區
近似種：小青斑蝶（P.92）下翅青斑較細小；斑鳳蝶（*Chilasa agestor matsumurae*）斑紋灰白色，不透明。

斑鳳蝶

生活史 life history

幼蟲食草：蘿藦科的牛嬭菜、絨毛芙蓉蘭及牛皮消屬、甌蔓屬植物

一般而言，斑蝶類初齡幼蟲攝食多汁的食草葉片，會在葉背咬出一個圓圈形的攝食區，但這並非絕對不變的生態習性。進行人工飼養觀察時，若以種植於盆栽中的植株當幼蟲食物，上述情形很常見；但如果以容器中投餌的方式餵養，因食草葉片被摘下後不再有水分供應，幼蟲就不會出現類似的行為。可見得牠們會依食草中汁液的多寡來隨機應變。至於這個技巧是斑蝶寶寶的本能反應抑或由後天學習而得，也許可以非斑蝶類的幼蟲進一步實驗推演。

本種卵呈較粗胖的砲彈形，直徑約1.3mm。幼蟲身體底色黑色，體背滿布規則交錯排列的大型黃斑與小型白斑。蛹體長約23mm，外形近似姬小紋青斑蝶（P.89），但腹部背面僅有一列小黑點，且體表的銀色光斑較少。

卵

終齡幼蟲（側面，體長可達50mm）

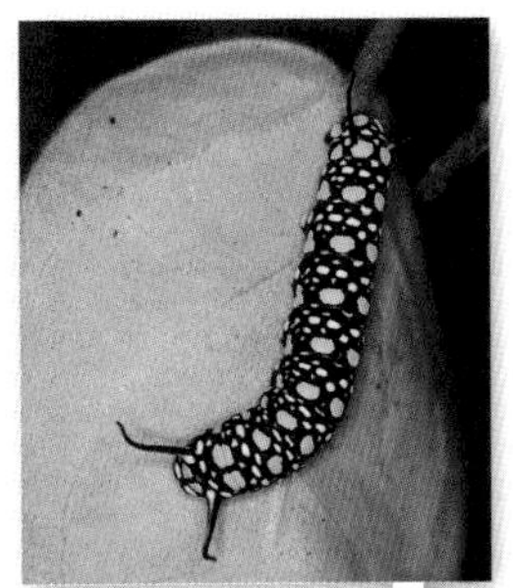
終齡幼蟲（背面）

♀

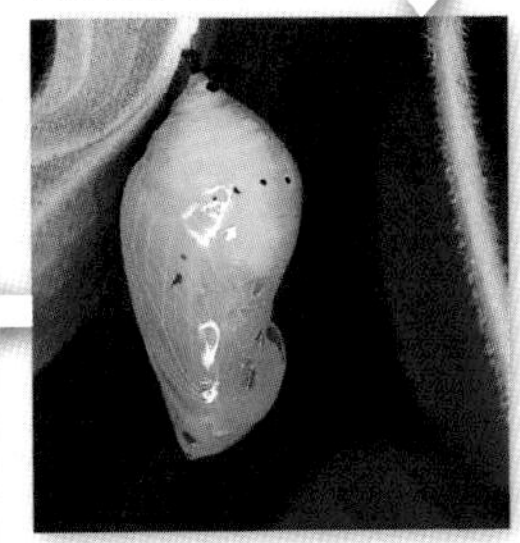
蛹（側面）

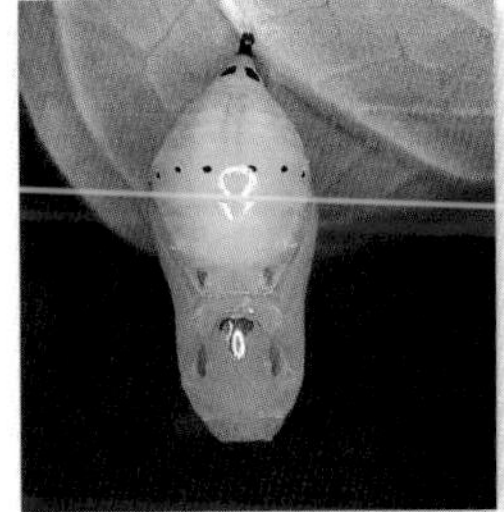
蛹（背面）

小青斑蝶

Parantica swinhoei

蛺蝶科 Nympalidae　　別名：斯氏絹斑蝶

本種和青斑蝶堪稱兄弟檔，從成蟲的生態習性、族群的分布範圍，到幼蟲的食草植物……，各方面都大同小異。蝶類研究者發現這對哥倆好還有一項逗趣的行為反應，就是人們用手指輕捧著牠們的翅膀時，牠們常因受驚而身體僵直、動也不動，這時候如果讓牠們側躺在人的手掌心，牠們往往採取數秒至十數秒的「裝死」策略，等到危機解除後才加速振翅逃離。至於牠們會不會也用這招來躲避天敵攻擊，就不得而知了。

本種看似小一號的青斑蝶，不過翅膀底色稍微深一點，青色半透明斑略小一些；尤其下翅中室的青斑較細窄，中央也多無明顯的褐色細線紋。雌雄差異和姬小紋青斑蝶（P.88）略同。

小檔案 profile

展翅寬：70～80 mm

發生期：春至秋季

習　性：常在山區林緣、樹冠、路旁花叢間吸食花蜜

分　布：低至中海拔山區

近似種：青斑蝶（P.90）體型較大，下翅中室的青斑較寬廣。

生活史 life history

幼蟲食草：蘿藦科的絨毛芙蓉蘭、牛嬭菜及牛皮消屬、甌蔓屬植物

斑蝶類幼蟲長大一些後，就算吃的是非常多汁的葉片，也不會像小時候一樣，在葉背啃咬圓圈形的攝食區，而是採用另一種應對之道：此時牠們的口器已長大許多，取食葉片之前，牠們會在葉柄咬下一個大缺口，直接阻斷葉片水分的供輸，等這片葉子被吃個精光，牠們才選定另一片葉子並啃咬葉柄。

本種幼生期各階段的體型大小，皆介於前二種之間；幼蟲非常近似姬小紋青斑蝶（P.89），最容易辨識的特徵是本種四對腹足的基部具明顯大白斑，該種則只有微小白點。蛹外觀近似青斑蝶（P.91），但腹部背面除了有一橫列的黑點外，另散生數對小黑點；體表的銀色小光斑也較青斑蝶多一些。

卵

終齡幼蟲（背面，體長可達40mm）

終齡幼蟲（側面）

蛹（側面）

♀

蛹（背面）

琉球青斑蝶

Ideopsis similis
蛺蝶科 Nympalidae　別名：旖斑蝶

其他五種常見的青斑蝶類雄蝶，下翅末端附近都有一個深色斑紋或瘤突狀的雄性性斑，唯獨琉球青斑蝶沒有，所以最不易從外觀分辨其雌雄。雄蝶翅膀上的性斑（又稱性標）通常有「發香鱗」的構造，能散發專供同種雌蝶辨識，且吸引雌蝶接受求偶的獨特氣味。本種雖然翅膀不具性斑，但是體內仍有性腺的構造，一樣能用氣味來區分同類與雌雄。

本種展翅表面近似姬小紋青斑蝶，上翅前緣基半部都有一條細長的淡青色斑，但本種中室內的青斑中斷成兩部分。翅膀腹面斑紋位置和表面略同，而且都呈淡青色。

小檔案 profile

展翅寬：75～85 mm
發生期：春至秋季，南部全年可見
習　性：常在山區林緣、樹冠、路旁花叢間吸食花蜜
分　布：主要於低至中海拔山區
近似種：姬小紋青斑蝶（P.88）翅膀腹面斑紋呈白色

生活史 life history

幼蟲食草：蘿藦科的甌蔓屬植物與絨毛芙蓉蘭、布朗藤

在野外花叢間覓食的成熟雌蝶，幾乎都是已交配過而隨時可以產卵的個體。若想全程觀察蝴蝶幼生期的變化，可採集成熟雌蝶，用大網子罩在幼蟲食草植株上，再把雌蝶放入網中，很多種類便會在食草枝葉間產下卵粒，這就是人工採卵的最典型作法。不過此法並不適用於斑蝶，因為行動遲緩悠哉的牠們固然有利於雌蝶的採集，但卻最難在非自由狀態下產卵，所以若要獲得斑蝶類的卵，除非有大網室讓雌蝶自由飛行產卵，否則只有從野外食草上直接採集。

本種卵直徑約1.2mm，呈較粗胖的砲彈形。幼蟲體表底色黑，滿布細小白點，無近似種。蛹綠色，體長約22mm，外觀與青斑蝶（P.91）近似，但本種腹部背面的黑點較大，且體背中央有一對黑點。

卵

終齡幼蟲（體長可達40mm）

蛹（側面）

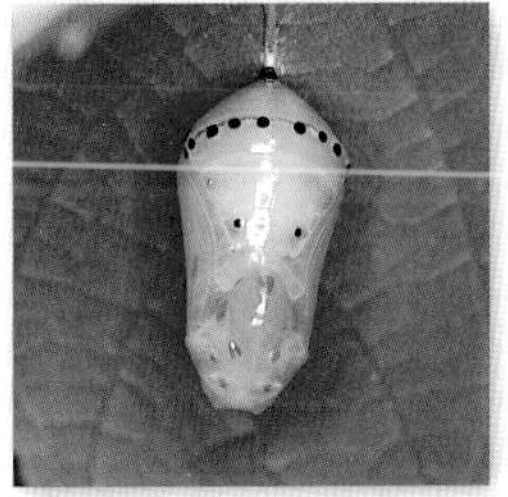

蛹（背面）

圓翅紫斑蝶

Euploea eunice hobsoni
蛺蝶科 Nympalidae

蝴蝶不是社會性昆蟲，沒有固定的居所，為了覓食、休息、求偶……等因素而四處遷移；有時受到族群擴散的本能驅使，甚至不遠千里、長途跋涉到其他地區。而最特殊的遷徙行為是，少數蝶種在冬季來臨時，會不約而同地成群飛到特定的山谷去避寒。台灣四種常見的紫斑蝶，不僅皆以成蟲的形態越冬，而且每年秋末會集結於南部或東南部避風的山谷中過冬，隔年春天才陸續離開越冬谷到各地去傳宗接代。

本種是四種紫斑蝶中體型最大的一種，主要特徵是上翅表面中央偏下方有一枚藍白色橫斑，下翅腹面中央附近無白色小斑點。雄蝶上翅下緣呈圓弧形外突，雌蝶平直；雄蝶下翅表面中上方尚有大塊的黃褐色雄性性斑。

小檔案 profile

展翅寬： 80～90mm
發生期： 全年，冬季集中在越冬谷中。
習　性： 常在山區林緣、樹冠、路旁花叢間吸食花蜜，雄蝶會在溼地上吸水。
分　布： 平地至中海拔山區，以低山區為主。
近似種： 斯氏紫斑蝶（P.100）下翅腹面中央有小白點，小紫斑蝶（P.102）體型明顯較小。

生活史 life history

幼蟲食草：桑科榕屬的多種榕樹

本種幼蟲食性相當廣，野外常見的榕屬植物，多數都有牠的採集紀錄，連都市中的榕樹植栽，亦不難看見雌蝶徘徊產卵的畫面。若想飼養紫斑蝶類的幼蟲，本種無論就採集的機會或食草的取得，都相當容易。不過野外採集的幼蟲，不見得都能順利成長、蛻變到成蟲階段，一些三至四齡的紫斑蝶幼蟲帶回家後不久，先是變得沒有食慾且活動力很差，接著漸漸縮小而死亡，然後變成一個橢圓形的小硬殼，再過一段時間，殼內會鑽出一隻姬蜂來，這就是幼蟲的寄生性天敵。

本種卵橢圓形，高約1.8mm。幼蟲體背具黑白相間的條紋，前後共有四對末端捲曲的長肉突（少數個體僅微幅彎曲）。蛹體長約26mm，體表呈銀色或金綠色的金屬光澤，背面前後共有四對小黑點。

卵

終齡幼蟲（體長可達60mm）

蛹（側面）

♀

蛹（背面）

端紫斑蝶

Euploea mulciber barsine

蛺蝶科 Nympalidae　　別名：異紋紫斑蝶

台灣南部聞名中外的「紫蝶幽谷」，是指每年冬季，在屏東、高雄、台東三縣市的低海拔山區，數以百萬計紫斑蝶集體過冬的幽靜谷地。除了紫斑蝶外，幾種青斑蝶也常一起加入這壯觀的行列。由於蝴蝶多有「物以類聚」的習性，因此出現在紫蝶幽谷中的青斑蝶，會在樹木枝條上聚成小集團，而且經常和端紫斑蝶群混棲，這是因為四種紫斑蝶中，只有本種雌蝶夾起翅膀時有明顯的條狀斑紋，與青斑蝶的外觀較為近似。

本種是雌雄差異最明顯的紫斑蝶，雄蝶上翅表面具亮麗的藍紫色金屬光澤，下翅腹面中室外側散生一些小白斑。雌蝶上翅表面的藍紫色區較小，光澤較弱；下翅兩面皆有許多白色條狀細紋。

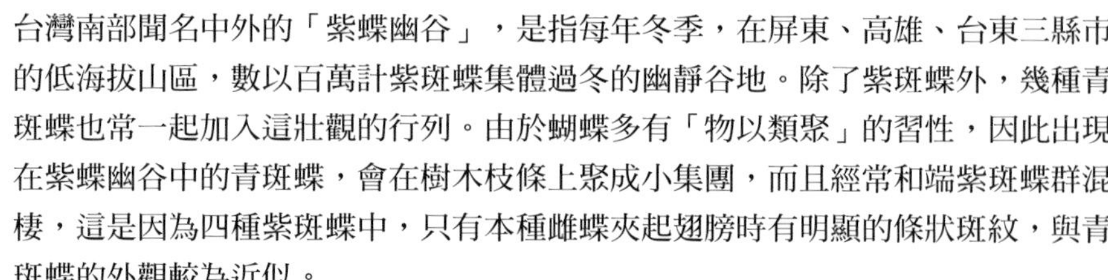

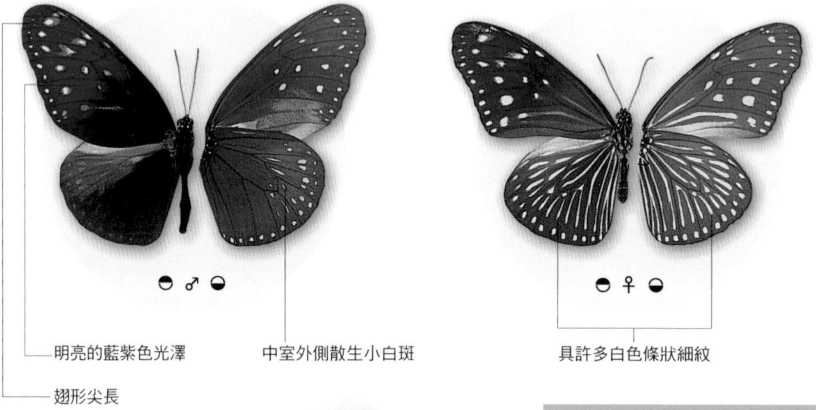

小檔案 profile

- **展翅寬**：75～95mm
- **發生期**：全年，冬季集中在越冬谷中。
- **習　性**：常在山區林緣、樹冠、路旁花叢間吸食花蜜，雄蝶會在溼地上吸水。
- **分　布**：平地至中海拔山區，以低山區為主。

♂

生活史 life history

幼蟲食草：桑科榕屬的多種榕樹

斑蝶幼蟲體內雖含有劇毒，有些姬蜂卻專挑牠們為產卵寄生的對象。其實，連一些原本不敢捕食斑蝶幼蟲的掠食性小動物，可能經過多次的嘗試適應後，慢慢也能以某些特定種類為食。例如樺斑蝶幼蟲就常遭長腳蜂大卸八塊，帶回巢中餵哺幼蟲。

紫斑蝶類的卵外觀都很相像，表面滿布成行的圓形缺刻，本種卵高約1.7mm。幼蟲略似前種圓翅紫斑蝶（P.97），但本種體背的白色橫紋呈一粗三細的間隔，前種的白紋則粗細相差不多；且本種肉突末端不會捲曲。蛹體長約23mm，外觀近似前種，但體背沒有特別明顯的黑點；和其他紫斑蝶一樣，金光閃閃的蛹因結蛹環境不同，而常有顏色偏綠或偏褐的差異。

卵

終齡幼蟲（體長可達50mm）

終齡幼蟲

蛹（側面）

♀

♂

斯氏紫斑蝶

Euploea sylvester swinhoei

蛺蝶科 Nympalidae　　別名：雙標紫斑蝶

斑蝶幼蟲會遭到特定天敵的寄生或獵食，牠們的成蟲也不能倖免。冬季造訪紫蝶幽谷，很容易在地面找到肢解四散的紫斑蝶翅膀，這大概是鳥類捕食後所丟棄的殘骸。同時，在人面蜘蛛張結的蛛網中，也有機會發現慘遭蛛絲「五花大綁」的紫斑蝶，這是蜘蛛為了使獵物無法脫逃而施展的專業戰技；等牠將獵物身體咬碎、吸光可消化的體液養分後，才會將整個像木乃伊般的屍骸丟棄。

本種上翅表面在前緣、中央區與下緣均無任何小白斑；翅膀腹面上翅中央有三枚呈倒三角形排列的白斑，下翅中央附近散生或多或少的小白點。雄蝶上翅下緣略外突，雌蝶平直；雄蝶上翅表面近下緣處有兩條平行的黑褐色毛狀性斑。

小檔案 profile

展翅寬：70～80mm
發生期：全年，冬季集中在越冬谷中。
習　性：常在山區林緣、樹冠、路旁花叢間吸食花蜜，雄蝶會在溼地上吸水。
分　布：以低海拔山區為主
近似種：端紫斑蝶（P.98）雄蝶的上翅翅形尖長，表面藍紫色光斑耀眼。

生活史 life history

幼蟲食草：蘿藦科的武靴藤（羊角藤）

就食草的選擇來說，其他紫斑蝶幼蟲都以桑科榕屬的植物為主食，本種卻和青斑蝶類一樣，專以蘿藦科植物為食草；這代表著怎樣的生態演化意義，值得進一步深入探究。

本種卵高約1.5mm。幼蟲的長相在紫斑蝶家族中也算是異類，體背沒有任何橫紋，呈單純的橙黃色，前後共有三對長肉突。紫斑蝶的蛹都有如鏡面般的金屬反光，等到羽化的前一日，顏色才漸漸變深，光澤也逐漸消失。假如一個健康的蛹因病死亡，金屬光彩也會消失殆盡。本種蛹體長約20mm，外觀近似端紫斑蝶（P.99），但翅膀部位的淡褐色斜斑紋較長。

卵

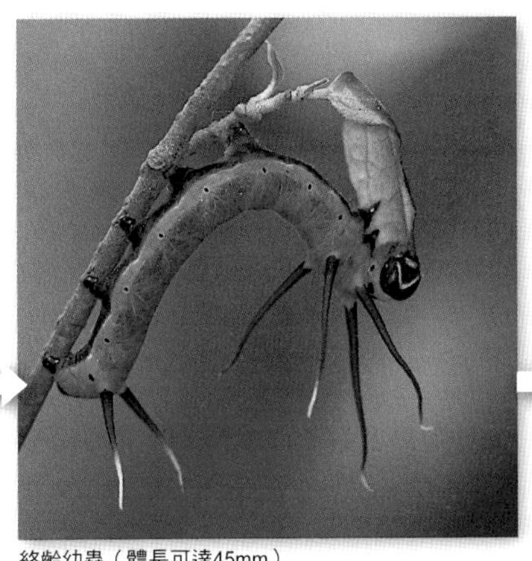
終齡幼蟲（體長可達45mm）

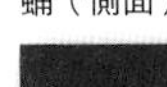
蛹（側面）

♂

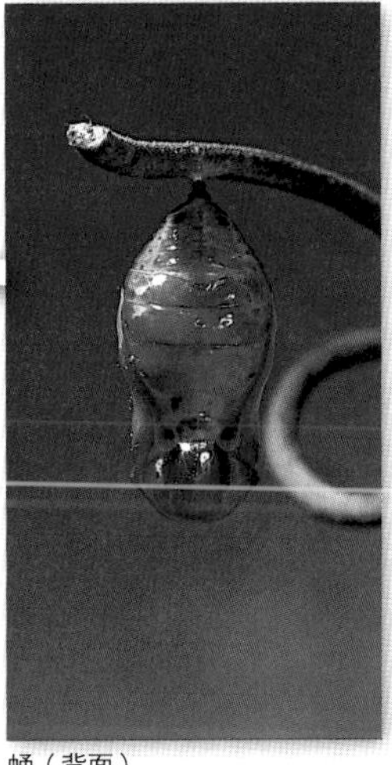
蛹（背面）

小紫斑蝶

Euploea tulliolus koxinga
蛺蝶科 Nympalidae

根據學者的研究，每年紫斑蝶剛飛抵南部越冬谷時，尚無繁殖後代的能力；因此，晴暖的冬日，紫蝶幽谷附近的蔓澤蘭花叢上，雖見得著牠們飛舞、覓食的身影，卻看不到蝶侶交配的情景。直到寒冬過去，性成熟的紫斑蝶群準備離開越冬谷，此時就很容易目睹牠們求偶、交配的畫面。雄蝶求偶時，會自尾端伸出一對被稱為「毛筆器」的性腺組織，散發一股特殊的異香（性費洛蒙），來吸引氣味相投的雌蝶。

本種在台灣四種紫斑蝶中個頭最小，外觀特徵近似圓翅紫斑蝶，但從體型差異不難區分；而且本種上翅表面中央偏下方無藍白色横斑。雌雄差異和圓翅紫斑蝶略同。

小檔案 profile

展翅寬：60～70mm
發生期：全年，冬季集中在越冬谷中。
習　性：常在山區林緣、樹冠、路旁花叢間吸食花蜜，雄蝶會在溼地上吸水。
分　布：以低海拔山區為主
近似種：圓翅紫斑蝶（P.96）的體型明顯較大

生活史 life history

幼蟲食草：桑科的盤龍木

近年台灣各地有不少蝴蝶園或蝶友，在戶外廣植幼蟲的食草植物，因而擴展了特定蝴蝶族群的分布與數量，相對地也改變了當地整體食物鏈的生態結構。人們既造就許多蝴蝶幼蟲的生存空間，連帶地亦提供其天敵更多繁衍的機會。而一些學習或適應能力較強的小動物，甚至會在短時間內演化出新的攝食習慣，因此，某些原本可能從不捕食斑蝶幼蟲的鳥類，在局部地區反而懂得以人們種植的食草植栽為覓食的場域，並專挑斑蝶幼蟲下手。

本種卵高約1.3mm。幼蟲略似圓翅紫斑蝶（P.97），但體背僅有三對長肉突。蛹外觀近似端紫斑蝶（P.99），但本種體長僅約17mm。

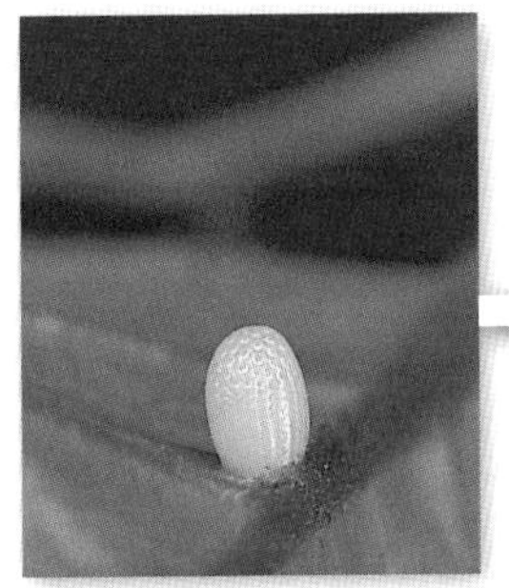
卵

終齡幼蟲（體長可達40mm）

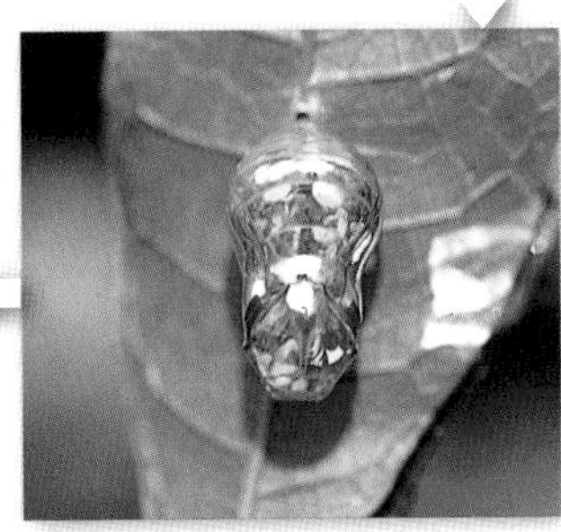
蛹（背面）

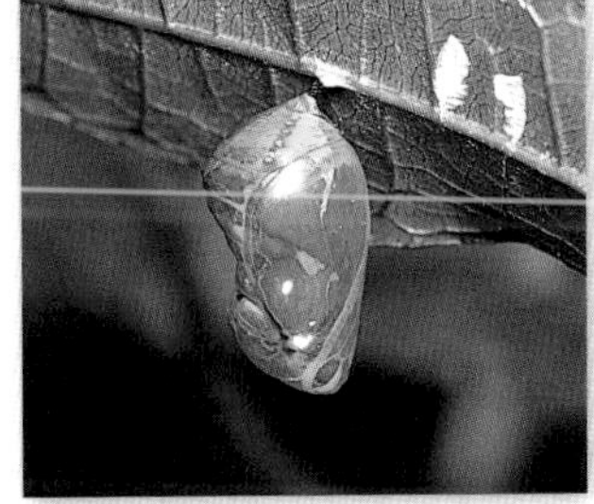
蛹（側面）

大白斑蝶 | *Idea leuconoe clara*

蛺蝶科 Nympalidae

一般而言，同屬於「鱗翅目」家族的蝶與蛾，翅膀上的鱗片極易因摩擦、觸摸而脫落，這是牠們被蛛網纏身時，能順利脫身的重要機制。不過，斑蝶的鱗片頗不容易脫落，原因或許是大部分蜘蛛並不愛捕食斑蝶，所以牠們不需要這種保命絕招；可是一旦遇到不會將陷網斑蝶驅逐出境的蜘蛛，牠們反而可能困死在蛛網上，或者遇到不懼毒的蜘蛛，牠們就成為強者嘴下的亡魂，但大白斑蝶目前尚無被蜘蛛捕食的紀錄。

這種體型超大、白底黑斑的蝴蝶，任何人只要見過一次，恐怕就難以忘懷；但極具觀賞價值的牠，在墾丁地區卻是花叢間出了名的「大笨蝶」，人們徒手就能輕鬆捕捉不說，受到驚嚇的牠，有時還會攤下翅膀僵在花朵上！本種雌雄差異並不明顯。而產於綠島的綠島大白斑蝶（*I.leuconoe kwashotoensis*）翅膀黑斑稍大，被劃入另一個亞種。

小檔案 profile

展翅寬：110～125mm
發生期：全年可見
習　性：常在山區林緣、樹冠、路旁花叢間吸食花蜜
分　布：主要在海岸林或近海的山區

生活史 life history

幼蟲食草：夾竹桃科的爬森藤

因為幼蟲食草植物分布的特性，本種原以墾丁、北濱公路附近山谷，及蘭嶼、綠島為主要棲息地。可是由於牠的體型碩大、飛行速度又慢，觀賞性當然名列前茅，爬森藤因此成為愛蝶人士必種的熱門植物；這使得大白斑蝶在局部非海邊地區，已出現自然繁衍的穩定族群。

卵外形近似紫斑蝶類，高約1.8mm，孵化前頂端會出現紅色受精斑。剛孵化的幼蟲常會吃掉附近未孵化的蝶卵，這現象有何生態意義，仍需進一步研究分析。初齡幼蟲也會在食草葉背啃咬出圓圈形的攝食區，找到只剩薄膜的鏤空葉片，較有機會在附近發現小型幼蟲。終齡幼蟲體背黑白條紋相間，前後有四對長肉突，體側具一列鮮明的紅斑；綠島大白斑蝶終齡幼蟲幾無白色條斑，呈黑底紅斑點。蛹體長約31mm，體表呈鮮黃色，帶強烈金屬光澤。

卵

終齡幼蟲（體長可達65mm）

蛹（側面）

綠島大白斑蝶終齡幼蟲

綠島大白斑蝶

細蝶 | *Acraea issoria formosana*

蛺蝶科 Nympalidae　　別名：苧麻珍蝶

細蝶在蛺蝶科中，無論外觀形態或成蟲的特殊生態習性，都找不到相近的種類，因而被單獨劃分在細蝶亞科。這是一種非常普遍且優勢的蝴蝶，各地山區都常見到牠搖搖擺擺的緩慢身影，因為遭受攻擊時，身上會分泌有毒的黃色液體，所以能有恃無恐地放慢身段，不同於其他蛺蝶必須以敏捷的身手來避敵。遇到成蟲羽化的高峰期，在盛產地的食草群落附近，經常有許多雄蝶因為爭奪地盤而相互追逐飛舞；早晨，技高一籌的雄蝶還會在蛹殼旁找到剛羽化的雌蝶強行交配，而食草植物的葉背，也不難看到雌蝶產卵的畫面。

本種翅膀表面底色橙黃色，翅脈呈黑線狀，翅外緣具黑褐色的邊帶，黑邊中有黃色小點。翅膀腹面底色米黃色，下翅亞外緣有橙黃色鋸齒紋。雌蝶翅表的黑褐色邊較雄蝶寬。

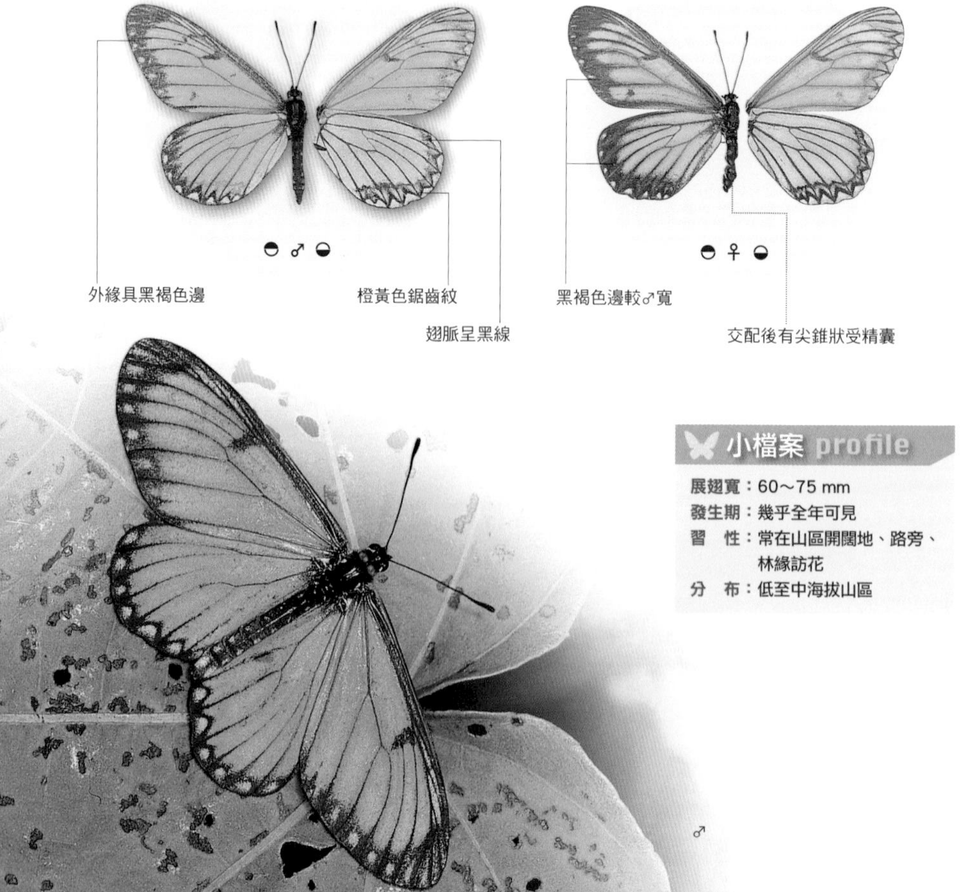

小檔案 profile

展翅寬：60～75 mm
發生期：幾乎全年可見
習　性：常在山區開闊地、路旁、林緣訪花
分　布：低至中海拔山區

生活史 life history

幼蟲食草：蕁麻科的水麻、青苧麻、糯米糰、水雞油等多屬的植物

本種雌蝶的產卵時間，可說是所有蝴蝶中最久的一種。牠習慣在找到幼蟲食草後，直接倒掛於葉片下，前後花上數個鐘頭，集中而整齊地產下一、兩百粒以上的卵；連趨近晃動的人影，都不易將牠嚇離現場。而雌蝶交配後，其腹面尾端會形成尖錐狀的受精囊，這是其他蝴蝶皆沒有的特徵，也是辨識本種雌雄的重要依據。野外，曾有多次目擊雌蝶產卵於馬利筋與萬壽菊的觀察紀錄，這是意外的誤產？或是食性適應進化的過程？仍需進一步觀察確認。

卵呈橢圓體狀，高約1.1mm。終齡幼蟲體表呈米白色與紫黑色相間的縱紋，各體節均有發達棘刺。蛹體長約23mm，腹部有黑色與橙色交雜的縱斑，翅脈處具黑線。

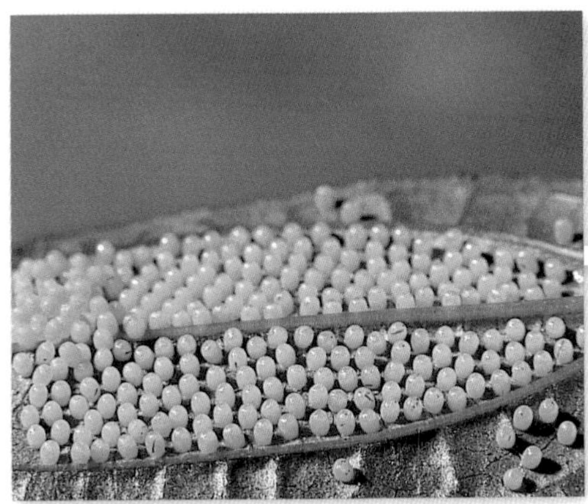
密集且排列整齊的卵粒

終齡幼蟲（體長可達45mm）

♀產卵（尾端可見尖錐狀受精囊）

蛹

樺蛺蝶

Ariadne ariadne pallidior

蛺蝶科 Nympalidae　　別名：波蛺蝶

蛺蝶科底下除了斑蝶亞科外，台灣尚有大小有別的另外七個亞科，而蛺蝶亞科正是其中最大的一個支脈。這個亞科的眾多成員，外觀上大致有項共通特色：展翅表面的顏色、斑紋較鮮明豔麗，腹面則較樸素雜亂；當然，停棲時牠們也只慣用中、後腳來站立，退化的前腳則縮藏在胸前。本種在台灣北部極為罕見，但在南部平原或城鎮四周的荒地，卻是相當普遍的常見種；這可能是北部自然繁殖的蓖麻（生活史幼蟲食草）族群遠不及中、南部多，而且北部較寒冷的天氣，可能也不利於這種喜好溫暖環境的蝴蝶棲息生長。

本種展翅表面底色棕色，上下翅均有黑色波狀細紋；翅膀腹面整體呈黑褐色，具有深淺相間的波狀紋；上翅前緣近端角處兩面都有一個小白點。雄蝶上翅腹面下緣具深黑褐色大斑紋，雌蝶翅表的波狀紋較發達。

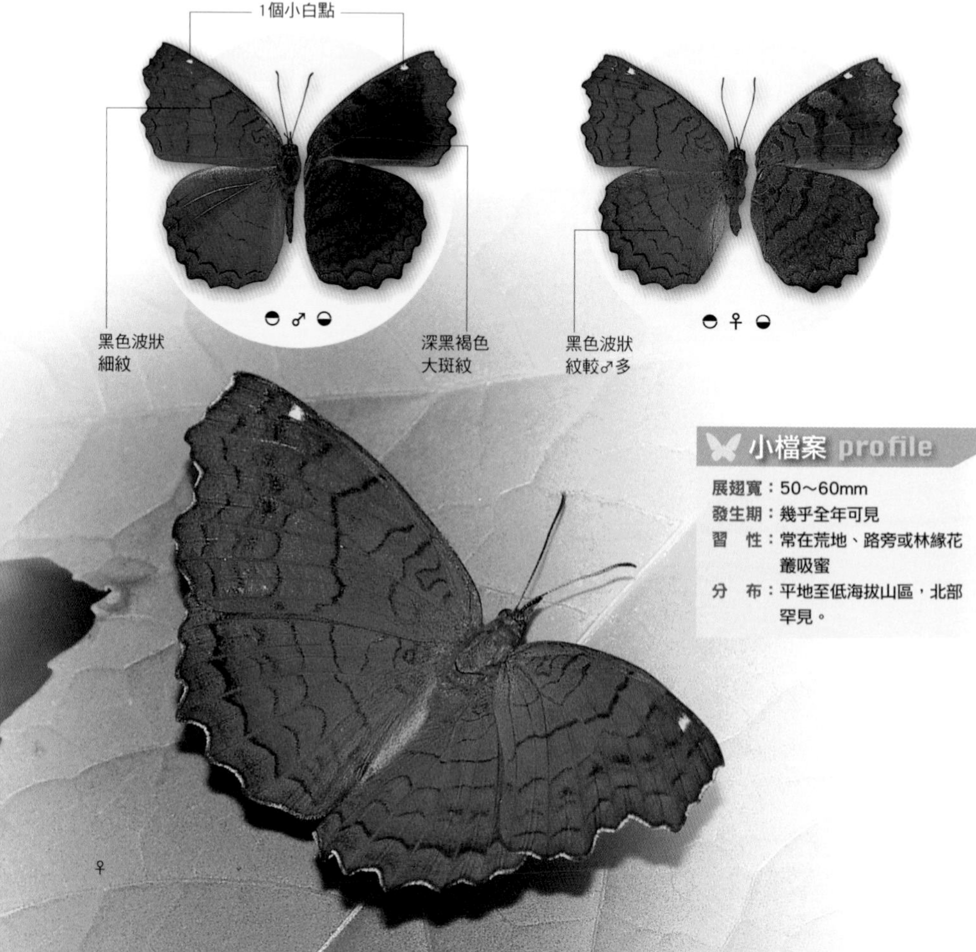

小檔案 profile

展翅寬： 50～60mm

發生期： 幾乎全年可見

習　性： 常在荒地、路旁或林緣花叢吸蜜

分　布： 平地至低海拔山區，北部罕見。

生活史 life history

幼蟲食草：大戟科的蓖麻

在野外找尋蝴蝶幼蟲，是不少蝶友入門之後的另一項樂趣。但是，有些小毛蟲具有良好的保護色，要在雜亂的食草植物枝叢間，覓得牠們的蹤跡，真是十足的挑戰。相對地，找尋樺蛺蝶幼蟲可就是不費吹灰之力的輕鬆差事，因為顯眼的牠總是大剌剌地直接停在蓖麻那綠色大葉片的葉面主脈上，想不瞧見都難。

卵的外形非常奇特，放大來看，就像一個長滿長刺的球狀仙人掌。終齡幼蟲全身散布叢狀棘刺，頭部具一對長滿分叉的長棘刺，體背中央的鮮明米白色斑呈縱帶狀分布。蛹體長約24mm，有綠色與褐色兩型，外觀均偽裝成一片捲曲的小葉。

卵

終齡幼蟲（體長可達40mm）

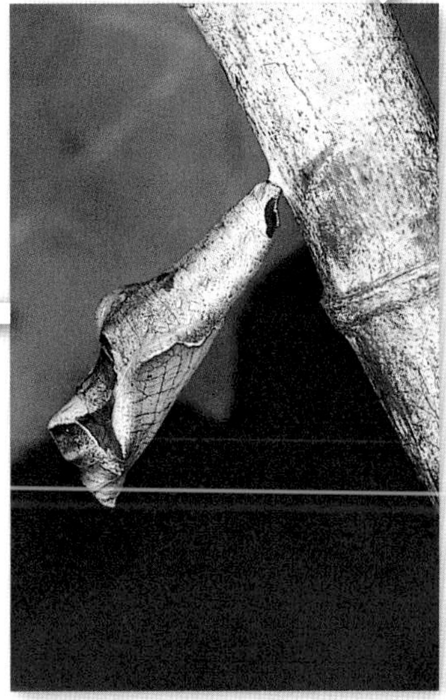

綠色型蛹

♀

黑端豹斑蝶

Argyreus hyperbius

蛺蝶科 Nympalidae　　別名：斐豹蛺蝶

蛺蝶亞科蝴蝶停棲站立時，習慣將左右翅夾緊豎立在背上；而在陽光下活動時，又常把翅膀往身旁一攤，盡情享受溫暖的日光浴。黑端豹斑蝶屬於飛行速度頗快的蝶種，可是一旦眼前出現牠鍾愛的冇骨消花叢，就會停下腳來靜立於白色花序間大啖花蜜。

雄蝶展翅表面底色黃橙色，散生許多豹紋花樣的黑斑；上翅腹面基半部底色橙紅色；下翅腹面底色淡黃褐色，豹斑呈黃褐色。雌蝶斑紋位置和雄蝶略同，但上翅表面端半部藍黑色，中有白色斜帶，外觀模仿樺斑蝶（P.82）的形態。本種僅雌蝶演化出擬態有毒蝶種的機制，為了傳宗接代所費的苦心不言可喻。

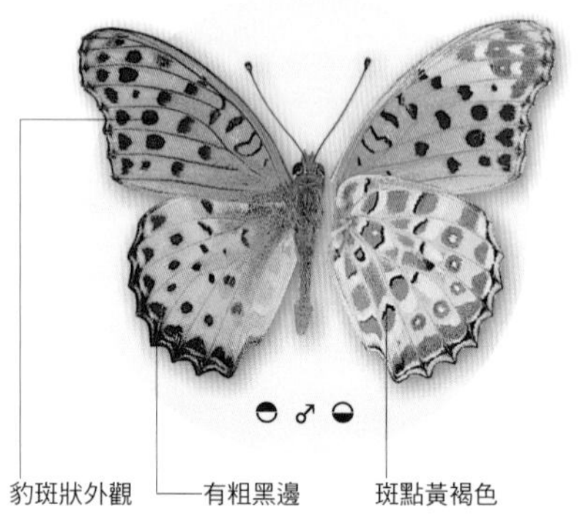

♂

豹斑狀外觀　有粗黑邊　斑點黃褐色

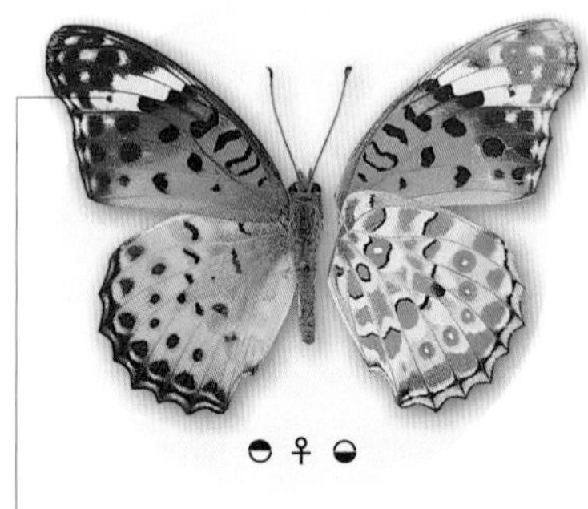

♀

具擬態成樺斑蝶的藍黑色與白色斑紋

小檔案 profile

展翅寬：60～75mm
發生期：幾乎全年可見
習　性：常在山路旁或林緣花叢吸蜜
分　布：低至中海拔山區
近似種：紅擬豹斑蝶（P.112）近似本種雄蝶，但體型明顯較小，翅膀腹面無豹斑；樺斑蝶（P.82）近似本種雌蝶，但上翅無黑點。

♂

♂

生活史 life history

幼蟲食草：堇菜科的多種堇菜或園藝花卉三色堇

大部分的雌蝶會將卵產在幼蟲能直接取食的植物上，這樣，孵化後的幼蟲就不必長途跋涉去尋覓可以入口的食物。本種幼蟲的食草——堇菜是一類小型草本植物，即使整株堇菜的葉片，也不足以提供一隻幼蟲成長到化蛹所需；因此，就算雌蝶產卵於食草上，一旦幼蟲吃光該株堇菜，仍必須爬行至別處，找到另一植株，才能繼續攝食成長。所以，雌蝶習慣把卵產在有堇菜的草叢間，這大概是為了訓練幼蟲從小就有四處疾行覓食的能力吧！

卵具不明顯的縱稜突，整體造型像個迷你小籠包，直徑不及1mm。終齡幼蟲體色黑色，體表滿覆棘刺，最大特徵是體背中央有一條暗橙色縱帶。蛹體長約28mm，褐色至深黑褐色，體背具一列成對的短刺突，前半部的刺突呈搶眼的銀色金屬光澤。

卵

終齡幼蟲（體長可達45mm）

褐色型蛹（側面）

♀

黑褐色型蛹（側面）

紅擬豹斑蝶 | *Phalanta phalantha*

蛺蝶科 Nympalidae　　別名：琺蛺蝶

本種也是身披豹紋外衣的可愛蝴蝶，不過，牠和黑端豹斑蝶並非同屬近親，很多生態習性迥然不同。牠的飛行速度明顯慢了許多，也因為幼蟲食草植物的分布不同，本種較常出現在河岸附近的荒地，或是城鎮的湖泊、池塘周圍。總之，當你看見柳樹，別忘了張眼四處望望，運氣好一點，甚至能見到兩隻雄蝶在不遠的低空相互追逐嬉鬧呢！

本種翅膀表面底色橙色，外緣附近有波浪形的黑色細紋，其餘部分散生黑色小斑點；翅膀腹面底色淡橙黃色，具有一些顏色較深的斑紋，略呈波浪狀排列。雌蝶翅膀表面的黑色斑紋較雄蝶稍發達，其他外觀則無明顯差異。

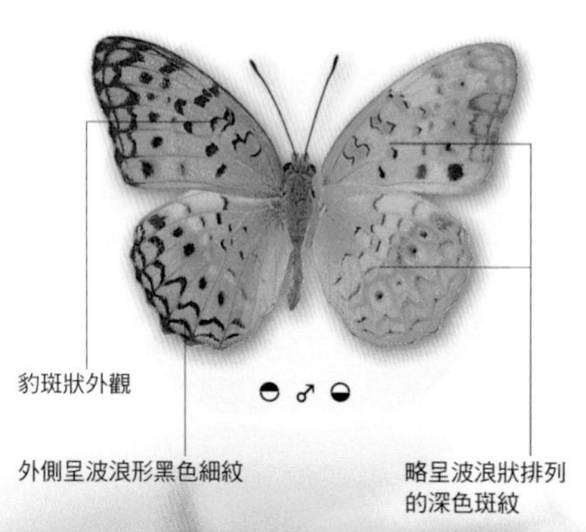

小檔案 profile

展翅寬：40～50mm
發生期：幾乎全年可見
習　性：常在荒地、路旁或林緣花叢吸蜜
分　布：平地至低海拔山區
近似種：黑端豹斑蝶（P.110）翅膀腹面有明顯點狀大斑紋

生活史 life history

幼蟲食草：楊柳科的柳樹、水柳

台灣最早的一本蝴蝶圖鑑，是日治時期由白水隆出版的《原色台灣蝶類大圖鑑》，當時書中並無本種蝴蝶的記載。由於牠是生活在人們周遭的常見蝶種，因此推論可能是後來才歸化的。而牠歸化的途徑，除了成蟲自行飛抵台灣繁殖後代外，最有可能的方式還是藉著柳樹植栽的輸入，而將枝葉間的幼生期寶寶順便夾帶進口。許多外來的小型植物害蟲，往往也循相同的模式進入台灣，但造成的影響更為嚴重。

卵略似黑端豹斑蝶（P.111），但體型更小。終齡幼蟲體呈黑褐色，全身滿布棘刺，體側有明顯的米白色細條紋；頭部黑色，前方中央有個三角形白斑。蛹體長約19mm，有綠色與淡膚色兩型，共同特徵是體背成對的瘤狀刺突具銀色金屬光斑，翅緣部位也有銀斑。

卵

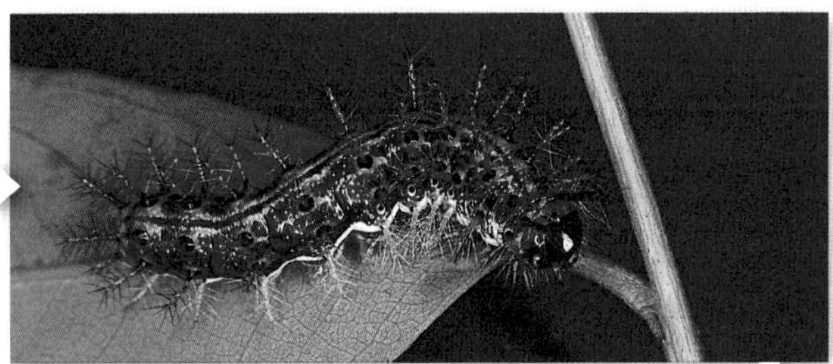

終齡幼蟲（體長可達34mm）

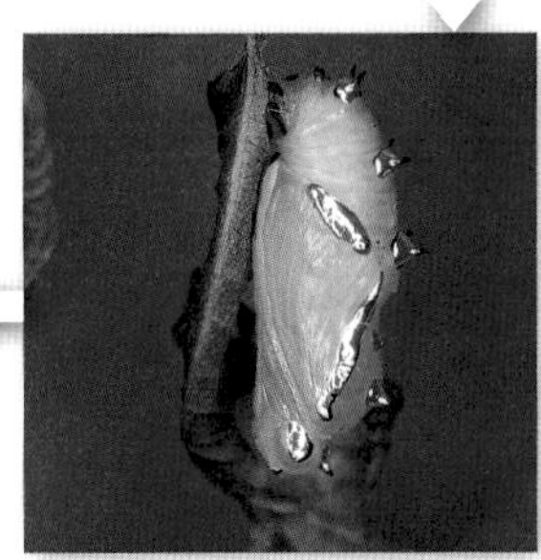

綠色型蛹（側面）

♀產卵

淡膚色型蛹（側面）

黃斑蝶 | *Cupha erymanthis*

蛺蝶科 Nympalidae　　別名：黃襟蛺蝶

本種與紅擬豹斑蝶分隸同族中的近緣屬，其親緣關係比黑端豹斑蝶近了許多，但在成蟲外觀上，兩者卻不易混淆。生態習性方面，牠的飛行速度也較緩慢，喜愛在荒地或山路旁的花叢駐足吸蜜，連冬陽普照的日子，都還能看見一些零星個體流連於花叢間，讓人心頭少了幾許寒意。唯一較可惜的是，牠不像紅擬豹斑蝶常出現在鄉村、城鎮或都市中，低山地區才是牠的主要活動環境。

本種翅膀表面底色褐色；上翅端角區至下緣角黑色，中央為一塊大型的米黃色斜斑，下翅外段有黑色斑紋略呈波浪狀分布。翅膀腹面底色黃褐色，斑紋形態近似紅擬豹斑蝶，但上翅中央有一大型的米黃色斜斑。雌雄差異不明顯。

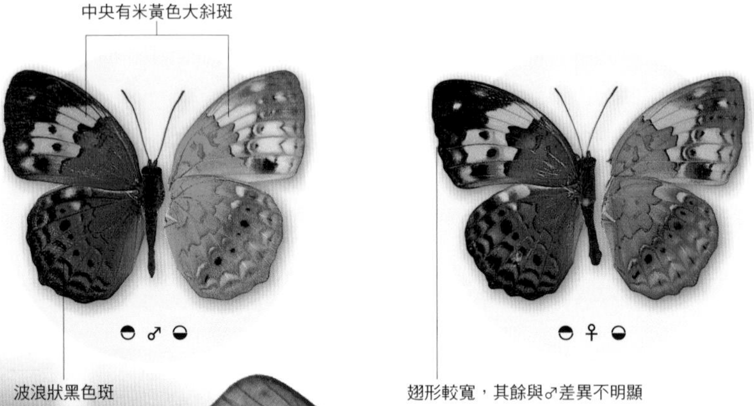

中央有米黃色大斜斑

◓ ♂ ◒

波浪狀黑色斑

◓ ♀ ◒

翅形較寬，其餘與♂差異不明顯

小檔案 profile

展翅寬：55～60mm

發生期：幾乎全年可見

習　性：常在荒地、路旁或林緣花叢吸蜜

分　布：平地至低海拔山區

♂

生活史 life history

幼蟲食草：大風子科的魯花樹與楊柳科的柳樹、水柳

由於親緣關係接近，本種與紅擬豹斑蝶在幼蟲食草和幼生期的外觀形態方面，都大同小異。卵的外形、大小，和前種幾乎相同，但是本種雌蝶偶爾會把卵產在食草的枯枝葉上，剛孵化的幼蟲為了尋找嫩葉進食，一出生就擅長快速爬行，而且即使找到合適的葉片，牠仍不改精力旺盛的好動本性，經常在葉片間四處「爬」透透。要經過一陣子的適應期後，牠才慢慢習慣棲止在一處固定的地點休息。

終齡幼蟲體背的棘刺較紅擬豹斑蝶長，頭部有一對大黑點。本種蛹體長約19mm，綠色，外觀最明顯的特徵是體背瘤突上有一根根末端黑色且彎曲的紅色長硬棘。

卵

終齡幼蟲（體長可達35mm）

♀

蛹

孔雀蛺蝶

Junonia almana
蛺蝶科 Nympalidae　　別名：眼蛺蝶

本種蛺蝶展翅時，下翅表面有對像極了孔雀尾羽末端花紋的大圓斑，因而得名。仔細端詳，這兩枚大眼紋還真像一隻哺乳動物怒目相視的雙眼，不知情的天敵，很容易誤認而心生畏懼。或許牠就常利用這種矇騙欺敵的手法，幸運躲過不少致命的危機。

這是種會隨著天候變化而「變裝易容」的奇妙蝶種：較暖和的時節，牠的翅膀腹面也有較表面稍小的眼紋；可是低溫季節中羽化的個體，腹面眼紋完全消失，翅膀外緣出現突出的稜角，夾緊翅膀時酷似一片乾枯的樹葉，這和冬季野外遍地枯葉的景象不謀而合。從孔雀蛺蝶這兩個自衛的保命機制來看，大自然中隨處都能領略小生命的神奇與偉大。本種雌雄外觀差異很少。

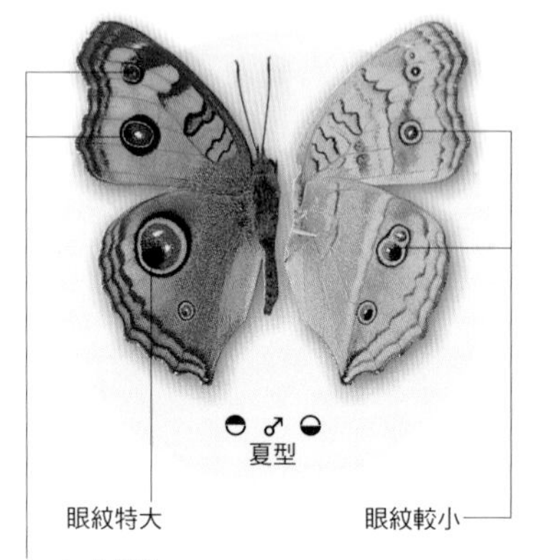

夏型

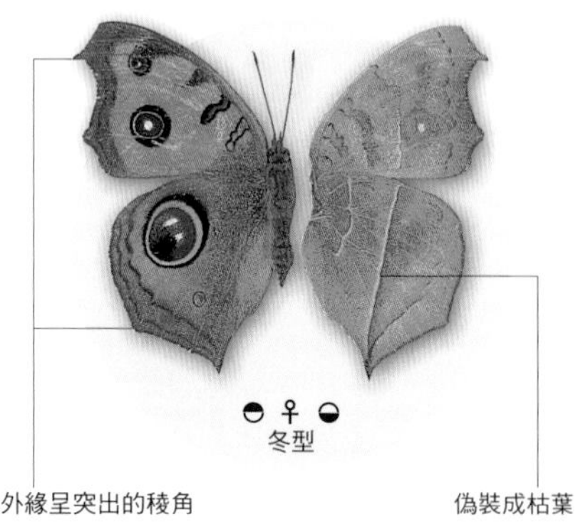

冬型

夏型個體

冬型個體

小檔案 profile

展翅寬：50～60mm
發生期：全年可見
習　性：常在荒地、路旁或林緣花叢吸蜜
分　布：平地至低海拔山區

生活史 life history

幼蟲食草：玄參科的泥花草、定經草與爵床科的大安水蓑衣等

由於牠的生活史幼蟲食草多是較矮小的玄參科草本植物，因而成蟲也常在離地不高的開闊環境活動。更因食草植物多四散於田野中，想在一、兩棵食草上找到幼蟲並非易事，採集雌蝶，將其以網子罩在食草盆栽間，是比較切實的飼養方法。假如事先未種植食草盆栽，變通的作法是準備一個大塑膠袋，先在袋中置入雌蝶與食草植物的枝葉，接著讓塑膠袋充滿空氣後綁緊，放在明亮但照不到太陽的地方，許多中小型蝴蝶都可能會在食草上產下卵粒。

本種終齡幼蟲黑褐色至近黑色，主要特徵是：胸部黑色，各體節間具淡色橫帶；前胸與頭部節間則呈橙色。蛹體長約21mm，褐色至灰褐色，側視有白色寬斜帶與黑色斑紋。

卵

終齡幼蟲（體長可達35mm）

蛹（側面）

冬型個體

蛹（背面）

眼紋擬蛺蝶

Junonia lemonias aenaria
蛺蝶科 Nympalidae　　別名：鱗紋眼蛺蝶

與孔雀蛺蝶為同屬近親的眼紋擬蛺蝶，也習慣在低矮的草叢間活動，可是由於幼蟲的食草植物，多生長在半遮蔭環境的森林邊緣，所以成蟲最常出沒的地點，是林道或山路旁的地面；日照充足的開闊田野，就幾乎找不到牠的蹤影。

本種模樣雖不及孔雀蛺蝶俏麗亮眼，但也會因季節差異而有所變化，只不過比起孔雀蛺蝶，其冬型個體翅膀腹面偽裝成枯葉的功力，可就略遜一籌。夏型個體翅膀表面底色黑褐色，上翅具一枚眼紋，眼紋附近散布米黃色斑；下翅有二枚眼紋。翅膀腹面整體呈淡褐色，眼紋情形和表面略同，另有深淺相間的波狀條紋。雌雄個體亦無明顯差異。

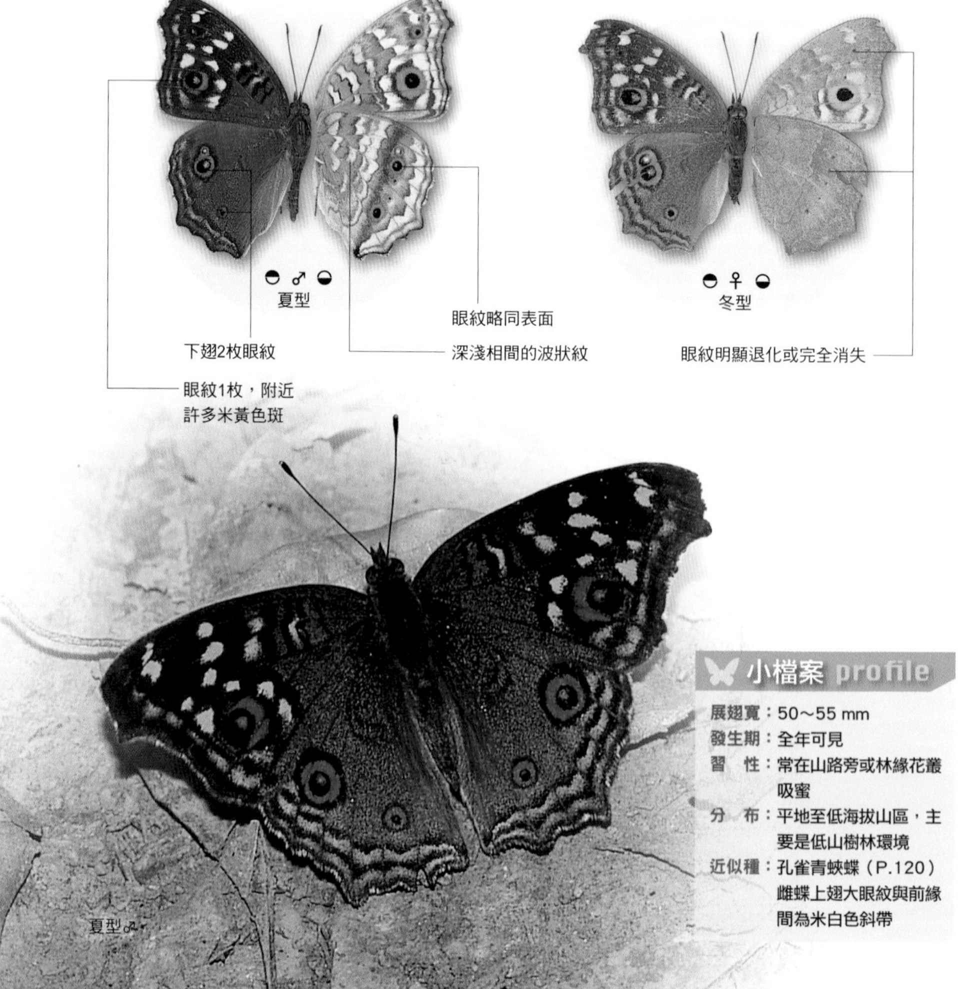

小檔案 profile

展翅寬：50～55 mm
發生期：全年可見
習　性：常在山路旁或林緣花叢吸蜜
分　布：平地至低海拔山區，主要是低山樹林環境
近似種：孔雀青蛺蝶（P.120）雌蝶上翅大眼紋與前緣間為米白色斜帶

生活史 life history

幼蟲食草：爵床科的台灣鱗球花、台灣馬藍、賽山藍等

本種幼蟲的食草雖不同於孔雀蛺蝶，但兩者雌蝶的產卵習性有些相似，牠們除了在食草的枝葉上產卵外，有時也停在食草植株附近，把卵粒產在其他小草上，或是產附於地面的落葉、石塊。由於幼蟲食草的植株不高，且常有相當優勢的群落，因此剛孵化的幼蟲不難順利找到食物。

本屬近緣種蝴蝶的幼生期外觀、大小都相近。本種卵直徑約0.7mm，綠色，具有十餘條縱稜。終齡幼蟲深黑褐色，前胸與頭部節間有鮮明的橙黃色橫帶，體背具兩排縱列的白斑。蛹體長約20mm，呈淡褐色，翅膀部位米白色，散生模糊的黑褐色斑；近尾端處也有白色橫斑。

卵

終齡幼蟲（體長可達35mm）

蛹（側面）

冬型個體

蛹（背面）

孔雀青蛺蝶

Junonia orithya

蛺蝶科 Nympalidae　　別名：青眼蛺蝶

光看這種蝴蝶的中文名，就不難推想牠和孔雀蛺蝶的關係匪淺。本種下翅表面的眼紋，雖未大到足以讓人覺得是隻小動物的眼睛，不過雄蝶飛舞時閃動的紫藍色耀眼光澤，讓牠受歡迎的程度，恐怕毫不亞於孔雀蛺蝶。儘管與前兩種蛺蝶同在一屬，本種外觀並無明顯的季節性差異，反倒是「男女有別」——雌雄個體間翅表的色澤截然不同；比起前兩種，要辨識雌雄可就容易多了！

本種翅膀眼紋的分布和眼紋擬蛺蝶略同，但雄蝶下翅表面呈大面積帶金屬光澤的紫藍色，同樣位置雌蝶則是光澤度較弱的深紫褐色；翅膀腹面底色黃褐色，也有波狀斑紋，較明顯差異是本種上翅中室內有鑲黑邊的橙色斑紋。

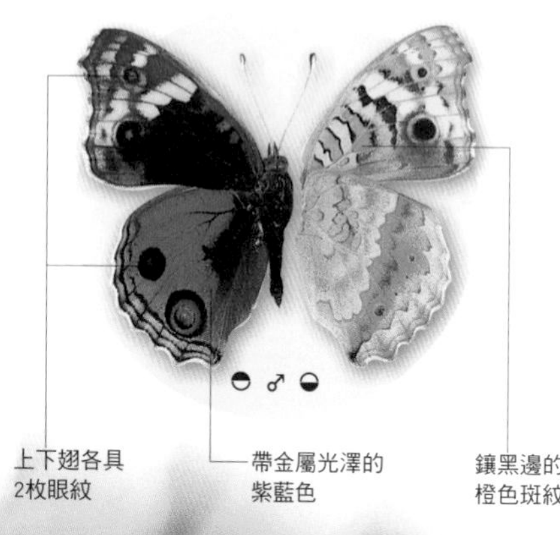

小檔案 profile

展翅寬：45～50mm

發生期：幾乎全年可見

習　性：常在荒地、路旁或林緣花叢吸蜜

分　布：平地至中海拔山區，主要是低海拔山區

近似種：眼紋擬蛺蝶（P.118）近似本種雌蝶，但上翅腹面無鑲黑邊的橙色斑紋。

♂

♀

生活史 life history

幼蟲食草：爵床科的爵床

野外自由產卵時，本屬雌蝶習慣一次只在同一地點產下一枚卵粒，但是以幼蟲食草套網時，適合產卵的位置則常有四、五枚，甚至更多的卵擠在一起。本種除了雌雄外觀差異明顯的特色有別於同屬其他近親外，幼蟲食性單一也與眾不同，爵床是目前已知的唯一食草；而且，雌蝶在地面雜物產卵的情況也較不多見。

卵與前種眼紋擬蛺蝶（P.119）外觀相近。終齡幼蟲深黑褐色至近黑色，無明顯斑紋，前胸前緣亦有橙色橫帶，尾足基部橙色。蛹體長約19mm，外觀近似前種，腹部白斑的位置兩者幾乎相同，主要差別是本種整體看來顏色較深，尤其是翅膀部位幾乎呈黑褐色。

卵

終齡幼蟲（體長可達35mm）

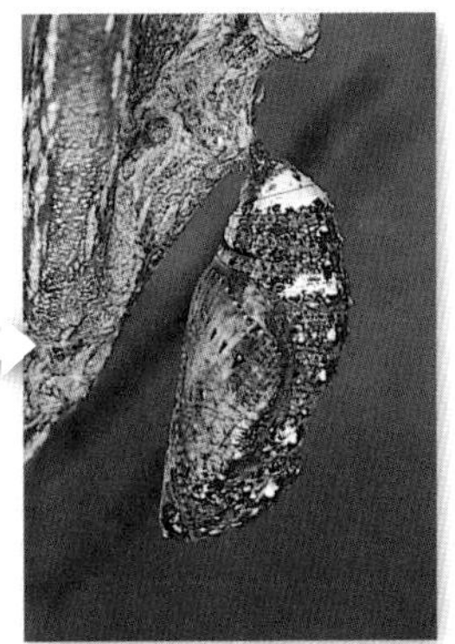

蛹（側面）

♂

蛹（背面）

黑擬蛺蝶

Junonia iphita

蛺蝶科 Nympalidae　　別名：黯眼蛺蝶

大部分蛺蝶展翅表面的色彩斑紋總比翅膀腹面豔麗動人，只有黑擬蛺蝶在同屬近緣種中算是少見的異類。其翅膀兩面的外觀，並無特別突出的差別，整體也顯得較單調而不起眼。在生態習性方面，牠與眼紋擬蛺蝶（P.118）相當接近，平時總愛在山路旁的路面或低矮草叢間飛飛停停，天氣稍涼就攤開翅膀進行日光浴，藉吸收熱能升高體溫，以增加活動力。天氣酷熱時，牠也很少躲進樹林裡乘涼，通常就夾著翅膀站在路旁或空地林緣的植物葉片上。

展翅表面深褐色，具不明顯波狀紋，下翅有一列不明顯小眼紋；翅膀腹面底色呈略帶灰白感的黑褐色，下翅前緣至末端有一條深色帶。雌雄差異不大。

小檔案 profile

展翅寬：50～60mm
發生期：幾乎全年可見
習　性：常在山路旁或林緣花叢間吸蜜
分　布：低至中海拔山區

生活史 life history

幼蟲食草：爵床科的台灣鱗球花、台灣馬藍、蘭崁馬藍、賽山藍等

食性多樣的蝴蝶幼蟲對不同種但近緣的植物適應力較強，雌蝶在自然狀態下，常會將卵產在同屬的不同植物上，因此其幼蟲的實際食草種類，往往比人們已知的來得多。例如本種幼蟲在北部陽明山區的主要食草是台灣馬藍與蘭崁馬藍，但是同屬的其他馬藍可能也是其食草，人工飼養時用來投餌餵食應該都能適應。不過，最好不要經常更換蝴蝶幼蟲的食草種類，以免降低牠們的存活率。

雌蝶也常將卵產附在地面雜物上；卵呈米黃色，直徑約0.7mm，縱稜不如同屬其他蝶卵明顯。終齡幼蟲呈單純深黑褐色。蛹體長約20mm，黑褐色，無特別鮮明突出的斑紋。

卵

終齡幼蟲（體長可達40mm）

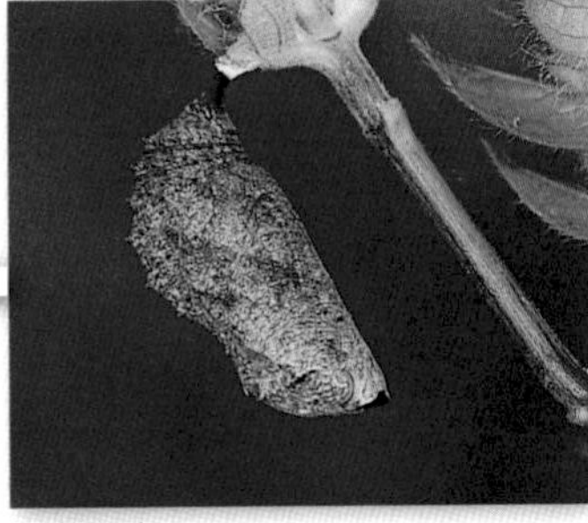
蛹（側面）

蛹（背面）

枯葉蝶 | *Kallima inachis formosana*

蛺蝶科 Nympalidae

本種蝶名一語道出其外觀最大的特色。其實，翅膀腹面模樣偽裝成枯葉狀的蝴蝶，台灣就不下十種，但是唯獨牠體型特大、和枯葉的相似度滿分；而且隨著個體不同，翅膀腹面的斑紋常有豐富的顏色變化。其酷似枯葉的「葉面」上不僅可見主脈與支脈，還有一根細細的「葉柄」（下翅尾突），甚至有小蟲蛀食過的鏤空小洞（上翅無鱗片的小空窗）。更神奇的是停棲休息時，牠習慣頭朝下，倒立於樹幹或植物枝條間，這時翅膀上的「葉柄」剛好與植物相連，如此天衣無縫的偽裝效果，恐怕任誰也難以識破這片枝頭「枯葉」的真實身分。

有機會瞥見牠展翅做日光浴，就會發現上翅表面寬大的橙色斜帶在周圍較暗沉的藍紫、黑、褐等色的烘托下，著實替牠增色不少。雄蝶上翅端角尖銳，雌蝶則不但尖銳且細長外彎。

寬大的橙色帶　偽裝成枯葉

端角尖細外彎

小檔案 profile

展翅寬：70～80mm
發生期：幾乎全年可見，以成蟲越冬。
習　性：常在樹幹上吸食樹液或於地面吸食腐果
分　布：低至中海拔山區

生活史 life history

幼蟲食草：爵床科的台灣鱗球花、台灣馬藍、賽山藍等

枯葉蝶的寶寶就像大部分的蛺蝶類幼蟲一樣，體表長有棘刺或棘突，外觀看起來挺嚇人的，不知情的人總以為要是碰觸到牠們，皮膚會紅腫發炎，甚至中毒過敏。其實，對牠們毋須像對有毒的蛾類幼蟲那樣保持戒心，用手輕觸蛺蝶幼蟲身上的細刺，並不會產生不良反應；這些硬刺的主要功能，是用以阻礙掠食性天敵的吞食。

卵直徑約1.2mm，深綠色，具十多條白色縱稜。終齡幼蟲體色黑色，體背棘刺基部有微小的紅斑，頭部具有一對較長的棘刺。蛹體長約30mm，整體呈黑褐色，腹部背面有具成對的尖角狀刺突。

卵

終齡幼蟲（體長可達55mm）

蛹（側面）

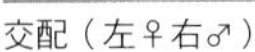
交配（左♀右♂）

♂

紅蛺蝶

Vanessa indica
蛺蝶科 Nympalidae　　別名：大紅蛺蝶

假如要選出台灣棲息活動範圍最廣的蝴蝶，紅蛺蝶絕對可以名列前茅。海岸環境看得到牠或許不足為奇，但連玉山山頂都有觀察紀錄，這可是大多數蝴蝶所望塵莫及的！其實，高山山嶺未必可見紅蛺蝶幼蟲的食草植物，只是牠的飛行速度快，活動力又特別強，所以有本事「飆」到高山稜線的地面曬太陽。這種蝴蝶的食性也相當廣，除了偏愛吸食花蜜外，地面吸水也是常見的生態，甚至偶爾還會吸食掉落路面的腐果。

本種翅膀表面上翅端半部黑色，黑色區中有白色小碎斑，內側為大塊橙色斑；下翅除了外緣有橙斑外，其餘都呈深褐色。下翅腹面大體呈黑褐色系的雜亂斑紋，亞外緣有不明顯的眼紋。雌雄外觀差異不大。

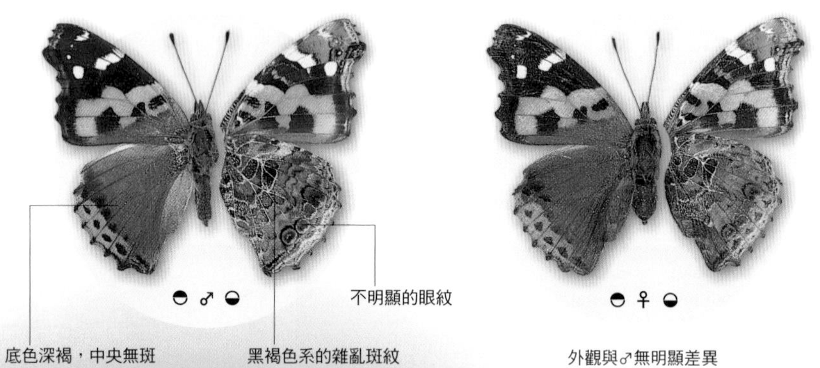

小檔案 profile

展翅寬：50～60mm
發生期：全年可見
習　性：常在荒地、路旁、林緣訪花，雄蝶也常在溼地上吸水。
分　布：平地至高海拔山區
近似種：姬紅蛺蝶（P.128）體型較小，下翅表面中央有黑褐色斑。

♀

生活史 life history

幼蟲食草：蕁麻科的苧麻屬植物與台灣蕁麻、蘭嶼水絲麻等

蛺蝶類幼蟲的習性因種類不同而有異，有的喜棲止在食草葉面上，有的習慣背面朝下倒停在葉背下，有的偏愛棲附在雜亂的枝條間；本種幼蟲則有製造葉苞來躲藏棲身的特殊行為。通常牠會選擇一片較大的食草葉片，利用啃咬和吐絲連結的方式，將這個葉片捲裹成中空的一團，然後自己便躲在其中休息或攝食成長。

卵綠色，直徑約0.7mm，約有11條縱稜。終齡幼蟲體底色黑色，體側下緣有呈縱帶狀分布的米黃色斑紋，體背棘刺多呈米黃色。蛹體長約30mm，淡灰褐色，體背具有成對的瘤狀刺突，尤以前段的刺突較發達，且有明亮的金色光澤。

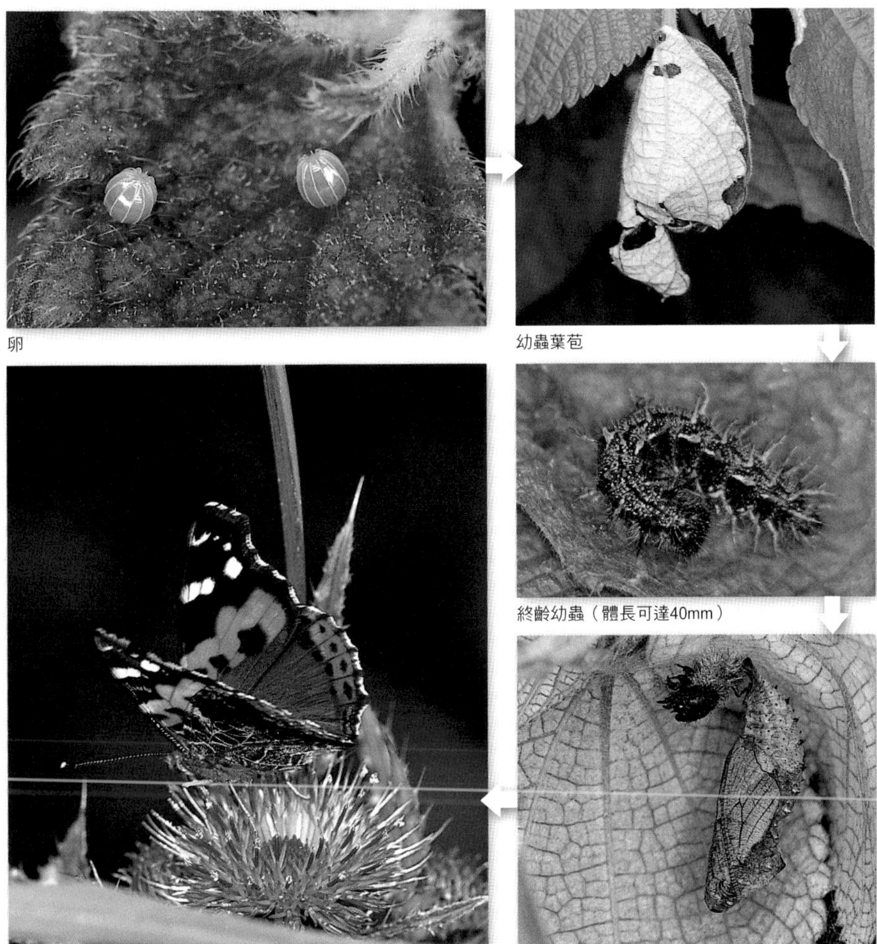

卵

幼蟲葉苞

終齡幼蟲（體長可達40mm）

蛹（側面）

蛺蝶類

姬紅蛺蝶

Vanessa cardui
蛺蝶科 Nympalidae　　別名：小紅蛺蝶

這種蝴蝶和紅蛺蝶的生態大致相同；選個晴朗冬日上山，就有機會在空曠的山頭附近遇見牠。不過，常直接停在路面石塊上的姬紅蛺蝶，夾緊翅膀擁有一身絕佳的保護色，很容易被大家視而不見，要等到逼近的人影嚇得牠振翅起飛、高速滑翔離去，人們才驚覺原來剛才前方有隻蝴蝶。想一窺牠的廬山真面目，可別急著離開，耐心在原地守候一會兒，牠經常又繞回來繼續當山頭小霸主。

本種上翅表面和紅蛺蝶相似，下翅表面底色為橙色，散生一些黑色與黑褐色斑紋。下翅腹面也是一片雜亂的褐色系斑紋，但底色較淡，呈白褐色，因此下翅亞外緣的眼紋比紅蛺蝶明顯。雌雄差異不大。

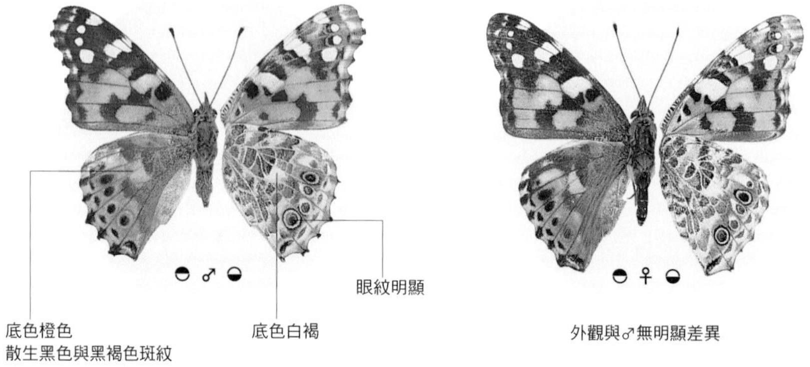

◓ ♂ ◒

眼紋明顯

底色橙色
散生黑色與黑褐色斑紋

底色白褐

◓ ♀ ◒

外觀與♂無明顯差異

小檔案 profile

展翅寬：40～50mm
發生期：全年可見
習　性：常在荒地、路旁、林緣訪花，雄蝶會在溼地吸水。
分　布：平地至高海拔山區
近似種：紅蛺蝶（P.126）體型較大，下翅表面呈大面積深褐色。

♂

生活史 life history

幼蟲食草：菊科的艾草、鼠麴草，錦葵科的華錦葵，蕁麻科的蘭嶼水絲麻等。

與紅蛺蝶一樣，本種幼蟲也會製造葉苞。早期的文獻資料中，僅知其以艾草、鼠麴草為食，由於這兩種植物的葉片狹長細小，幼蟲無法只靠單片葉子捲製出可以棲身的空間，因此會將數片葉子用吐絲連結的方式黏在一起，同樣做出一個中空的葉苞。多年前，蘭嶼的蘭嶼水絲麻上曾有雌蝶多次產卵的觀察紀錄，將卵帶回台灣本島後，幼蟲以同科但不同屬的青苧麻飼養，仍可順利成長。近年，中海拔田園區歸化植物華錦葵，亦成為其常見的自然食草植物。

卵較紅蛺蝶小，淡綠色，縱稜較多，約有15條。幼蟲與蛹的外觀近似紅蛺蝶，但是個頭都小了一號。

卵

終齡幼蟲（體長可達33mm）

♀

簡易葉苞中的蛹（側面）

黃蛺蝶

Polygonia c-aureum lunulata

蛺蝶科 Nympalidae　　別名：黃鉤蛺蝶

這是一種分布情形相當有趣的蝴蝶：低海拔地區雖然是牠的主要棲息地，但在植物群落茂密繁多的山區卻未必常見，反而人口不稠密的鄉間，或人工設施較少的河岸荒地，是牠最活躍的環境，可說是台灣道地的一種「草地蝶仔」。其實不只鄉下，連都市中一些久未利用的荒地，或是整地過卻遲遲沒有動工的建築用地，只要是雜草蔓生之處，經常就是牠繁衍子孫的快樂天堂。

本種展翅時，表面也是以一身豹紋花樣的勁裝亮相，但牠和黑端豹斑蝶（P.110）並無太近的親緣關係。翅膀腹面底色淡橙黃色，散生不太明顯的褐色波狀紋；下翅中央附近有一個略呈符V字形的白色小斑紋。雌雄外觀相仿，差異不大。

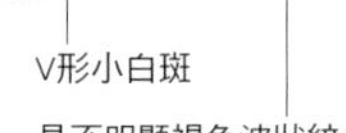

花豹模樣的斑紋　V形小白斑　具不明顯褐色波狀紋

外觀與♂無明顯差異

小檔案 profile

展翅寬：48～58mm

發生期：春至秋季

習　性：常在荒地、路旁或林緣訪花、吸水，偶爾會吸食腐果。

分　布：平地至低海拔山區

近似種：白鐮紋蛺蝶（*P. c-album asakurai*）分布於中、高海拔山區，翅膀顏色較深。

白鐮紋蛺蝶

生活史 life history

幼蟲食草：桑科的葎草

黃蛺蝶的分布情形這麼特殊，與其幼蟲的食草關係密切。這種名為「葎草」的桑科植物，是種生長在低海拔地區、以「難纏」著稱的蔓藤類雜草，因為它可藉莖與葉背密密麻麻的倒鉤，附著、糾纏於人畜身上，所以唯有乏人照顧的荒地，才有可能任其攀爬蔓生。本種幼蟲與前兩種一樣有造巢的習慣，寄居葎草葉背的牠，會吐絲將裂片向下連結捲成一個葉苞；要想在蔓生的一大片植株中找到幼蟲，先搜尋葉苞準沒錯。

卵綠色，直徑約0.7mm，縱稜約11條。終齡幼蟲黑色，體表具白色細橫線；體背棘刺黃色、發達呈叢狀。蛹體長約25mm，黑褐色，頭部前方有一對尖角突，胸部背面有個略呈直角狀的稜突；腹部背面有許多對稱的尖角突，前段則有數對銀色光斑。

卵

終齡幼蟲（體長可達33mm）

蛹（背面）

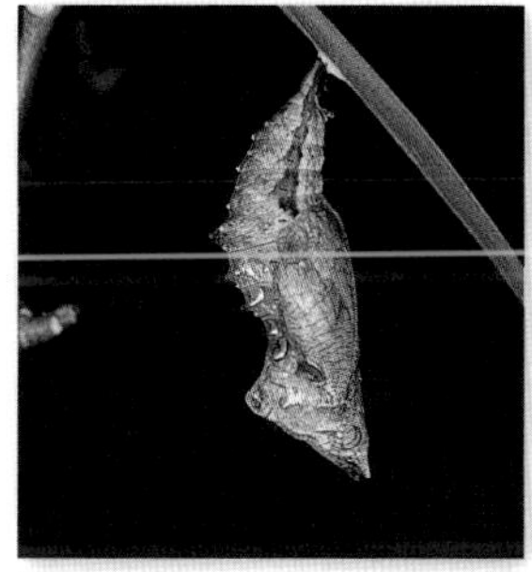

蛹（側面）

琉璃蛺蝶 | *Kaniska canace drilon*

蛺蝶科 Nympalidae

琉璃蛺蝶的飛行姿態，可算是蛺蝶類的典型代表。起身飛行時，總是先快速拍動兩三下翅膀，接著便攤平翅膀在空中悠哉地滑行一段距離，然後再重複交替振翅、滑行的動作。平時喜停棲於有點陽光的林道路面，或山路旁低矮的草叢葉面，假如有人接近，牠常會起飛滑行一小段距離後，停降在前方的路面上，等人影再度靠近，牠又重複一兩次先前保持距離的舉動，最後，乾脆高飛越過人們的頭頂，回到最初牠靜靜守候的地盤。

本種翅表黑底中亞外緣的淡水藍色帶紋，是別無分號的正字標記；翅膀腹面是雜亂而略呈波狀紋分布的黑褐色斑，帶有些微的絨布質感。雌雄外觀無明顯差異。

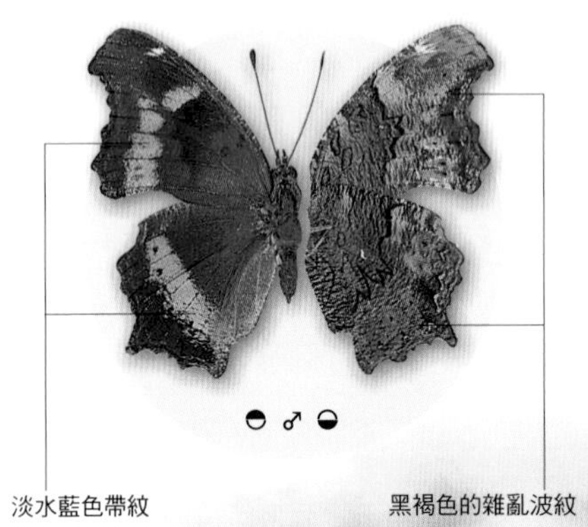

◓ ♂ ◒

淡水藍色帶紋

黑褐色的雜亂波紋

◓ ♀ ◒

外觀與♂無明顯差異

小檔案 profile

展翅寬：58～65mm

發生期：春至秋季

習　性：常在林間樹幹吸食樹液，地面吸食腐果或水液。

分　布：低至中海拔山區

生活史 life history

幼蟲食草：菝葜科的多種菝葜

蝴蝶化蛹是一個表皮硬化，無法自由移動位置的過渡時期。鳳蝶、粉蝶、小灰蝶、挵蝶等各科的蛹都屬於「帶蛹」，多數種類僅在腹節的位置可以微幅地前後伸縮。蛺蝶科的「垂蛹」除了斑蝶類外，腹節幾乎都能靈活伸縮，有些種類甚至可左右大幅度地晃動。琉璃蛺蝶的蛹就具有相當驚人的「活動力」，當人們用手去輕觸干擾時，牠會突然像鐘擺般來回快速擺動，這樣的反應可把觸身的螞蟻、椿象、寄生蜂等天敵，瞬間從蛹體上甩掉。

卵綠色，直徑約0.9mm，縱稜約有10條。終齡幼蟲呈褐色，體覆黑色斑點與米白色細橫線；棘刺長而發達，米白色，末端黑色。蛹體長約35mm，略似黃蛺蝶（P.131），但頭部角突長且內彎。

卵

終齡幼蟲（體長可達45mm）

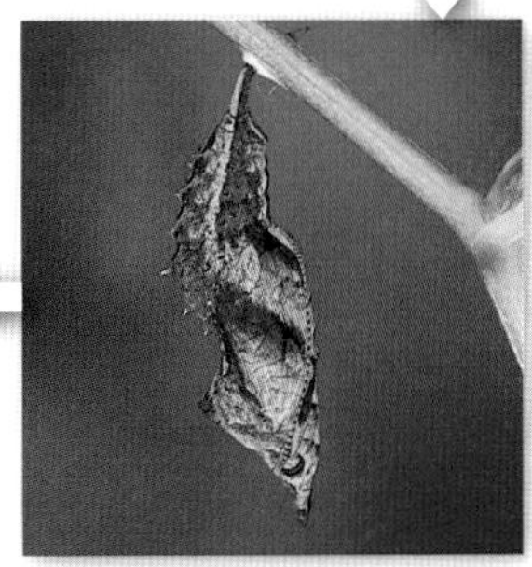

蛹（側面）

蛹（背面）

台灣黃三線蝶

Symbrenthia formosanu

蛺蝶科 Nympalidae　　別名：台灣盛蛺蝶

許多雄蛺蝶在劃地為王時，通常都有一套標準的行為模式：首先會在幼蟲棲地選定一處開闊地，然後就近站立在周遭突出物的頂端取得最佳制空權，這些突出物可能是樹梢的枝葉、路邊灌叢的頂端，或是地面的大石塊。只要有蝴蝶打從其領空飛過，都會迅速起身追趕，再回到原先的基地駐守。

本種舊稱黃三線蝶*Symbrenthia lilaea formosanus*，翅膀表面底色深黑褐色，展翅時呈現三條橙色的帶狀斑紋；翅膀腹面底色橙色，散布雜亂的褐色細斑，主要以一個X形紋橫跨上、下翅。雌蝶翅膀兩面顏色都淡，表面斑紋為橙黃色。

大約2004年起，台灣本島許多地區先後出現翅表橙色斑比較寬大發達的入侵種寬紋黃三線蝶（*S. lilaea lunica*），這個原本隸屬華南亞種的族群當時被認定與台灣固有的族群分屬不同亞種，翅表外觀則近似姬黃三線蝶（P.136），下緣外角區的二枚主要橙色斑完全合併成一條粗寬的橙色條紋。直到2023年1月底，徐堉峰教授才把累積近20年的研究資料發表，正式將台灣固有的族群提升為獨立的台灣特有種*S. formosanus*，本種中名從此改稱為台灣黃三線蝶(台灣盛蛺蝶)；而後來入侵歸化的華南亞種寬紋黃三線蝶，身分也更改併入原名亞種*S. lilaea lilaea*。

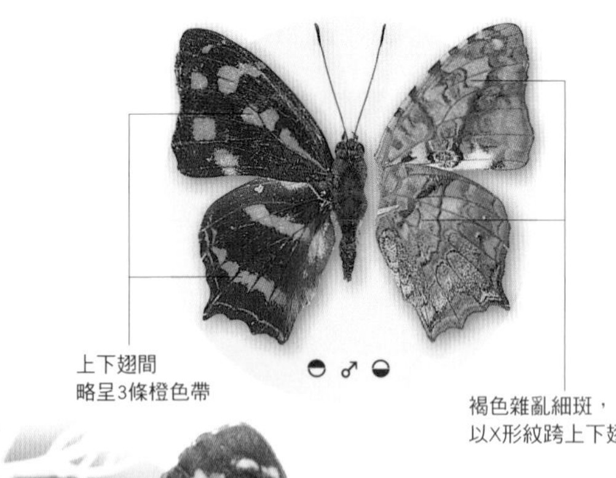

翅形較♂寬圓

◓ ♀ ◒

斑紋顏色
較♂淡

底色較♂淡

♀

寬紋黃三線蝶展翅日光浴。紅圈圈起來的位置，橙色斑無黑褐色斑紋中斷。

小檔案 profile

展翅寬：40～50mm
發生期：幾乎全年可見
習　性：常在路旁、林緣訪花或地面吸水
分　布：平地至中海拔山區
近似種：姬黃三線蝶，體型較小；翅膀表面特別近似寬紋黃三線蝶，但翅膀腹面具有許多黑色豹斑紋。

生活史 life history

幼蟲食草：蕁麻科的青苧麻、水麻、長梗紫麻等

蛺蝶科成員的蛹都是呈頭下尾上倒吊式的「垂蛹」，幼蟲成熟準備結蛹時，會先挑定一處葉背或枝條下方停棲。化蛹前的工事很簡單：只要在枝葉下側的一個定點不停吐絲，等到絲線結成一團鼓起的小絲球後，牠就轉身用身體最末端的尾足去用力挑動絲團；由於其尾足具有許多微細的小抓鉤，這般挑動可讓絲團變得膨鬆，小抓鉤更能鑽入絲團的內層。完成這個動作後，牠就靜靜地等著蛻變。

2013年林春吉、蘇錦平於《台灣蝴蝶大圖鑑》書中曾將本土固有的黃三線蝶提升為特有種*S. formosanus*，然而該書中命名內容因不符國際學術命名法則，屬於無效命名，因此本種遲至2023年才正式提升登錄為獨立種。本種雌蝶每次產下一枚綠色卵；近似種寬紋黃三線蝶則會集中產附數十枚米黃色卵，其幼蟲尚有大量群棲的習性。卵直徑約0.9mm，縱稜約9條。終齡幼蟲體色變化大，黑褐色至黑色；叢狀棘刺發達，淡色個體米白色，深色型黑色；共同特徵是體側散生一些小白點。蛹體長約27mm，頭部前端角突呈牛角狀彎曲。

寬紋黃三線蝶的米色卵

寬紋黃三線蝶終齡幼蟲（體背棘刺全黑）

單枚的綠色卵

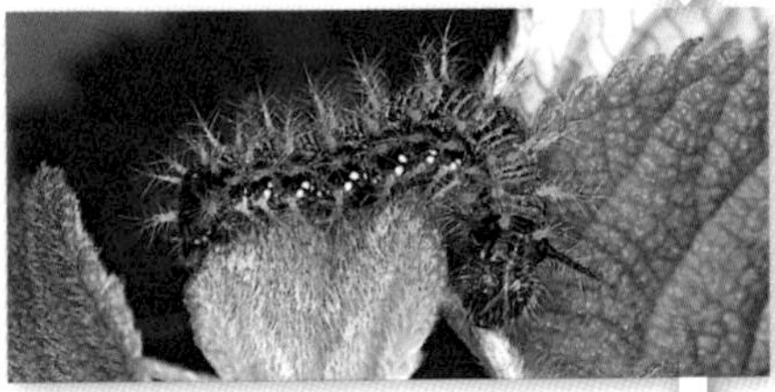
終齡幼蟲（體背雜生深色與米白色棘刺）

♂

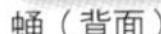
蛹（背面）

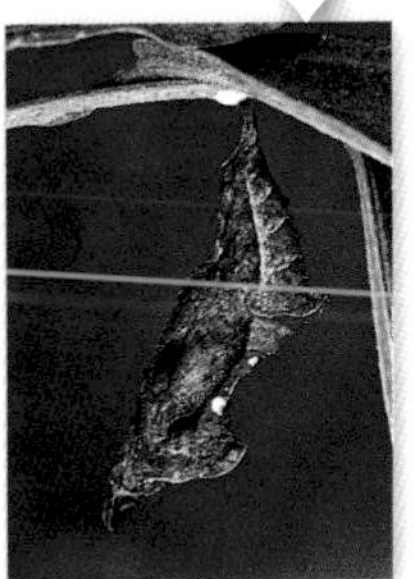
蛹（側面）

姬黃三線蝶

Symbrenthia hypselis scatinia

蛺蝶科 Nympalidae　　別名：花豹盛蛺蝶

雄蛺蝶占據領域時，選擇停棲守候的地點高度，因種類不同而有固定的偏好，這通常和其幼蟲食草植物的生長外形有密切的關聯。食草是高大喬木者，雄蝶常高據樹冠一隅；食草是矮小草本植物者，雄蝶多守候在地面或低矮草叢上。本種和近親台灣黃三線蝶雄蝶盤據的位置，多半是路旁、林緣不高也不矮的植物枝葉前端，最適合人們慢慢靠近觀賞。不過，由於幼蟲食草生長環境的特性，相較於台灣黃三線蝶喜歡在日照充足的地區活動，本種反而較常出現在陰涼小徑旁停棲。

本種展翅表面外觀近似台灣黃三線蝶，但上翅中室內的橙色帶不中斷；翅膀腹面則兩種明顯不同，本種橙黃色底中散生許多黑色碎斑。雌雄差異和前種略同，除了雌蝶翅表顏色較淡外，翅形均較雄蝶寬圓。

♂

小檔案 profile

展翅寬：35～43 mm
發生期：春至秋季
習　性：常在路旁、林緣訪花或地面吸水
分　布：主要於低海拔山區
近似種：台灣黃三線蝶（P.134）翅膀腹面無明顯黑色碎斑

♀

生活史 life history

幼蟲食草：蕁麻科的冷清草等多種樓梯草屬植物

蛺蝶幼蟲化蛹前用尾足小抓鉤鉤緊絲團後，就會靜棲在枝葉下方而不再移動位置，隨著體質的巨變，胸前的三對胸足和腹側的四對腹足很快失去攀附的能力，只剩下尾足鉤緊絲團而全身倒掛在枝葉下方。大約一日後牠開始蛻皮化蛹，因為沒有「帶蛹」類的粗絲帶可以托住身體，當牠將舊皮蛻至尾端時，不免讓人擔心蛹體可能會從皮堆掉出而摔死；但是牠總能有驚無險地馬上把尾端向上碰觸絲團，以蛹尾的許多小抓鉤重新鉤牢，整個過程像是一場精采的特技表演！

本種幼生期各階段都略似台灣黃三線蝶，但體型較小。卵約有8條縱稜。終齡幼蟲體側具發達的米白色斑紋。蛹體長約24mm，頭部角突短，不呈牛角狀；體背尖角稜突也較前種短小。

卵

終齡幼蟲（體長可達30mm）

蛹（側面）

♂

蛹（背面）

雌紅紫蛺蝶

Hypolimnas misippus

蛺蝶科 Nympalidae　　別名：雌擬幻蛺蝶

台灣出產的三百多種蝴蝶，就雌、雄兩性的辨識來說，兩者相貌相近的種類比較多；部分種類在翅膀的斑紋花色上，有明顯的特徵可供區分；少數種類則是外觀相去懸殊，本種就是雌、雄「判若兩蝶」的代表。此外，牠還有一項讓人嘆為觀止的絕活——雌蝶成功擬態成具毒性的黑脈樺斑蝶，相似度有多少？有些蝶類書籍會不慎把兩種的圖片相互誤植，給牠99分應不算謬讚吧！哪邊少了一分呢？其翅脈的黑線極細，而黑脈樺斑蝶的翅脈部位具明顯較粗大的黑線。

本種雄蝶翅膀表面底色黑色，上下翅共有由小至大的三個明顯白斑，白斑外圍呈具有光澤的紫藍色；翅膀腹面底色深褐色，白斑位置和表面略同，但下翅白斑較大，由前緣橫跨翅中央到內緣下方。

◓ ♂ ◒

由小至大3個白斑

大型白斑

◓ ♀ ◒

擬態黑脈樺斑蝶

翅脈黑線極細

♂

小檔案 profile

展翅寬：55～75mm

發生期：幾乎全年可見

習　性：常在荒地、路旁、林緣訪花

分　布：平地至中海拔山區，以低海拔山區為主。

近似種：琉球紫蛺蝶（P.140）雄蝶近似本種雄蝶，但翅膀白斑較小；黑脈樺斑蝶（P.80）近似本種雌蝶，但翅脈黑線較粗。

生活史 life history

幼蟲食草：馬齒莧科的馬齒莧與車前草科的車前草

由於幼蟲的兩種食草，都是低矮的小型草本植物，本種雌蝶很常逗留在地面附近飛飛停停，除了休息、曬太陽外，主要目的就是找尋可供幼蟲吃食的植物群落產卵。雌蝶產卵時，往往把數枚卵粒產在一起，但因集中產附的卵數目不多，孵化後的幼蟲並沒有明顯的群聚現象。

卵淡綠色，直徑約0.6mm，縱稜約11條。終齡幼蟲體黑色；頭部橙褐色，具一對長棘刺；體側下緣具橙斑，真足（胸足）與偽足（腹足與尾足）橙色。由於食草植物生長在空曠地面，為減少暴露自己行蹤的機會，幼蟲化蛹前會爬離開闊地，到達附近雜物、草叢間固定化蛹。蛹褐色，體長約23mm，體背具有許多短小的瘤狀刺突。

卵

終齡幼蟲（體長可達55mm）

蛹（側面）

♀

♀

琉球紫蛺蝶

Hypolimnas bolina kezia
蛺蝶科 Nympalidae　　別名：幻蛺蝶

本種與雌紅紫蛺蝶是同屬的近親，兩種雄蝶均有強烈的領域行為，對闖入領空的其他蝶種，一概下達逐客令，即使個頭大上許多的鳳蝶，牠們也照趕不誤；更誇張的是，連小鳥飛過，都有「蝶」眼昏花的雄蛺蝶起身驅敵。不過，最激烈的空戰場面，要數同種雄蝶狹路相逢的追逐、纏鬥。其實，雄蛺蝶宣示領域可不是為了好勇鬥狠，而是具有重要的生態意義：等候領空飛來同種的窈窕淑女，以完成傳宗接代的重責大任。

本種雄蝶外觀略似雌紅紫蛺蝶雄蝶，但翅膀的白斑明顯較小，且周圍會反光的藍紫色圈面積較大；翅膀腹面亞外緣有一列微小白點。雌蝶上翅表面端部有會反光的藍紫色，外觀略似紫斑蝶類，也算是一種擬態的現象。

♂

共3個白斑
白斑四周是寬大的藍紫色

各翅中央有白色帶紋

♀

亞外緣有1列小白點，擬態紫斑蝶

小檔案 profile

展翅寬：65～90mm
發生期：幾乎全年可見
習　性：常在荒地、路旁、林緣訪花
分　布：平地至中海拔山區，以低海拔山區為主。
近似種：雌紅紫蛺蝶（P.138）雄蝶近似本種雄蝶，但翅膀白斑面積較大；紫斑蝶類（P.96～）近似本種雌蝶，但翅膀腹面中央白斑不呈帶狀。

♂

生活史 life history

幼蟲食草：旋花科的甘藷、空心菜，及錦葵科的金午時花。

所有昆蟲都是六隻腳的小動物，為什麼蝴蝶的幼蟲會另外多出四對腹足和一對尾足？這其實是幼蟲期腹部體表衍生的輔助組織，方便用來攀附爬行的「偽足」。等牠們變成蛹，長在腹部的「偽足」就全部消失。透過高倍放大鏡觀察，可見腹足或尾足上長滿叫「趾鉤」的小彎鉤；幼蟲要在光滑的葉片上爬行前，會先吐下很多絲線黏在葉面，接著再用偽足上的小抓鉤鉤住絲線向前爬，這樣就不必擔心因風吹草動而掉落。

本種雌蝶的產卵習慣與雌紅紫蛺蝶相似，經常將三、五個卵粒集中產在一起，而且，偶爾會把卵產在食草植物附近地面的落葉、石塊上。本種幼生期各階段的外觀、大小也和前種略同，終齡幼蟲體側無明顯橙斑，偽足顏色近黑色。蛹體背的瘤狀刺突比前種大而尖銳。

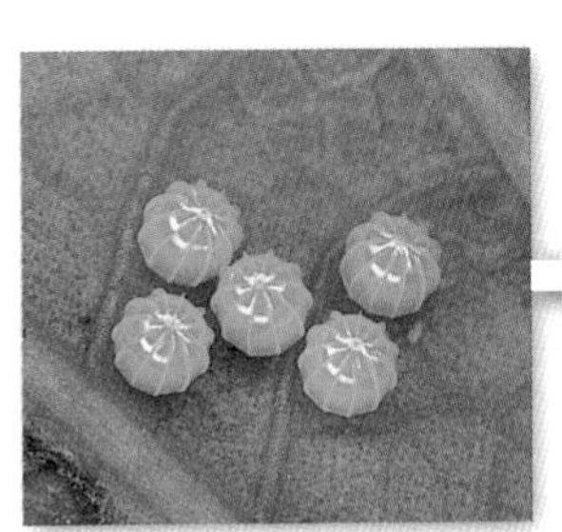
卵

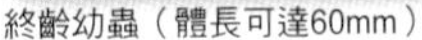
終齡幼蟲（體長可達60mm）

蛹（背面）

♀

蛹（側面）

琉球三線蝶

Neptis hylas luculenta
蛺蝶科 Nympalidae　　別名：豆環蛺蝶

三線蝶屬（*Neptis*）蝴蝶在台灣不僅成員眾多，而且部分種類外形上非常近似，牠們的共同特徵就如其名：黑褐色的展翅表面，上下共有三條白色帶狀斑紋橫跨在翅膀間。這同屬的十餘種三線蝶，有不少是分布在中海拔森林區的稀有種，若有機會一一見識甚至記錄到牠們的芳容，真可用不虛此生來形容。

琉球三線蝶是整個家族中分布最普遍的常見種，野外不只花叢間見得到牠，許多山路旁的植物叢上端也是牠常逗留的場所，雖然拍翅滑行的速度不快，雄蝶仍有強烈的領域性。本種外觀最易辨識的特徵在翅膀腹面，黃褐色底中的白斑紋都鑲有黑褐色細邊。雌雄差異不大。

◓ ♂ ◒

上下翅共3條白色帶　　白斑紋具黑褐色細邊

◓ ♀ ◒

翅形較♂稍寬圓

小檔案 profile

展翅寬：47～55mm
發生期：幾乎全年可見
習　性：常在荒地、路旁、林緣訪花，也會在地面吸食水液或腐果。
分　布：平地至中海拔山區，以低海拔山區為主。
近似種：小三線蝶、台灣三線蝶（P.144）、泰雅三線蝶、寬紋三線蝶等

小三線蝶（*N. sappho formosana*）

生活史 life history

幼蟲食草：豆科的葛藤、波葉山螞蝗等

三線蝶屬幼蟲的長相可說十分怪異，不但全身滿覆短粗毛，體背還有數對長著刺毛的短肉棘；平常停棲不動時習慣拱起前半身，再把頭部朝葉面的方向伏下，整體外觀酷似一團滿覆絨毛的捲曲枯葉。更奇特的是，前幾齡的小幼蟲會從食草葉尖的部位啃食葉片，而且多次把主脈兩側的葉片切割咬斷，再吐絲黏附在主脈上，隔不久就成了捲著枯葉的一段細枝條，而牠自己就棲息在這處可以隱身偽裝的加工物上。

本種卵呈綠色，直徑約0.9mm，滿布六角形凹刻和短毛。終齡幼蟲褐色，密布黃褐色短刺毛，體背並具數對大小不一的棘刺；體側下緣末端有米白色縱紋。蛹淡黃褐色，體長約19mm，體表有銀白色光澤。

卵

終齡幼蟲（體長可達28mm）

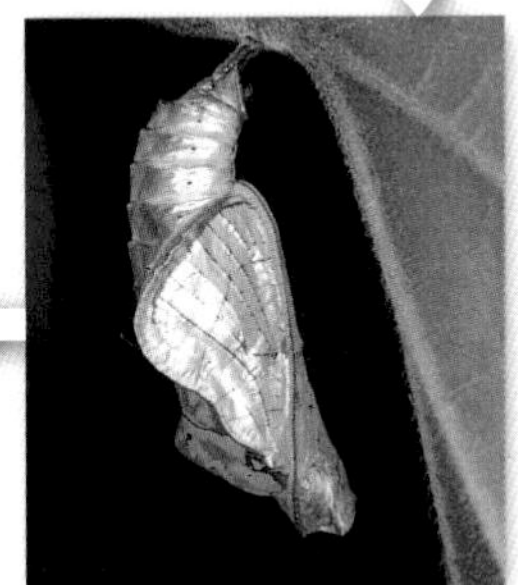

蛹（側面）

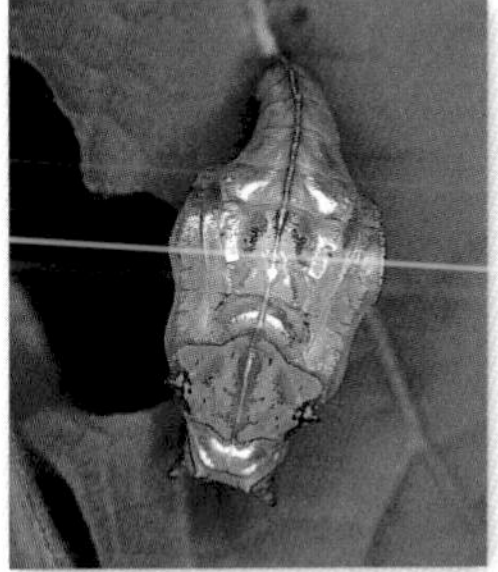

蛹（背面）

台灣三線蝶

Neptis nata lutatia

蛺蝶科 Nympalidae　　別名：細帶環蛺蝶

除了三線蝶屬蝴蝶，台灣還有好幾類的蛺蝶翅膀外觀，也都是深色底中呈現三條白色或橙色的帶狀斑紋。大家不約而同長成這副模樣，一定有其特別的生態意義：像斑馬或許多熱帶魚身上都有並列的深淺條紋，這些條紋讓牠們群體活動時，在掠食者眼中不易看出單隻獵物的外形，因此較難以某一隻為特定對象來發動攻擊。三線蝶屬或其他外觀雷同蝴蝶翅膀上的條紋，也有破壞身體外形的功用，只是牠們不是群聚的蝶種，四處移動時比較容易被鎖定目標。

本種外觀特徵是，翅膀上的白色帶為近似種間最細小的一種，因此整體看起來顏色最深；翅膀腹面底色深棕褐色。雌蝶翅膀的白色帶較雄蝶稍寬大，與近似種間較難區分。

◓ ♀ ◒

白色帶較♂稍寬

小檔案 profile

展翅寬：45～55mm

發生期：幾乎全年可見

習　性：常在荒地、路旁、林緣訪花，也會在地面吸食水液或腐果。

分　布：平地至中海拔山區，以低海拔山區為主。

近似種：小三線蝶、琉球三線蝶（P.142）、泰雅三線蝶、寬紋三線蝶等

泰雅三線蝶（*N. soma tayalina*）

生活史 life history

幼蟲食草：豆科的葛藤、榆科的山黃麻等

先前（P.137）介紹過蛺蝶幼蟲蛻皮化蛹時，蛹尾自舊皮中抽出後，立即以尾端的小抓鉤鉤緊絲團。照理說原本幼蟲階段的舊皮，應該還鉤在絲團上和蛹尾擠在一起，但是從各類蝶蛹的照片上，都看不到那一小團舊皮的組織。這是因為蝶類幼蟲蛻下最後一層皮後，不會放任舊皮擠在尾端，而是趁著身體還有極佳的柔軟度時，奮力扭動腹部去搓擠舊皮；只需短短幾秒鐘，舊皮尾足上的小抓鉤便全數脫離絲團。完成這個流程的蝶蛹，才慢慢停止不動，體表組織也開始硬化定型。

本種幼生期各階段都近似琉球三線蝶（P.143）；終齡幼蟲體側末端無明顯的米白斑；蛹體表光澤稍弱，體背有較發達的稜突。

卵

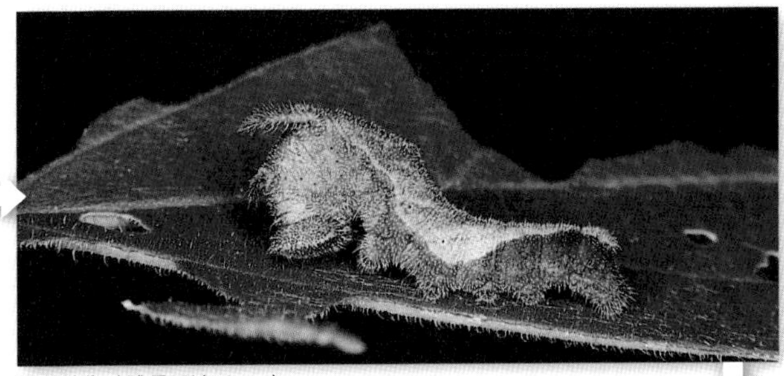

終齡幼蟲（體長可達28mm）

蛹（側面）

♂

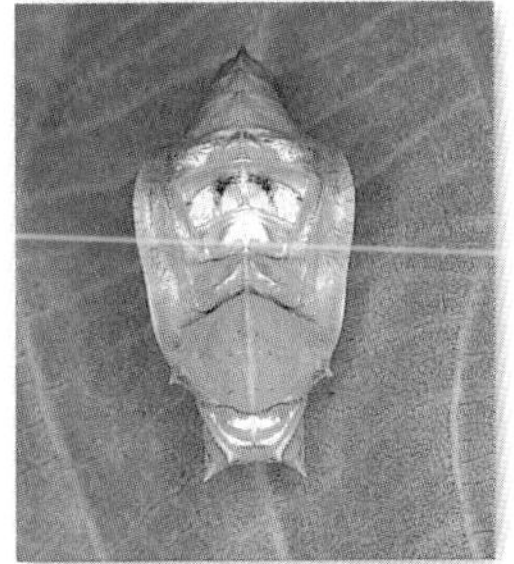

蛹（背面）

單帶蛺蝶

Athyma selenophora laela

蛺蝶科 Nympalidae　　別名：異紋帶蛺蝶

本屬（*Athyma*）也是一類領域性極強的蝴蝶，雄蝶驅趕附近飛過的鳳蝶或鳥類都算常態，難道牠們都無所畏懼？其實，包括蛺蝶在內的各種蝴蝶，全是超級大近視，有黑影從眼前掠過，牠們一定要飛近到對方身邊，才能弄清楚是何方神聖；不是心中期盼的佳人，就驅逐出境。遭到追趕的大型蝴蝶大概也不在意蛺蝶的挑釁，常頭也不回地離去，於是這些蛺蝶便得意地回到地盤上繼續當個小霸王。假如被追趕的小鳥發現是獵物自動送上門，那雄蛺蝶鐵定遭殃。

本種雄蝶翅表黑色，中央一條貫穿上下翅的白色帶狀斑紋，端角區有二至三枚獨立的小白點。雌蝶翅表呈三線蝶狀，上翅中室內的白色條紋分成三段。雌雄翅腹底色均為褐色，白色條紋或斑點較翅表發達。

◓ ♂ ◒

◓ ♀ ◒

台灣單帶蛺蝶♂

♂

小檔案 profile

展翅寬：50～60 mm

發生期：春至秋季

習　性：常在山路旁、林緣訪花或地面吸食腐果、水液

分　布：低至中海拔山區

近似種：台灣單帶蛺蝶（*A. cama zoroastres*）雄蝶近似本種雄蝶，但上翅表面上方的三枚白斑合而為一；白三線蝶（*A. perius*）近似本種雌蝶，但翅膀腹面完全不同，底色橙黃色；擬三線蝶（*A. opalina hirayamai*）近似本種雌蝶，但體型較小，上翅表面中室內的白色條紋分成四段。

生活史 life history

幼蟲食草：茜草科的水金京

許多蝴蝶幼蟲在食草上棲息與攝食時，會刻意變換不同的位置，這樣可避免天敵依據明顯的葉片食痕，循線找到停棲在附近的獵物。如果仔細觀察，不難發現葉片上幼蟲經常棲息的固定位置，有比別處更明顯的一層絲線，這是為了防止蟲體不慎摔落的防護措施。此外，幼蟲蛻皮長大前，總有一天左右的時間不吃不動，這時牠體下葉面上的絲線會變得更密更厚，如此有助於蟲體蛻皮時順利脫離舊皮組織。

本屬蝶卵的外觀和三線蝶屬相似，但體型稍大。本種終齡幼蟲翠綠色，體背散生稀疏但特別長的棘刺，近中央處有個大黑斑；體側下緣散生白斑。蛹體長約28mm，黃褐色，具亮眼的金屬光斑；頭部前端有向兩側外彎的尖角突，胸、腹背面有特別隆起的瘤突。

卵

終齡幼蟲（體長可達40mm）

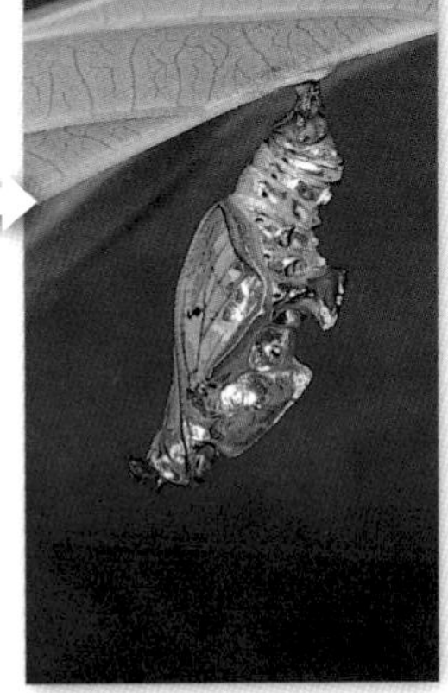

蛹（側面）

♂

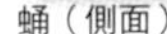

♀

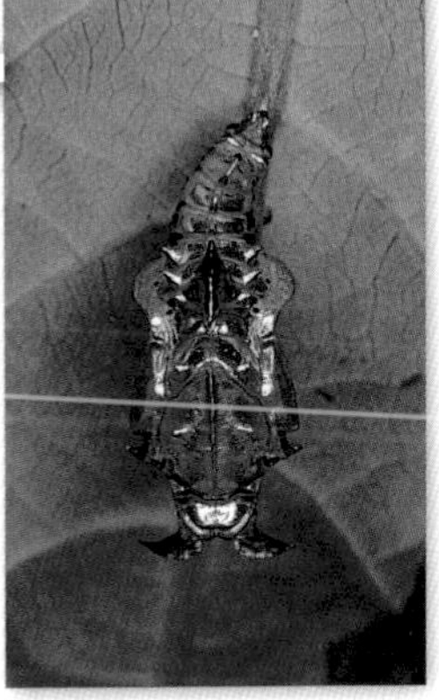

蛹（背面）

石墻蝶 | *Cyrestis thyodamas formosana*

蛺蝶科 Nympalidae　　別名：網絲蛺蝶

看看石墻蝶翅膀上的紋路，像不像地圖上錯綜複雜的公路網絡？難怪牠的台語名字就叫「地圖蝶」。或許因為停棲時的外觀，實在不怎麼像隻蝴蝶，牠總是大方地攤平翅膀；想看牠豎起翅膀的模樣，只有大熱天在地面喝水，怕被太陽灼傷了身體時才有可能。這種蝴蝶還有一項其他蛺蝶少見的習性，就是休息時愛平貼著翅膀，倒立於高大植株的葉背。可別以為這倒栽蔥的姿勢會不利於牠瞬間起飛，一旁有其他蝴蝶飛過，照樣一振翅翻過身就追了上去，只是以牠拍動一下翅膀，滑行一段距離的飛行方式，想追上其他蝶種沒那麼容易，護地盤的行為看起來倒像是在空中跳華爾滋哩。石墻蝶沒有近似種，雌雄外觀差異小。

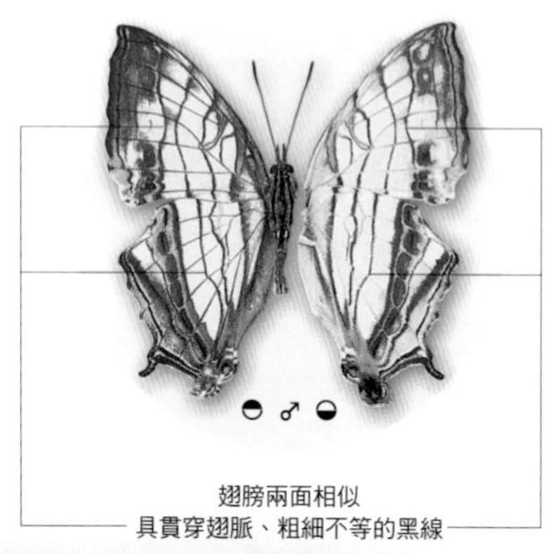

翅膀兩面相似
具貫穿翅脈、粗細不等的黑線

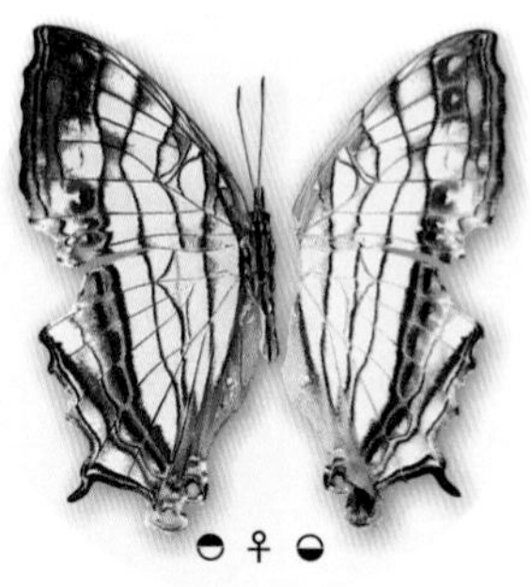

外觀與♂無明顯差異

小檔案 profile

展翅寬： 45～50mm
發生期： 幾乎全年可見
習　性： 常在山路旁、林緣訪花或地面吸食腐果、水液
分　布： 平地至中海拔山區，以低山區為主。

生活史 life history

幼蟲食草：桑科榕屬的多種植物

各地常見的榕樹是其幼蟲的主食之一，所以都市中也可見到牠飛舞滑行的身影。石墻蝶不只成蟲的外貌奇特，幼蟲的長相亦十分特殊，什麼叫「頭角崢嶸」？看看牠的長犄角就不言而喻了。而且停棲於榕樹嫩葉上的牠，常把第一對腹足抬離葉面，挺起前半身的模樣還真是氣宇軒昂。更神奇的是，不經意輕觸一下榕樹枝條間那團看似捲曲的枯葉，卻發現「它」竟然扭腰擺頭了起來，猜到答案了嗎？那團「枯葉」正是石墻蝶的蛹。

本種卵直徑約0.7mm，縱稜約11條。初齡幼蟲攝食葉片的習慣和三線蝶屬略同，但並不以切割葉片來偽裝隱蔽，而是吐絲把自己的糞粒黏在主脈上來棲身。蛹體長約30mm。

卵

終齡幼蟲（體長可達40mm）

蛹（側面）

蛹（背面）

流星蛺蝶 | *Dichorragia nesimachus formosanus*

蛺蝶科 Nympalidae

流星蛺蝶分布頗廣，但族群量不多。發現牠時，經常是在樹幹上吸食樹液，或是在地面吸食腐果、甚至「營養豐富」的垃圾水液，而且往往把左右翅夾緊豎在背上。雖然翅膀兩面的斑紋相差不大，有機會慢慢靠近牠時可要耐心地等待，因為若能等到牠偶爾攤平翅膀，靜靜停在植物葉面或地面石頭上曬太陽時，會赫然發現：狀似一片漆黑的翅表，從某些角度看去其實帶著深藍色的光澤，加上其上散生的點點白斑，宛如夜空中閃現的流星，難怪有如此詩意的名字。另外，趁著牠用餐時，別忘了注意在酷炫的藍色複眼下方，伸出了一根長長的鮮紅色口器，這也是其他蝶種少有的外觀。

本種翅膀底色藍黑，兩面斑紋相差不多，散生許多白色小碎斑，外緣附近有一列開口朝外的V字形白斑。雌雄差異不明顯。

◓ ♂ ◒

散生一些小白斑

外緣附近有V字形白斑

◓ ♀ ◒

翅形較♂稍寬圓，其餘無明顯差異

小檔案 profile

展翅寬：55～68mm

發生期：春至秋季

習　性：常吸食樹液或在山路旁、林緣地面吸食腐果、水液

分　布：低至中海拔山區

生活史 life history

幼蟲食草：清風藤科的山豬肉、筆羅子等泡花樹屬植物

若是對植物不那麼熟稔，乍聽到本種幼蟲的食草之一是「山豬肉」時，可能免不了滿腹詫異與狐疑：蝴蝶幼蟲不都「茹素」嗎？怎麼冒出個吃葷食的傢伙？其實，的確有極少數種類是肉食性的，牠們會捕食微小的介殼蟲，或偷吃螞蟻窩中的幼蟲；但本種幼蟲可是不折不扣的「素食主義者」，其食草「山豬肉」為終年常綠喬木，結果時可見滿樹狀如珊瑚珠串的纍纍紅果。

卵米黃色，直徑約1.1mm，縱稜約有18條。終齡幼蟲整體略呈綠褐色，頭頂上那對如彎牛角般的長犄角是最大特徵，無近似種。蛹褐色，體長約30mm，偽裝成枯葉狀，胸部背面的稜突發達且後彎，與腹部稜突幾乎相連，兩者間形成一個小圓洞。

卵

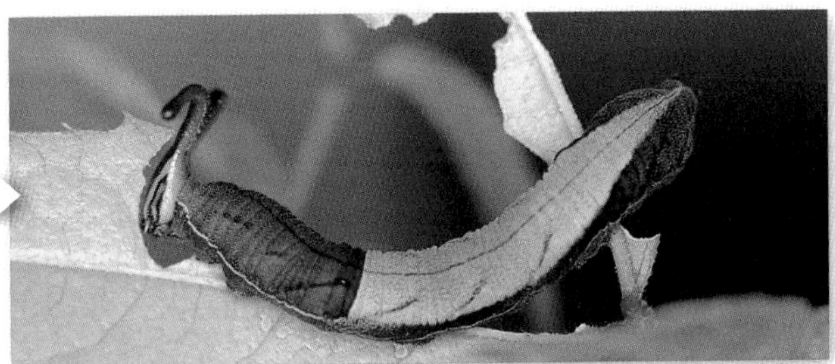

終齡幼蟲（體長可達55mm）

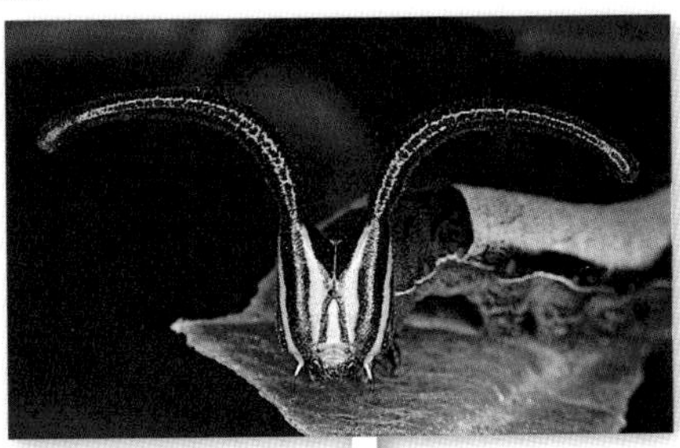

終齡幼蟲頭部特寫

蛹（側面）

豹紋蝶 *Timelaea albescens formosana*

蛺蝶科 Nympalidae　　別名：白裳貓蛺蝶

儘管一樣身披豹紋外衣，本種與豹斑蝶類的親緣關係比較遠。由於牠的體型明顯較小，因此較不易與豹斑蝶類混淆；而且牠飛行時，多採輕微振翅一、兩下後，緩緩地滑翔前進，和常連續拍翅快飛的豹斑蝶類也迥然不同。停棲下來的豹紋蝶，常把翅膀向外攤開，並不時緩慢微幅地擺動翅面，看似優雅貴婦手中輕輕搖晃的豹紋扇子。牠的食性相當雜，樹液、花蜜雖是牠的最愛，但腐果、尿水也照樣來者不拒，尤其野生植物的落果頗合牠的口味。

本種翅表底色橙色，滿布黑色斑點，形成類似花豹般的斑紋；翅膀腹面亦滿布黑斑，但底色稍淡，為橙黃色，下翅基半部另呈白底。除雌蝶翅形較雄蝶寬大外，其餘雌雄差異不明顯。

◓ ♂ ◒

橙底黑豹斑，極少數黑化個體黑斑會擴大、相連

基半部呈白底

◓ ♀ ◒

翅形較♂寬大，其餘差異少

小檔案 profile

展翅寬：45～60mm

發生期：春至秋季，以幼蟲越冬。

習　性：常吸食樹液或在山路旁、林緣訪花或於地面吸食腐果、水液

分　布：低至中海拔山區，以低山區為主。

生活史 life history

幼蟲食草：榆科的石朴（台灣朴樹）、朴樹等多種同屬植物

幼蟲食草都屬高大的喬木，不過，雌蝶偏好的產卵位置，不是大樹樹梢的新葉上，而是高度在一、二公尺以內之低矮樹苗的嫩葉葉背。因此，找到林緣伸手可及的小苗木，很容易在其嫩葉葉背發現本種的卵或幼蟲。

卵呈米黃色，大約產下一日後，會出現許多橙色小圓點，這是顯示受精成功的受精斑。秋末，三齡幼蟲停止進食，在食草的葉背吐下厚厚的絲線，然後蟄伏於絲座中休眠過冬，隔年春天才繼續攝食成長。終齡幼蟲翠綠色，最大特徵是頭部有一對略似狼牙棒狀的犄角。蛹淡綠色，體長約25mm，外觀偽裝成樹葉狀，體背中央有疏鋸齒狀的縱稜，於胸腹交界處明顯凹陷。

剛產下的卵

具橙色受精斑的卵

終齡幼蟲（體長可達35mm）

蛹（側面）

蛺蝶類

台灣小紫蛺蝶 | *Chitoria chrysolora*

蛺蝶科 Nympalidae　　別名：金鎧蛺蝶

雖然台灣小紫蛺蝶也習慣以拍翅與滑翔交替的方式飛行，但反應與速度超快，雄蝶又有強烈的領域行為，常盤據在樹梢站崗，對所有過往「飛行物」，幾乎一律起身追趕，因此曾有驅趕捕蟲網的誇張紀錄。樹液與腐果是牠最喜愛的食物。

本種雌雄外觀大異其趣，雄蝶展翅表面底色橙色，上下翅皆具一枚較明顯的黑點；翅膀腹面橙黃色，黑點位置與表面相同，但下翅黑點呈眼紋狀；下翅中央有一條顏色稍深的縱向細紋，細紋在前緣處向外彎曲。雌蝶翅表底色黑褐色，中央有段縱向的寬白帶；翅膀腹面為具微弱光澤的黃褐色，白帶內緣也有深色細線。

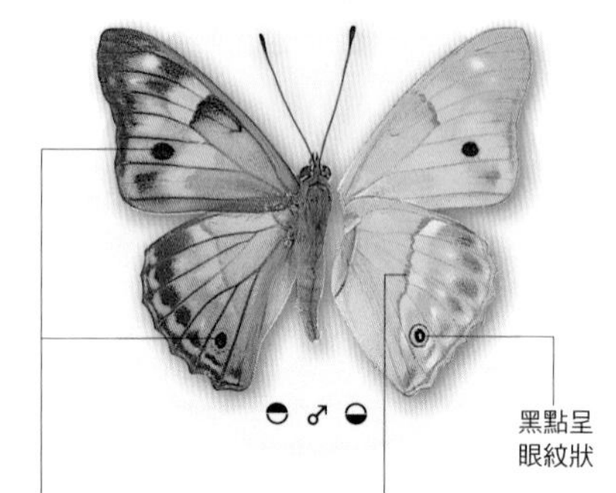

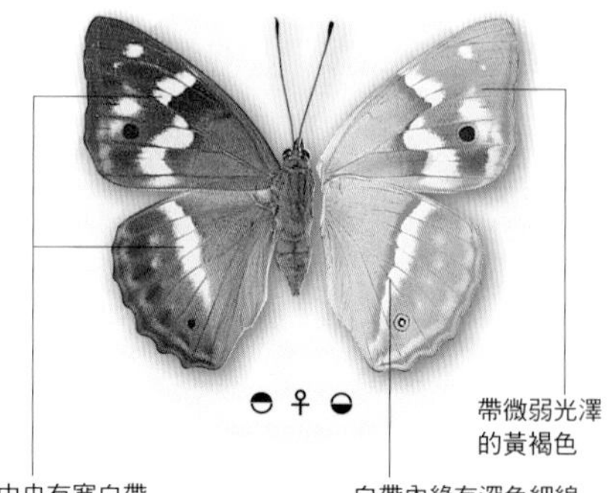

小檔案 profile

展翅寬： 55～65mm
發生期： 春至秋季
習　性： 常吸食樹液或在山路旁、林緣地面吸食腐果、水液
分　布： 低至中海拔山區，以低山區為主。
近似種： 蓬萊小紫蛺蝶（*C. ulupi arakii*）下翅腹面黑點較小，不呈眼紋狀。

蓬萊小紫蛺蝶♂◒

生活史 life history

幼蟲食草：榆科的石朴、朴樹等

本種雌蝶產卵時，習慣停在食草植物的老葉葉背，一次將數十個卵粒集中產下。剛孵化的幼蟲會立即吐絲黏在身前的葉背表面，以方便攀附爬行；後續孵化的幼蟲則利用先孵化的兄姊所吐的「絲路」爬行，並且也吐下一些絲線。於是這些幼蟲最後會擠成一堆，集體休息或覓食；假如牠們要從棲止的葉背爬到另一片樹葉去進食，只要循著固定的絲路魚貫而行，就不用一直花時間吐絲。隨著逐齡蛻皮長大，一個葉片能棲身的蟲口數會遞減，群聚的現象也就慢慢消失。

終齡幼蟲黃綠色，體背具兩道黃色縱線，中央有黃色疣突，頭部具一對前端二叉的犄角。蛹偽裝成樹葉狀，體長約32mm。

卵

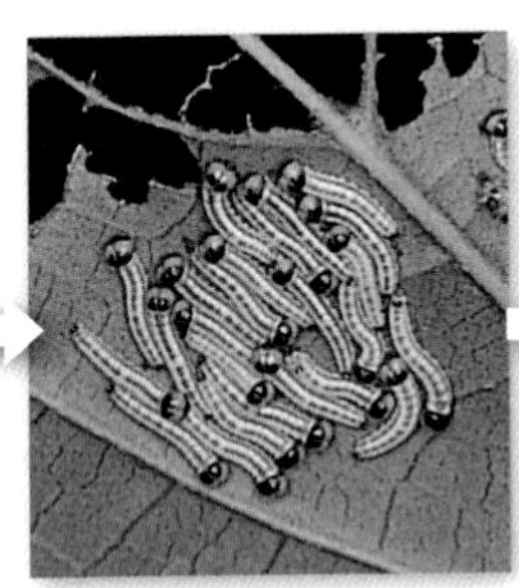
成群的一齡幼蟲

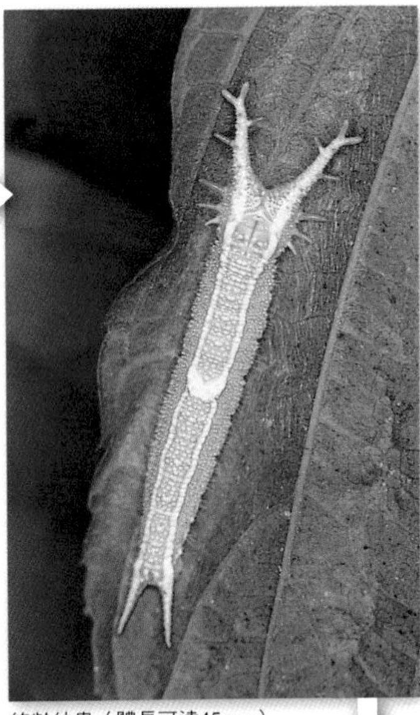
終齡幼蟲（體長可達45mm）

蛹（側面）

♀

紅星斑蛺蝶

Hestina assimilis formosana
蛺蝶科 Nympalidae　別名：紅斑脈蛺蝶

分類上，本種和前兩種蝴蝶雖不同屬，但仍然是同一個亞科的近親，牠們的幼蟲食草都相同。以成蟲的棲息、覓食行為來說，本種和台灣小紫蛺蝶大同小異。除了嗜食樹液、腐果外，本種還會以其鮮黃色的口器吸食動物的糞便。有機會在牠與台灣小紫蛺蝶棲息的環境中，發現滲流出汁液的破皮樹幹時，不妨在一旁靜待觀察牠們覓食的過程：通常牠們會在樹幹四周繞圈，接著就停在食物附近，藉著觸角的擺動，用靈敏的嗅覺確認食物的方向，然後以步行的方式靠過去用餐。

本種翅膀兩面的外觀幾乎相同，雌、雄蝶也幾無差異。上翅的黑底中散布許多白斑；下翅亦為黑底白斑，且除外緣與亞外緣外，呈白色條紋，四枚鮮明的紅斑為其最大特徵。

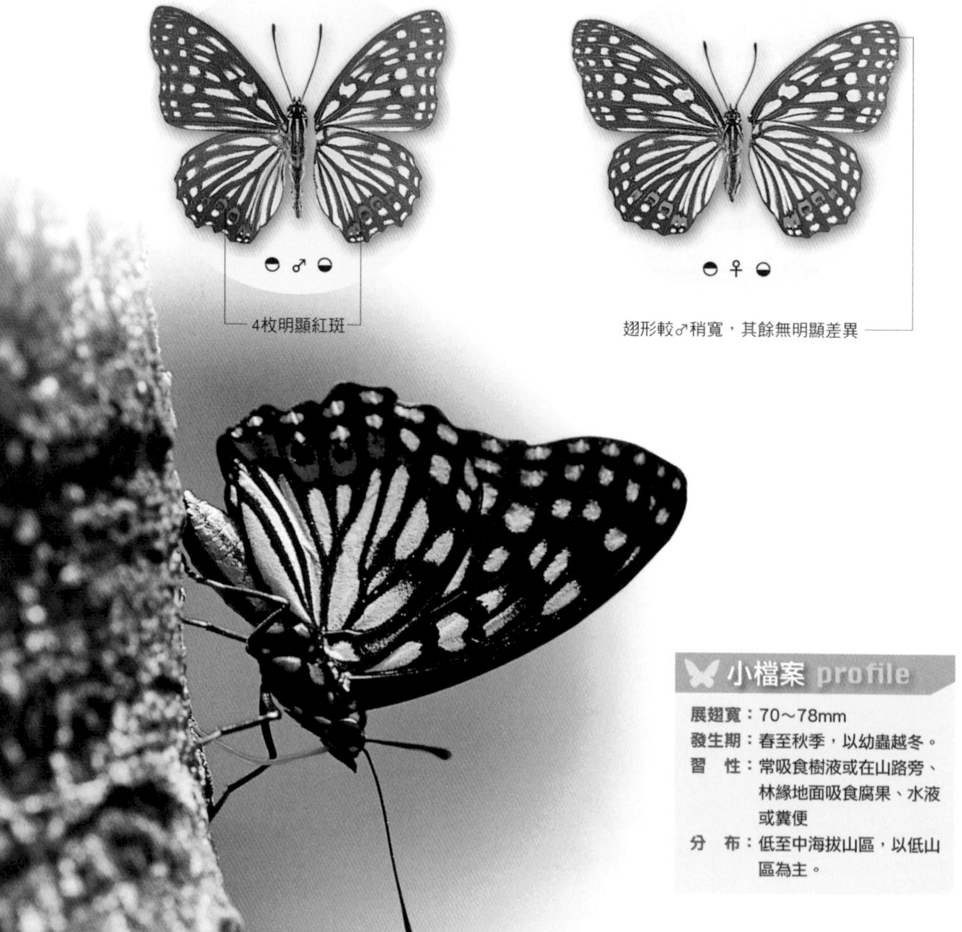

小檔案 profile

展翅寬：70～78mm
發生期：春至秋季，以幼蟲越冬。
習　性：常吸食樹液或在山路旁、林緣地面吸食腐果、水液或糞便
分　布：低至中海拔山區，以低山區為主。

生活史 life history

幼蟲食草：榆科的石朴、朴樹等

本種與台灣小紫蛺蝶的雌蝶習慣產卵在較高的位置，想於食草樹叢間找尋牠們的卵或幼蟲，不如豹紋蝶來得方便。台灣小紫蛺蝶的卵和幼蟲都出現在葉背，而且數量不少，即使眼力不佳，使用望遠鏡還算不太難找；可是本種雌蝶通常產單枚卵在葉面，幼蟲也停棲在葉面，想看到牠們就需要一點運氣與技巧：首先搜尋嫩葉上的食痕，接著在附近藉助葉背的陽光透射，看看能否找到毛蟲的黑影，這樣機會可能大一些。

卵綠色，直徑約1.3mm，縱稜約20條。終齡幼蟲綠色，體背具一大三小的四對三角形黃色疣突，頭部有對具短分叉的長犄角。蛹粉綠色，體長約35mm，外形略似豹紋蝶（P.153），但體背中央的縱稜鋸齒緣微小，且胸腹間無明顯凹陷。

卵

終齡幼蟲（體長可達50mm）

蛹（側面）

環紋蝶 | *Stichophthalma howqua formosana*

蛺蝶科 Nympalidae　　別名：箭環蝶

這種體型超大的蝴蝶，在以往的分類系統中屬於獨自一個「環紋蝶科」，如今被編入蛺蝶科中的一個亞科。由於翅膀面積碩大，飛行的速度較緩慢，平時多以波浪狀的路徑慢速連續拍翅飛行。牠擁有十分驚人的靈敏嗅覺，一堆香氣撲鼻的鳳梨腐果，可以讓遠在一、兩公里外的饕客，不偏不倚地循味直達佳餚所在。環紋蝶平日雖然顯得輕緩悠哉，一旦受到驚嚇，則以筆直的飛行路線，迅速竄入森林深處；此時才驚覺這位大個頭的慢郎中，其實身手如此敏捷。

本種外觀亮眼而迷人，翅表底色橙黃，各翅外緣有似魯凱族及排灣族百步蛇圖騰狀的黑斑。翅膀腹面亞外緣有一列五枚大眼紋；雌蝶眼紋內側有較雄蝶明顯的黑褐色斑紋。

小檔案 profile

展翅寬：80～110 mm
發生期：主要於5～7月
習　性：常在山路旁、樹林中覓食樹液、腐果
分　布：低至中海拔山區

生活史 life history

幼蟲食草：禾本科的桂竹、芒草與棕櫚科的山棕、黃藤等

本種一年一個世代，成蟲主要出現於五至七月，八至十月雖也零星見得到，但都是壽命較長、苟延殘生的老舊個體，而且幾乎都是雌蝶。

雌蝶產卵時，習慣將數十枚卵粒集中、整齊地產下；卵粒淡黃褐色，光滑近球形，直徑約1.7mm。初幾齡的幼蟲也擠在一塊，集體進食或休息，隨著體型逐齡增大後，才慢慢分散各自活動。終齡幼蟲黃綠色，體表具深淺相間的細縱紋；全身滿覆白色的長細毛，使其長相實在不太像蝴蝶寶寶，倒像一般有毒的蛾類幼蟲，事實上用手觸摸並不易起過敏反應。蛹翠綠色，體長約35mm，頭部有小尖角突，體背中央有微幅橫稜。

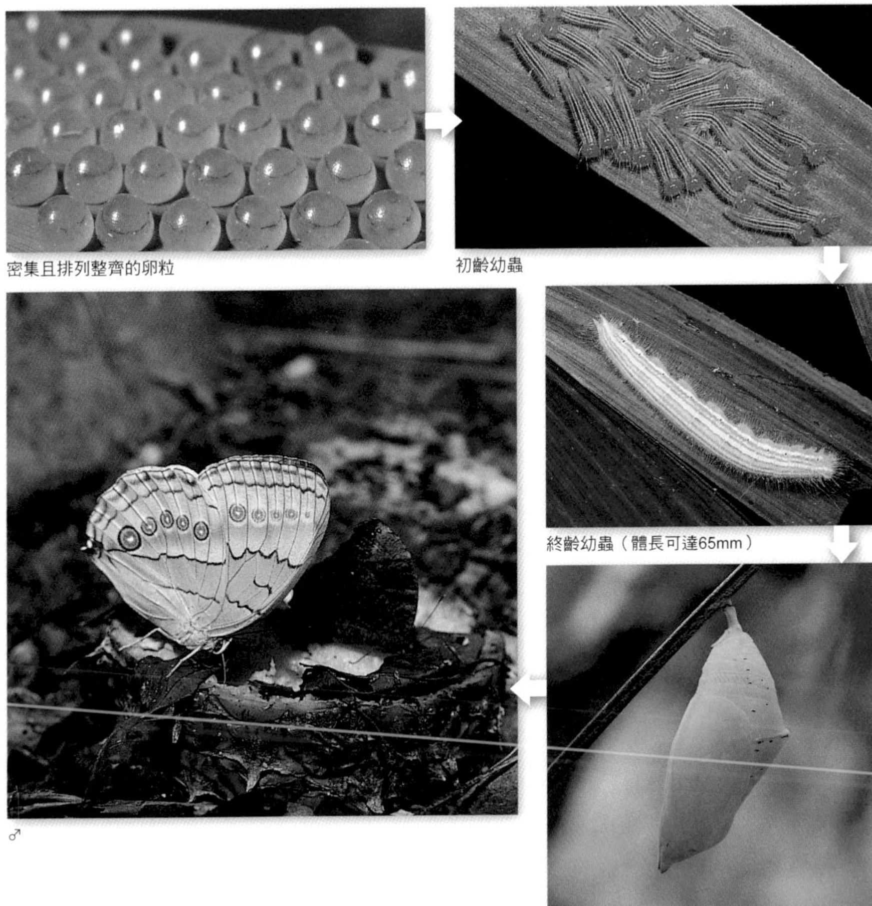

密集且排列整齊的卵粒

初齡幼蟲

終齡幼蟲（體長可達65mm）

蛹（側面）

♂

小波紋蛇目蝶 | *Ypthima baldus zodina*

蛺蝶科 Nympalidae　　別名：小波眼蝶

以往統稱的蛇目蝶與蔭蝶隸屬於獨立的蛇目蝶科，如今根據新的分類系統，編入蛺蝶科下的蛇目蝶亞科。台灣共有十二種波紋蛇目蝶，是各地山路旁最常見卻不起眼的一類中小型蝴蝶，有陽光又半遮蔭的林緣草叢，是牠們最活躍的棲息環境。本種是同屬常見種中體型最小的一員，遍地開花卻不怎麼惹人喜歡的大花咸豐草是牠最鍾愛的蜜源植物，而牠也唯有站在黃心白瓣的花朵上忘情嚐蜜時，最能吸引賞蝶人的目光。

本屬（*Ypthima*）蝴蝶的共同特徵是，翅膀腹面為白色與褐色細小碎斑所形成略似波浪狀的花紋，各翅則有大小、多寡不一的眼紋。眼紋的數目、大小及排列的方式，是種類鑑別的重要依據。本種上翅眼紋一枚。下翅表面有二枚較明顯的眼紋；腹面眼紋五枚，第五枚有兩枚小眼紋併生。冬型個體下翅腹面眼紋退化或消失。雌蝶上翅眼紋稍大於雄蝶。

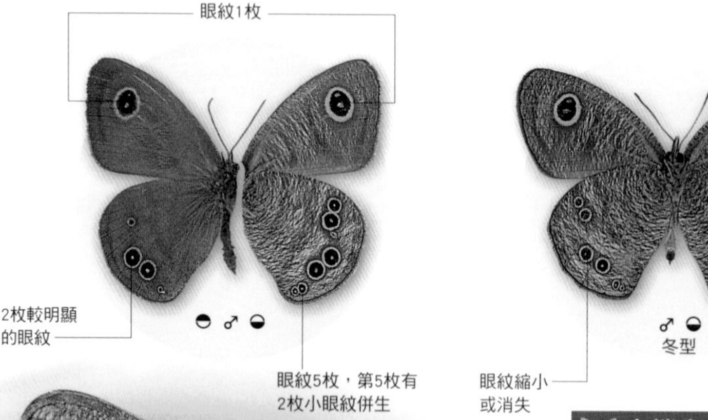

眼紋1枚

2枚較明顯的眼紋

◓ ♂ ◒

眼紋5枚，第5枚有2枚小眼紋併生

♂ ◒ 冬型

眼紋縮小或消失

小檔案 profile

展翅寬：30～35mm

發生期：全年可見

習　性：常在荒地、山路旁、林緣訪花，偶爾會吸食腐果、水液。

分　布：平地至中海拔山區

近似種：大波紋蛇目蝶（P.162）體型明顯較大

冬型個體

生活史 life history

幼蟲食草：兩耳草、柳葉箬、颱風草等多種禾本科雜草

波紋蛇目蝶生活史最特殊的是，同屬各近親間由於種類不同，而有一年一世代或是一年多世代的差異。一年一世代的幼蟲期很長，一生可多達七齡；本書介紹的都是一年多世代的常見種，幼蟲期較短，一生只有四齡。

本種卵呈淡粉綠色，近球形，表面略具凹刻。終齡幼蟲有綠色與褐色兩型，頭部有極不明顯的角突，尾端有一對燕尾狀的錐形尖肉突；體表隱約可見深色斑紋，近尾端處有較明顯的深色縱紋。蛹也有綠色、褐色兩型，體長約15mm，頭部前端有極短的角突，腹部背面有較明顯的一長兩短三道微幅的波狀橫稜。

卵

褐色型終齡幼蟲（4齡可達20mm）

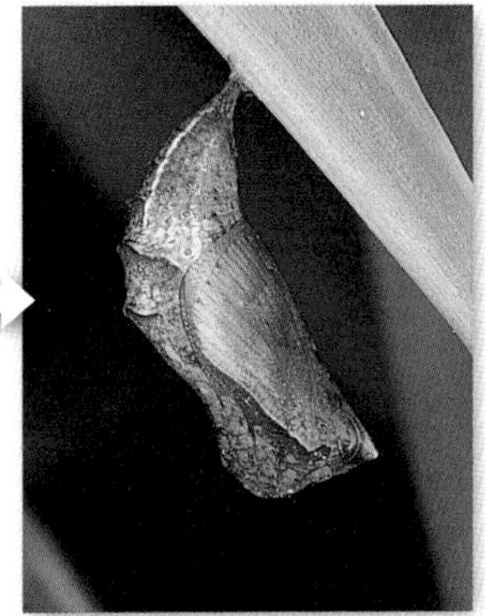

褐色型蛹（側面）

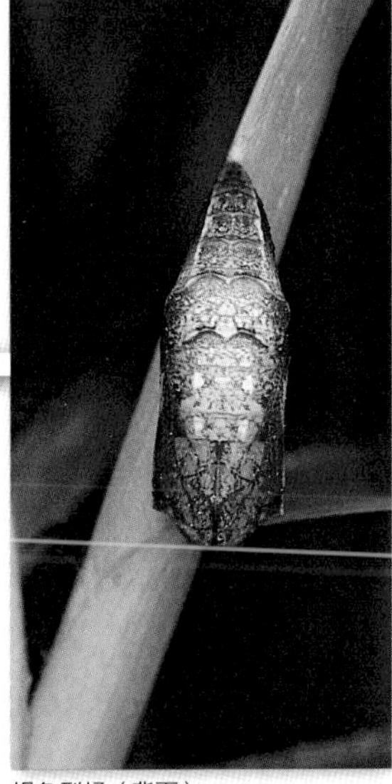

褐色型蛹（背面）

大波紋蛇目蝶

Ypthima formosana
蛺蝶科 Nympalidae　　別名：寶島波眼蝶

波紋蛇目蝶的飛行速度都很緩慢，平時習慣在離地不遠的高度，沿山路邊坡，以波浪形飄動的方式前行。蜜源花叢附近，很容易看到牠們起起落落的身影；在樹林旁，也不難見著牠們有時夾起翅膀休息，有時展翅做日光浴。大波紋蛇目蝶是台灣的常見特有種蝴蝶，低海拔山區非常普遍；其夾起翅膀的模樣酷似前種小波紋蛇目蝶，但從體型大小差異來看，應不致誤判。

本種雄蝶展翅表面上翅有一枚眼紋，下翅明顯的眼紋有兩枚，部分個體另有一至二枚不明顯的眼紋；翅膀腹面眼紋情形和前種相同，但冬季個體眼紋仍清晰可見。雌蝶翅膀表面上翅眼紋較雄蝶大，下翅則呈五枚眼紋。

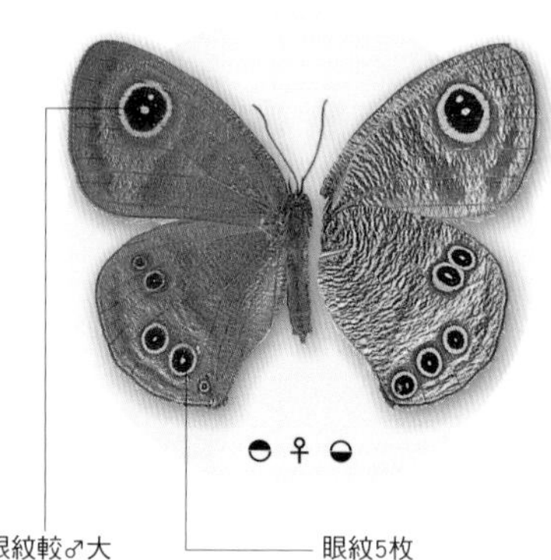

小檔案 profile

展翅寬：45～50mm
發生期：幾乎全年可見
習　性：常在荒地、山路旁、林緣訪花，偶爾會吸食腐果、水液。
分　布：平地至中海拔山區，以低山區為主。
近似種：小波紋蛇目蝶（P.160）體型明顯較小

生活史 life history

幼蟲食草：芒草、兩耳草、柳葉箬等多種禾本科雜草

由於本屬各種波紋蛇目蝶的幼蟲食草，多為禾本科的雜草，想在野外草叢找到牠們的幼蟲，機會並不大，反倒是無意間踩死牠們的機率還高一些。有興趣飼養觀察其生活史過程，不妨多花一些時間跟蹤雌蝶，等牠在草叢間停下身子，彎起腹部產下一枚卵時，立即趨前小心將卵採集下來；或者將雌蝶採集回家套網產卵。

本種卵近白色，凹刻極不明顯且微小。終齡幼蟲也有綠色與褐色兩型，但以褐色型較多見；頭部前端有一對尖棘突，尾端也有燕尾狀肉突；體背中央與體側下緣有顏色稍深的縱帶。蛹也有綠色與褐色兩型，綠色者罕見；體長約20mm，腹部背面僅有一道橫稜。

卵

褐色型終齡幼蟲（4齡可達26mm）

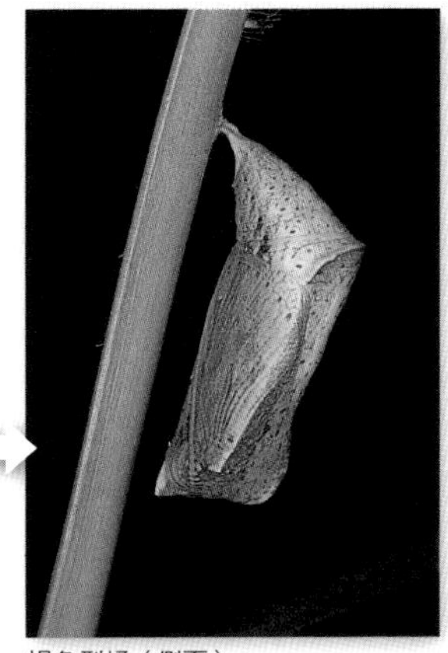

褐色型蛹（側面）

♂

褐色型蛹（背面）

台灣波紋蛇目蝶

Ypthima multistriata

蛺蝶科 Nympalidae　　別名：密紋波眼蝶

在低海拔地區，本種是同屬中分布範圍最廣、也最常見的一種波紋蛇目蝶，除了山路旁能見到牠四處緩飛、訪花的身影外，同種的兩隻雄蝶一旦在行進間狹路相逢，總會在低空相互近身纏繞、追逐，雖然這是示警爭鬥的反應，可是牠們不疾不徐的輕快舞姿，常被誤認為是一雙情投意合的蝶侶；經過短暫而未見勝負的纏鬥後，彼此才相安無事地各自紛飛。

雄蝶展翅表面上翅無眼紋（少數個體有一枚不太明顯的眼紋），下翅有一枚眼紋；上翅腹面有枚大型眼紋，下翅的三枚眼紋以前緣第一枚最大。雌蝶上翅表面有枚大而明顯的眼紋。

小檔案 profile

展翅寬：35～40mm

發生期：幾乎全年可見

習　性：常在荒地、山路旁、林緣訪花，偶爾會吸食腐果、水液。

分　布：平地至低海拔山區

近似種：江崎波紋蛇目蝶（*Y. esakii*）下翅腹面第二枚眼紋最大，台灣小波紋蛇目蝶（*Y. akragas*）下翅腹面第一眼紋外側至第二眼紋內側有白斑。

生活史 life history

幼蟲食草：兩耳草、柳葉箬、颱風草等多種禾本科雜草

本屬雌蝶都很容易以人工套網採卵，而且不需種植特定食草，只要在自家附近拔一些禾本科的小雜草放進大塑膠袋中，經餵飽的成熟雌蝶都會在袋子中產下不少卵粒。幼蟲的飼養問題也很少，一般路旁雜草、安全島或草坪人工植草，凡是禾本科者，幾乎皆可用來投餌餵食，只需經常清理飼養容器內的糞便即可。

本種卵綠色，表面滿布微小凹刻。終齡幼蟲有綠色、褐色兩型，以綠色較常見；身上無明顯斑紋，頭部角突極不明顯，尾端有一對短小的肉質角突。蛹亦有綠色、褐色兩型，且均很常見，體長約17mm，腹部背面有一長一短兩道微幅的波狀橫稜。

卵

綠色型終齡幼蟲（4齡可達23mm）

褐色型蛹（側面）

褐色型蛹（背面）

交配

綠色型蛹（側面）

白條蔭蝶

Lethe europa pavida
蛺蝶科 Nympalidae　　別名：長紋黛眼蝶

本屬（*Lethe*）各種蔭蝶，在台灣從平地到高山，共有十一種。牠們共同的外觀特徵：體型中型，翅膀底色為褐色系的保護色，翅膀腹面亞外緣有大小、數量不一的眼紋。這類蔭蝶是蛇目蝶亞科中行動、反應最敏捷的一支，平時習慣生活在樹林中，無論在樹幹上覓食或停棲在地面落葉堆中，其外觀體色都具有良好的隱蔽效果。除了陰天或晴朗日子的晨昏時刻，甚少出現在空曠或光線較明亮的場所，因此和蛇目蝶亞科中其他習性相似的種類，共同擁有「蔭蝶」這樣的名號。

本種雄蝶翅表褐色，無特別明顯斑紋；翅膀腹面上翅眼紋內側至前緣間有一小段白色斜紋，下翅眼紋中有許多微小的白點。雌蝶上翅中央兩面均有寬大的白色斜帶。

小檔案 profile

展翅寬：55～65mm
發生期：春至秋季
習　性：常在山路旁、林間吸食樹液、腐果、糞便或水液
分　布：平地至低海拔山區
近似種：波紋白條蔭蝶（P.168）翅膀腹面眼紋與翅基間有多條白色波狀紋

生活史 life history

幼蟲食草：禾本科的綠竹、桂竹等多種竹子

由於幼蟲食草的關係，白條蔭蝶經常活躍於各類竹林中，因此在平地鄉間的竹園也有穩定的分布。雌蝶習慣倒立在竹葉下，產單粒卵於葉背，然後起身尋找下一次的產卵位置。幼蟲也棲息在竹葉葉背，由於外形和體色都與竹葉相仿，平時很難發現牠的行蹤；想在現場找尋幼蟲，了解其攝食習慣會略有幫助：牠多從竹葉尖端漸次向葉基啃食，等葉片短於體長後，常變換棲息與攝食的葉片，所以看到竹葉叢有許多半截的葉片時，較有機會在附近找到牠。

終齡幼蟲綠色，頭部有一對併攏的橙色尖棘角，尾端二合一的尾突尖銳細長，體背有不明顯的黃色細縱線，部分個體有成對縱列的橙色斑。蛹綠色，體長約25mm，翅緣有一條米白色細紋。

卵

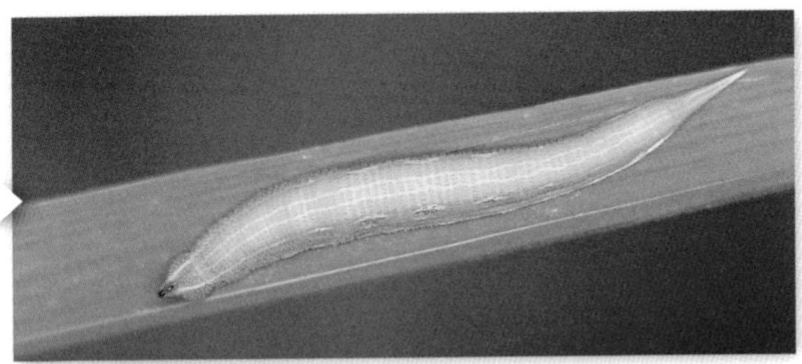

終齡幼蟲（體長可達50mm）

終齡幼蟲

蛹（側面）

♂

波紋白條蔭蝶

Lethe rohria daemoniaca

蛺蝶科 Nympalidae　　別名：波紋黛眼蝶

大多數的「蔭蝶」不喜在明亮開闊的環境出沒，連天冷的時候，都還待在樹林中，就近找陽光照射得到的地方曬太陽；而且就算為了暖身而進行日光浴，也幾乎不會大方攤開翅膀，接受陽光的洗禮。所以牠們的翅膀表面多沒有特別顯眼的花紋，這與活躍於陽光下的蝴蝶剛好相反。

本種和前種白條蔭蝶是同一屬中親緣關係最近的兄弟檔，外觀相當近似，下翅腹面眼紋中也有許多微小白點，最容易區分的特徵是本種翅膀腹面，眼紋與翅基間有數條白色波狀紋；前種則只有一條細縱線。雌雄蝶的差異也和白條蔭蝶相同。

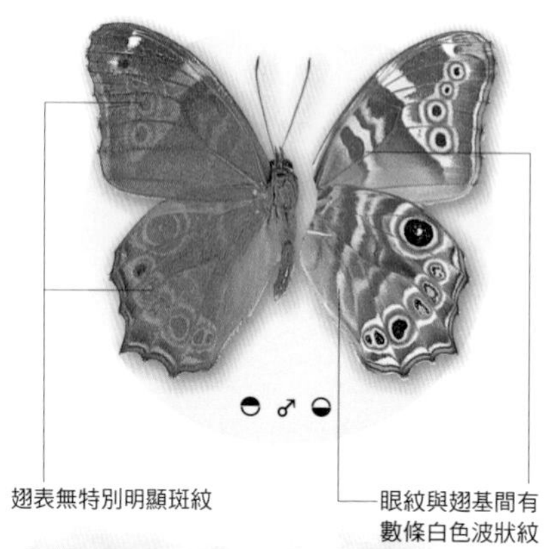

翅表無特別明顯斑紋

眼紋與翅基間有數條白色波狀紋

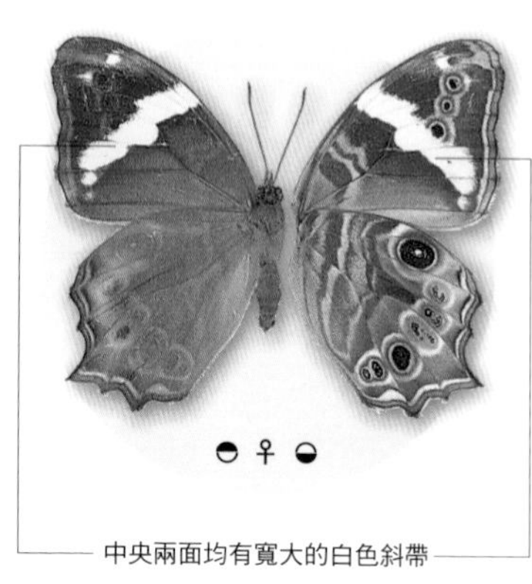

中央兩面均有寬大的白色斜帶

♂

小檔案 profile

展翅寬：52～62mm
發生期：春至秋季
習　性：常在山路旁、林間吸食樹液、腐果、糞便或水液
分　布：主要在低海拔山區
近似種：白條蔭蝶（P.166）翅膀腹面眼紋與翅基間只有一條白色細縱線

生活史 life history

幼蟲食草：禾本科的綠竹、桂竹等多種竹子與芒草

本種幼蟲的食草植物，也包括禾本科竹亞科中的多種竹子。此外，雌蝶曾有多次黃昏時產卵於芒草的觀察紀錄，孵化後的幼蟲用芒草葉餵食，同樣能成長、茁壯，由此推論芒草可能也是其近親白條蔭蝶幼蟲可以吃食的植物。

雌蝶的產卵習性和前種雷同，兩者的卵都是綠色，光亮球形，直徑約1.4mm。幼蟲也大同小異，本種終齡幼蟲頭尾的尖突比較細長，體背有兩對比較明顯的黃色縱線，外側縱線上有小黃點，但不具有橙色斑；這兩種幼蟲都習慣在食草葉背懸垂化蛹。本種蛹體長約24mm，外觀和前種幾乎相同，不明顯的差異是其翅緣的米白色細紋更纖細。

卵

終齡幼蟲（體長可達50mm）

剛羽化的♀

蛹（側面）

雌褐蔭蝶

Lethe chandica ratnacri

蛺蝶科 Nympalidae　　別名：曲紋黛眼蝶

特別喜好樹林環境的各類蔭蝶，不僅不會跑到烈日下訪花吸蜜，即使是長在遮蔭處的野花蜜源，也無法吸引牠們駐足光顧。蔭蝶活動與繁殖後代所需的能量與營養，皆取材於森林，而樹幹滲流的汁液與掉落地面的腐熟果實便是牠們的主食。另外，小動物的糞便也是不可多得的美味大餐；一些惡臭撲鼻的人畜「黃金」，對牠們而言卻是再可口不過的美食，喜歡以攝影留下紀錄的蝶友，恐怕得練就暫時停止呼吸的神功。

本種雄蝶翅膀表面為單純的深黑褐色；翅膀腹面底色棕褐色，上翅端部區紫白色，並帶微弱光澤，下翅眼紋六枚，第一枚最大且中央只有一個白點，眼紋與翅基間有兩條深棕色波紋。雌蝶翅表底色棕褐色，上翅兩面均有一段白色斜紋。

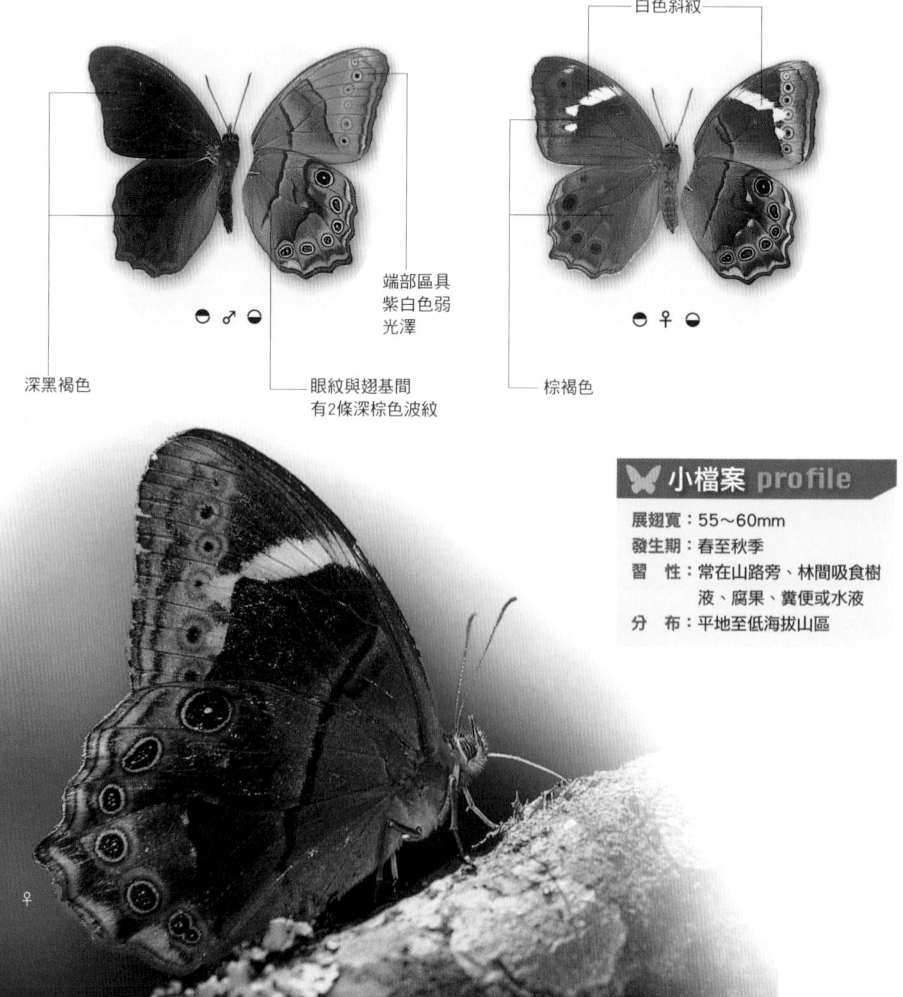

小檔案 profile

展翅寬：55～60mm
發生期：春至秋季
習　性：常在山路旁、林間吸食樹液、腐果、糞便或水液
分　布：平地至低海拔山區

生活史 life history

幼蟲食草：禾本科的綠竹、桂竹等多種竹子

大部分蝴蝶的幼蟲，各齡期外觀都有或多或少的差異，若從頭到尾進行飼養觀察，應不難目睹牠們蛻皮長大的變化過程。然而有少數種類，連同一齡期幼蟲的體色、斑紋，也會因個體不同，而有不同程度的差異。

本種就是一個實例：卵呈略透明的淺綠色，終齡幼蟲的外觀個體差異明顯，共同特徵為頭部有一對呈Ｖ字形外叉的尖細長棘角，尾端有二合一的尖尾突；綠色底的體背中央有多寡、形狀不一的紅色縱紋，紅紋外側均有黃邊。蛹體長約23mm，有綠色與褐色兩型，具黑褐色小碎斑，頭部有短角突。

卵

終齡幼蟲（體長可達50mm）

♂

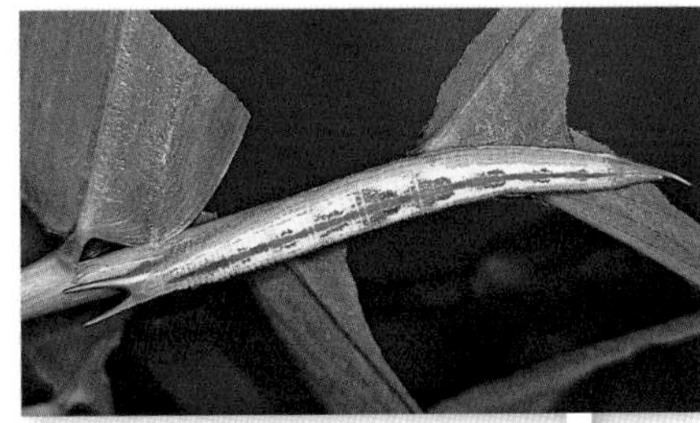
終齡幼蟲

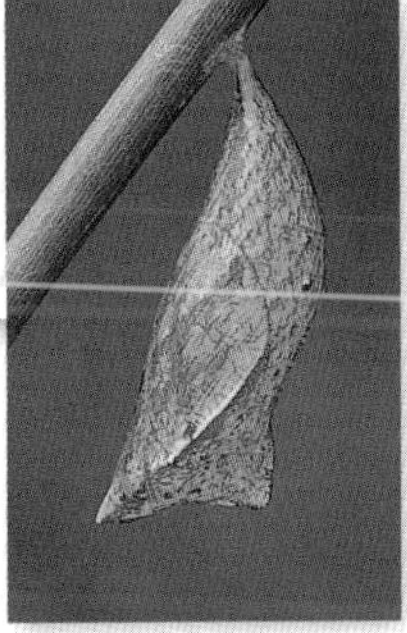
褐色型蛹（側面）

綠色型蛹（背面）

永澤黃斑蔭蝶

Neope muirheadi nagasawae

蛺蝶科 Nympalidae　　別名：褐翅蔭眼蝶

蛇目蝶亞科中有「蔭蝶」之名者，體型普遍比被稱為「蛇目蝶」者來得大，而且飛行速度較快，也較堅守不訪花、不常離開森林環境的原則。永澤黃斑蔭蝶的覓食習慣，與前三種蔭蝶一樣，皆擁有非常靈敏的嗅覺，一聞到樹液、腐果或糞便的氣味，十之八九都能順利直抵食物旁。牠們伸出口器大啖美味時還有一個有趣的現象：常短暫而迅速地擺動觸角，並微幅拍動翅膀或小步行走、變換身體的方向，看似要把食物的精華一口氣吸個精光。

本種雄蝶翅表褐色，有暗色小圓斑；翅膀腹面呈深褐色，眼紋與翅基間有雜亂的波狀紋，下翅眼紋八枚，最末二枚相連。雌蝶眼紋較雄蝶大，翅膀腹面眼紋內側有明顯的米白色細縱帶。

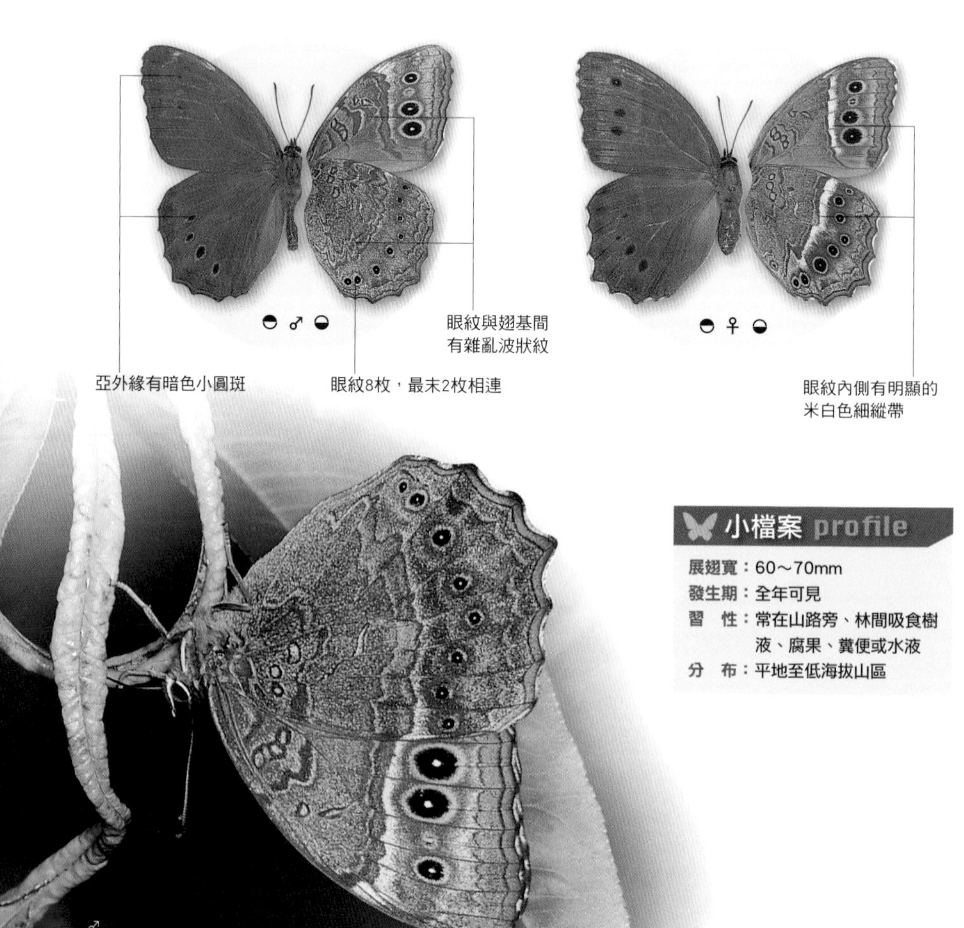

小檔案 profile

展翅寬：60～70mm
發生期：全年可見
習　性：常在山路旁、林間吸食樹液、腐果、糞便或水液
分　布：平地至低海拔山區

生活史 life history

幼蟲食草：禾本科的綠竹、桂竹等多種竹子

本種的幼蟲食草，雖然和前三種蔭蝶相同，但分類上隸屬於另一個屬，生活史的生態也大異其趣。雌蝶一次會將數十枚卵粒集中產附在食草葉背，卵直徑約1.4mm，呈米白色。幼蟲孵化後，群棲群食的情形相當明顯，甚至到終齡幼蟲仍會數隻擠在一起活動；群棲的幼蟲因為擠在一起，附近葉面上會有一層比較明顯的絲座，偶爾還有幼蟲吐絲將鄰近葉片連結，形成一個半隱蔽的簡單棲所。

終齡幼蟲褐色，體背中央有不明顯的黑褐色細縱線，兩旁各有一條不明顯的黃褐色細縱線。蛹褐色，外形肥大粗胖，常集結於地表的落葉堆或雜物空隙中；蛺蝶科其他成員的垂蛹下方必須有羽化的展翅空間，本種羽化時則先爬出藏身的小空間，再攀高到合適的地方，讓翅膀向下伸展定型。

卵

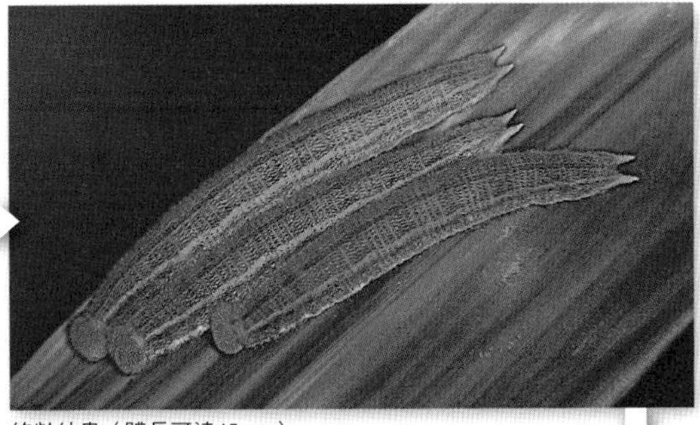

終齡幼蟲（體長可達45mm）

♂

蛹（側面）

小蛇目蝶 | *Mycalesis francisca formosana*

蛺蝶科 Nympalidae　　別名：眉眼蝶

本屬（*Mycalesis*）蝴蝶在台灣共七種，成員雖不算多，但由於大部分是全年可見成蟲的普通種，加上隨季節氣溫變化，成蟲外觀明顯不同，所以戶外觀察牠們時，區區幾種就能讓人頭昏腦脹。小蛇目蝶在同屬中海拔分布最廣，2,000公尺以下山區都很常見。與其他近緣種相比，牠最愛吸食動物死屍與糞便；在車輛往來頻繁的山路地面，遭車禍身亡的小蛇、青蛙屍體上，常看得到牠與成群蒼蠅聚集會餐。

本種特徵：上翅表面二枚眼紋；下翅腹面眼紋七枚，第五枚特大，四～六枚中心白點呈一直線排列；翅膀腹面眼紋內側的縱帶，呈白色或淡紫白色。秋、冬季個體眼紋有程度不一的退化、消失。雄蝶上翅表面下緣附近有橫毛狀性斑。

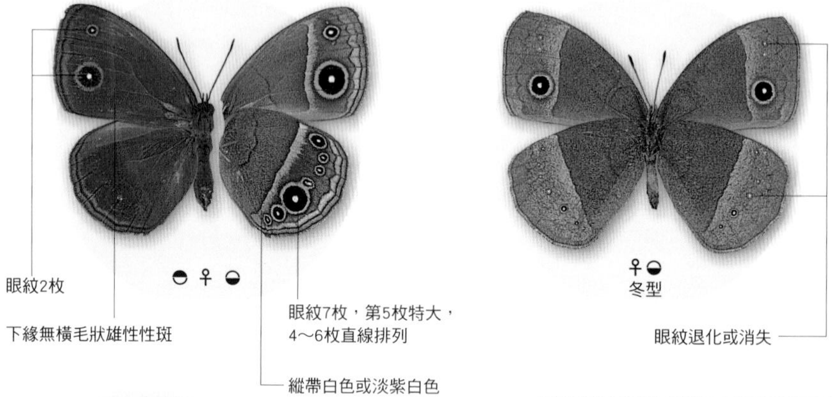

眼紋2枚

下緣無橫毛狀雄性性斑

◓ ♀ ◒

眼紋7枚，第5枚特大，4～6枚直線排列

縱帶白色或淡紫白色

♀◒
冬型

眼紋退化或消失

♂

小檔案 profile

展翅寬：45～50mm
發生期：全年可見
習　性：常於山路、林緣地面吸食腐果、動物糞便、死屍及水液
分　布：低至中海拔山區
近似種：單環蝶（*M. sangaica mara*）上翅表面只有一枚眼紋

單環蝶．夏型♂

生活史 life history

幼蟲食草：禾本科的颱風草等多種小雜草

蝴蝶幼蟲都會吐絲，牠們化蛹時全賴吐絲來固定身體，而各齡幼蟲休眠蛻皮前，也會吐出一些絲黏在葉片上，讓舊表皮的偽足抓緊，方便自己鑽出舊皮外。至於平日棲息活動，吐絲的情況各不相同：以喬木為食草的種類，常藉吐絲來讓偽足抓緊，確保自身不會失足摔死；吃食低矮草本植物的幼蟲，因無此顧慮，就不常隨處吐絲。以本種幼蟲為例，牠通常棲息在離地不超過30公分高之處，萬一掉落草叢，可安然無恙地爬回食草上，所以沒有隨處爬隨處吐絲的習慣。

卵米黃色，直徑近1mm。終齡幼蟲多為褐色，頭部具外張的短棘角，尾端有形狀相似的肉突，體背有發達的深色波狀縱紋。蛹有綠色與褐色兩型，體長約15mm，外形粗胖，胸部背面圓形隆起。

即將孵化的卵

褐色型終齡幼蟲（體長可達27mm）

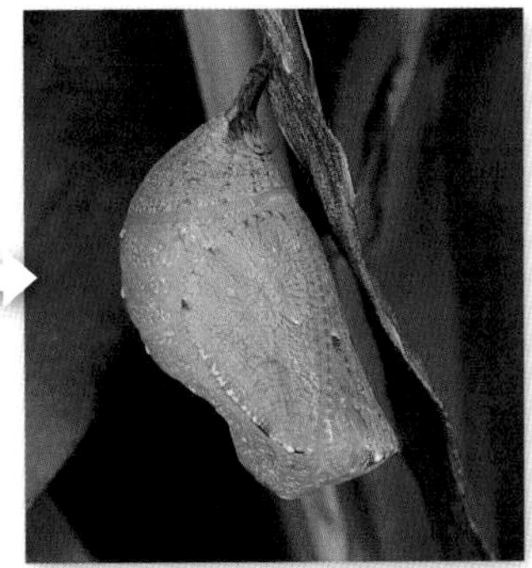
綠色型蛹（側面）

綠色型蛹（背面）

♂上翅下緣可見橫毛狀雄性性斑（如紅色圈處）

冬型個體

姬蛇目蝶

Mycalesis gotama nanda

蛺蝶科 Nympalidae　　別名：稻眉眼蝶

姬蛇目蝶和小蛇目蝶算是近親，在中、北部的平地與近郊山區，牠是同屬中最常見的一種，不過，海拔1,000公尺以上的山區就非常罕見。本屬蝴蝶和波紋蛇目蝶屬（P.160～）一樣，飛行速度緩慢，波浪狀飄動前行的姿態也相差不多；但很少訪花，除了沿山路邊坡飛行外，較少在烈日下活動，半遮蔭的樹林環境是牠們最活躍的地點，雄蝶也常在山路小徑旁低矮的草叢間占據領域。

本種特徵：上翅表面二枚眼紋；下翅腹面眼紋七或六枚（部分個體第四枚消失），第五枚眼紋特大，中心白點向翅基方向凹入；翅膀腹面眼紋內側的米白色縱帶，在同屬近似種間較為寬大。秋、冬季個體，翅膀腹面的眼紋呈不同程度的退化、消失。雄蝶無明顯性斑；雌蝶體型較大，翅形較寬圓。

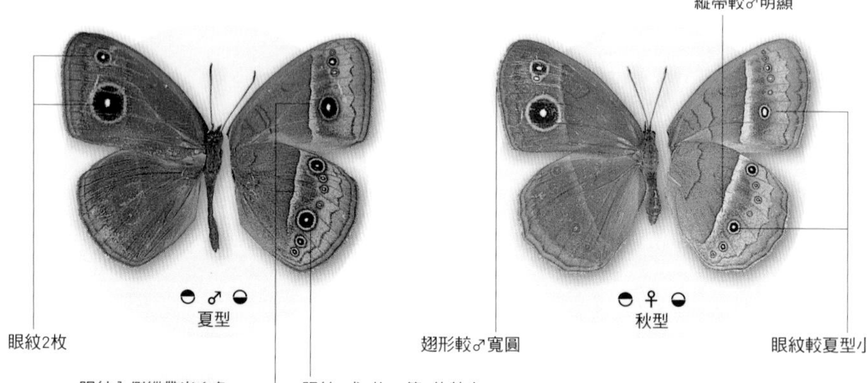

小檔案 profile

展翅寬：45～50mm
發生期：全年可見
習　性：會在山路、林緣地面吸食腐果和水液
分　布：平地至低海拔山區
近似種：嘉義小蛇目蝶（*M. sua-volens kagina*）體型明顯較大

♀

嘉義小蛇目蝶

生活史 life history

幼蟲食草：禾本科的颱風草等多種小雜草

包括本屬與波紋蛇目蝶屬在內的許多蛇目蝶亞科幼蟲，平時不會為了攀附而在食草葉片上吐絲，因此難免會掉落地面。稍有危急或騷動，牠們則索性把腳一鬆，直接跌入草叢中，好一陣子捲曲著身體靜止不動；這種裝死的反應，是牠們除了利用保護色來隱身外，另一項可以有效躲避天敵攻擊的絕招。

本種卵的外觀、大小和小蛇目蝶相似。終齡幼蟲綠色與褐色型均常見，末端的尾突較頭部的棘角稍長一些，體背有極不明顯的細縱紋。蛹也有綠色與褐色兩型，體長約17mm；翅外緣區有一列微小黑點，下緣有一條白黑相併的細紋。

卵

綠色型終齡幼蟲（體長可達27mm）

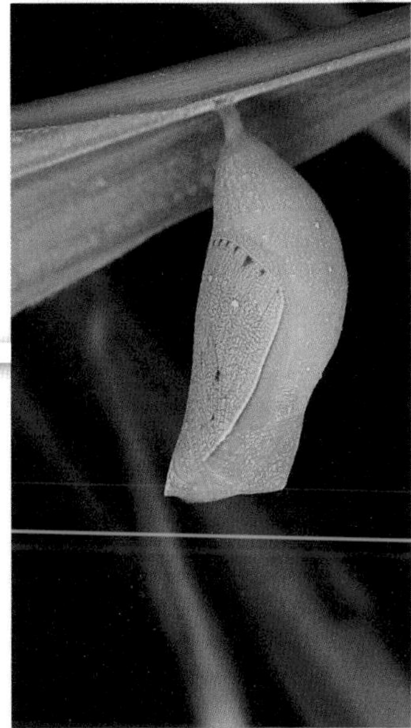

綠色型蛹（側面）

♀

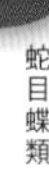

切翅單環蝶

Mycalesis zonata

蛺蝶科 Nympalidae　　別名：切翅眉眼蝶

在南部、東部低山林道中或較陰涼的山路旁，切翅單環蝶是同屬中最優勢的一種。牠與姬蛇目蝶，都不像小蛇目蝶那麼愛當「逐臭之夫」，而香甜的花蜜也吸引不了牠們。其實，見著牠們時，多數是在路旁草叢間飛飛停停，想看到牠們停下來專心吸水或吸食腐果的機會，恐怕還少於見到兩隻同種雄蝶遭遇後，在路旁低飛纏鬥、一較高下的畫面。

本種特徵：上翅端角外緣有一個斜切的角度；上翅表面一枚眼紋；下翅腹面具七枚眼紋，以第四、五枚較大，第一枚次之；翅膀腹面眼紋內側的縱帶呈米白色。秋、冬季個體翅膀腹面眼紋退化、消失的程度與外觀差異，在同屬各種蛇目蝶中是變化最大的一種。雄蝶下翅表面前緣有黃褐色毛叢狀性斑；雌蝶體型較大，翅形較寬圓。

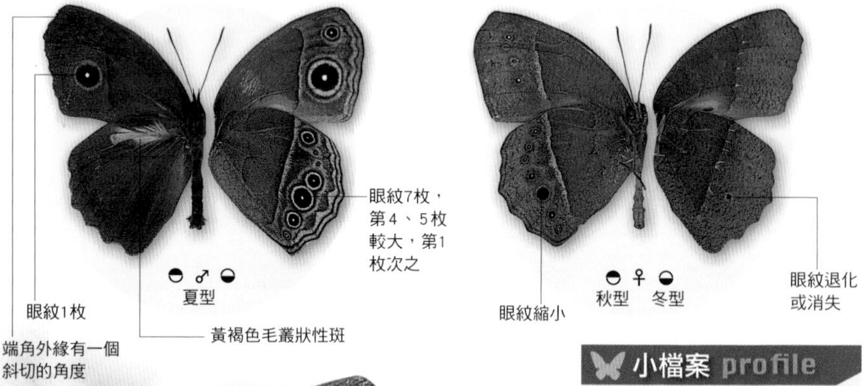

眼紋7枚，第4、5枚較大，第1枚次之

♂ 夏型

眼紋1枚

黃褐色毛叢狀性斑

端角外緣有一個斜切的角度

♀ 秋型　冬型

眼紋縮小

眼紋退化或消失

小檔案 profile

展翅寬：45～50mm
發生期：全年可見
習　性：在山路、林緣地面吸食腐果和水液
分　布：平地至低海拔山區
近似種：無紋蛇目蝶（*M. perseus blasius*)上翅表面眼紋不明顯或消失；圓翅單環蝶（*M. mineus*）上翅端角圓弧邊，不呈斜切狀。

無紋蛇目蝶・冬型

生活史 life history

幼蟲食草：禾本科的颱風草等多種小雜草

本屬幼蟲均有良好的保護色外觀，野外觀察、採集雖然不易，一旦有機會飼養，全都是非常容易照顧的種類。這些蛇目蝶幼蟲活動力很低，平時甚少四處爬行；只要連根拔起幾株禾本科雜草插在水瓶中，就可以當成牠們棲息與覓食的環境，毋需另外裝入隔離容器中，因為直到化蛹前牠們都不易爬行走失。

本種卵和前二種並無明顯不同。幼蟲與蛹均有綠色與褐色兩型。終齡幼蟲近似小蛇目蝶，但體背斑紋不明顯。蛹近似姬蛇目蝶，但翅緣無明顯斑紋，腹部背面有較明顯的成對小白點。

卵

褐色型終齡幼蟲（體長可達28mm）

綠色型蛹（側面）

夏型個體交配（左♂右♀）

秋型個體

冬型個體

黑樹蔭蝶

Melanitis phedima polishana

蛺蝶科 Nympalidae　　別名：森林暮眼蝶

這是一種很典型的蔭蝶，平時都棲息在陰涼潮溼的森林環境，特別偏愛於天色昏暗的清晨或黃昏，四處快速飛行；也唯有晨昏或不見陽光的大陰天，牠才較有機會離開樹林到空曠的地點活動。有時，黃昏在樹林外逗留過久的個體，因天色全黑，認不出返回樹林休息的路，而循著光源飛抵山邊人家燈光明亮的陽台，甚至會因人們開門而不慎竄入屋內。這種另類的趨光，在蝴蝶一族中算是較少見。

本種雄蝶翅膀表面深黑褐色，惟上翅有一或二枚極小的白點；翅膀腹面黑褐色至深黑褐色，亞外緣有不明顯眼紋。雌蝶翅表顏色較淡，上翅有明顯的黑斑，白點位於黑斑外緣的內側；翅膀外緣的尖角突較明顯。秋型個體翅緣尖角突更發達。

◓ ♂ ◒ 夏型

具淡色微小細斑

具不明顯白點

亞外緣具不明顯眼紋

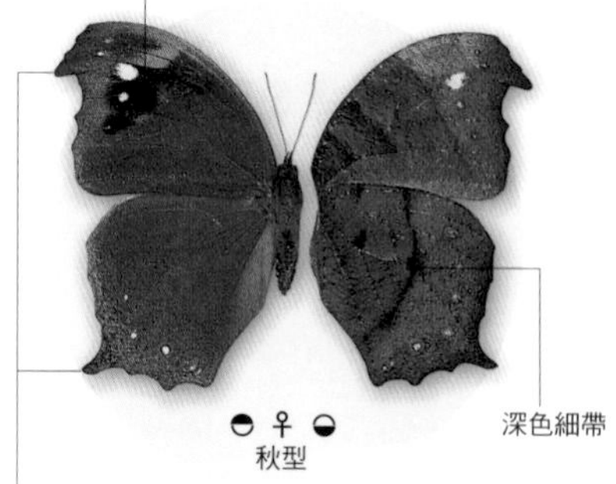

◓ ♀ ◒ 秋型

具明顯黑斑，黑斑外緣內側有2白點

深色細帶

夏型♀或秋型♂♀外緣有尖銳角突

小檔案 profile

展翅寬：55～70 mm

發生期：春至秋季

習　性：常於林間樹幹吸食樹液或地面吸食腐果、糞便和水液

分　布：平地至低海拔山區

近似種：樹蔭蝶（*M. leda*）上翅表面白點位於黑斑中央附近，翅膀腹面呈滿布均勻波狀碎斑的灰褐色，亞外緣的大小眼紋明顯。

夏型♂

樹蔭蝶．秋型♀

生活史 life history

幼蟲食草：禾本科的颱風草、芒草、象草、台灣蘆竹等

颱風草因民間謠傳其葉面上數目不定的橫向皺褶，能預測該年颱風入侵的次數，而聞名於台灣，說到它的正式名稱「棕葉狗尾草」，反而較不為一般人所熟知。在台灣，這種植物是許多蝴蝶幼蟲的共同食草，其中又數本種體型最大，因此若在野外樹林的山路小徑旁，發現颱風草葉片上有蟲子咬過的大食痕時，不妨翻開葉背，說不定就有機會瞧見牠的幼蟲，甚至懸垂在主脈下的翠綠色美麗蝶蛹。

雌蝶習慣一次在食草葉背產附數枚至十數枚的卵粒，並整齊地依序排成一至數列。卵直徑近1mm，淡乳白色。終齡幼蟲體色翠綠，外觀最特殊的莫過於頭上長著一對滿布長細毛的粗犄角。蛹體長約23mm，呈單純的翠綠色。

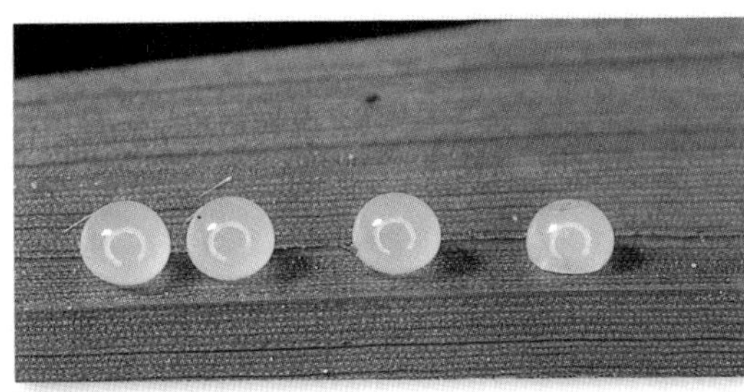
卵

終齡幼蟲（體長可達50mm）

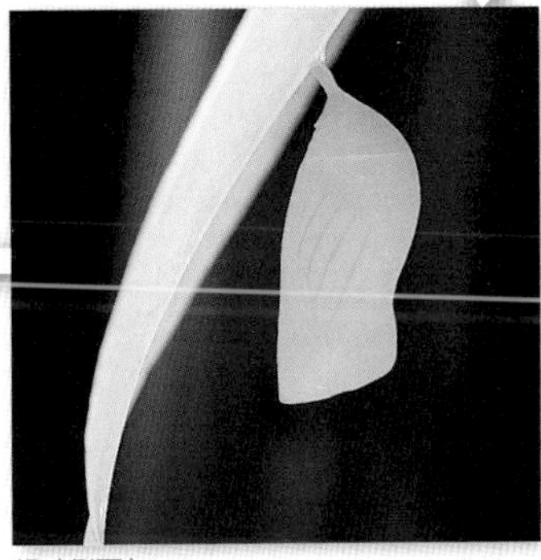
蛹（側面）

秋型♂

白條斑蔭蝶

Penthema formosanum
蛺蝶科 Nympalidae　　別名：台灣斑眼蝶

本種是台灣體型最大的蛇目蝶亞科成員，展翅黑底中滿布白色條斑，外觀與青斑蝶類（P.84～）有幾分神似，因此在眾多蔭蝶裡，其飛行速度比較緩慢。不過，白條斑蔭蝶一樣生活在樹林中，尤以竹林附近特別常見，但比起其他蔭蝶，牠最常攤平翅膀曬太陽。樹液、腐果固然是牠的主食，動物糞便也不排斥，有時甚至抗拒不了尿騷味的誘惑，甘冒烈日的曝曬，飛到空曠地面去暢飲「瓊漿」。

本種翅膀表面底色黑，具白色條紋與斑點；翅膀腹面底色較淡，呈深褐或黑褐色，下翅中央的條紋米黃色。南部地區少數個體，翅表黑底特別發達，白色條紋幾乎全部消失而只剩外側小白斑，形成「黑化」個體。雌雄外觀無明顯差異。

小檔案 profile

展翅寬：70～85mm
發生期：春至秋季
習　性：常於林間樹幹吸食樹液或地面吸食腐果和水液
分　布：平地至低海拔山區

生活史 life history

幼蟲食草：禾本科的綠竹、桂竹等各類竹子

進行蝴蝶的野外觀察或飼養時，雌雄蝶的辨識也是一項重要的課題。雌雄外觀差異大的種類，區分起來毫無問題；雌雄翅膀模樣相同者，有些還可從體型的大小和腹部的粗細來研判性別。可是，遇到本種或其他少數蔭蝶的雄蝶，常把肚子吃得鼓鼓時，就很容易被誤判為雌蝶。此時，只有查看生殖器官的結構，才能萬無一失：檢視蝴蝶尾端腹面，有一段直縫的是雄蝶，輕壓其腹部，這個縫會向兩側各打開一片抓握器，這是交配時緊抓住雌蝶的重要構造；不具抓握器者，當然就是雌蝶了！

本種幼生期獨一無二的特色是，幼蟲和蛹（體長約48mm）的外觀都偽裝成乾枯的竹葉狀，可見得這種蝴蝶自遠古年代，就與竹子有著密不可分的關係。

卵

終齡幼蟲（體長可達75mm）

蛹（側面）

紫蛇目蝶

Elymnias hypermnestra hainana
蛺蝶科 Nympalidae　　別名：藍紋鋸眼蝶

蛇目蝶亞科成員的模樣均較樸素不起眼，初入門的蝶友可能較不感興趣，然而一蝶一世界，若深入探究，每種蝴蝶都能予人許多驚喜與新知。紫蛇目蝶的外觀雖較似「蔭蝶」，但接觸牠後，會發現其習性與典型的蔭蝶截然不同，例如飛行速度緩慢，常出現在日照充足的地方活動……，將牠取名為「蛇目蝶」的前輩，無疑有其獨到的見地。本種除了訪花，也吸食溼地水液和地面腐果。

雄蝶翅膀表面深紫褐色，帶微弱金屬光澤，上翅端部至下緣角具一列水青色斑紋；翅膀腹面棕褐色，略呈微細碎波狀，上翅前緣端部有微小白點形成三角形斑。雌蝶翅膀表面底色較淡，上翅斑紋顏色較淺且較偏內側，下翅亞外緣有三或四枚白點；翅膀腹面與雄蝶相同。

小檔案 profile

展翅寬：55～65mm
發生期：春至秋季
習　性：常於林間樹幹吸食樹液或地面吸食腐果和水液
分　布：平地至低海拔山區

生活史 life history

幼蟲食草：棕櫚科的山棕和觀音棕竹、黃椰子、羅比親王海棗、檳榔、椰子等多種景觀或經濟植栽

其他蛇目蝶亞科成員的食草都是禾本科植物，唯獨本種幼蟲偏好棕櫚科植物。早年牠在台灣的原生幼蟲食草，可能僅有山棕、台灣海棗等，隨著先民在平地不斷開發，其棲息地逐漸退縮到低海拔山區。然而，又因多種棕櫚科植物被大量引進台灣，做為美化庭園或經濟生產之用，其幼蟲很快適應可吃食利用的新食草，因而變成牠在公園、田野或校園，比在荒山中更常見；連大街小巷也得見其蹤。

本種雌蝶產單枚卵於葉背；卵呈光亮的鮮黃色，直徑約1.5mm。終齡幼蟲翠綠色，體背有兩條較明顯的黃色縱線，頭部有一對短犄角，尾端尖肉突細長外叉。蛹體長約26mm，外觀美麗特殊，翠綠色蛹體上，散生夾雜著紅色細紋的醒目黃色縱斑，見過一次就認得。

卵

終齡幼蟲（體長可達50mm）

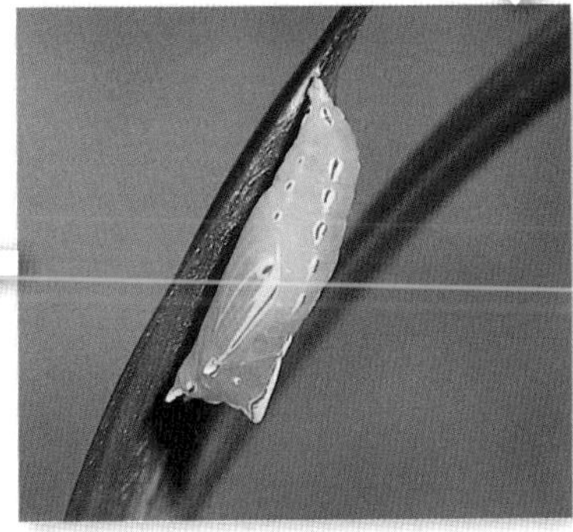

蛹（側面）

剛羽化的成蝶

紅邊黃小灰蝶

Heliophorus ila matsumurae

小灰蝶科 Lycaenidae　別名：紫日灰蝶

小灰蝶科在台灣是僅次於蛺蝶科的另一個大家族，總共約有一百二十種。就體型而言，牠們是蝴蝶王國中的小精靈，超迷你的身影常飄忽在花叢或樹叢間，只是一般大眾很少注意到牠們的存在。紅邊黃小灰蝶即是野外普遍且常見的美麗仙子，連寒冬中的晴日，都能見到牠站在路旁低矮的草叢曬太陽。與蛺蝶一樣，牠也有強烈的領域性，但因個頭嬌小，太大的飛行物反而容易把牠嚇著。

本種雄蝶翅膀表面深黑褐色，具有上翅大下翅小的藍紫色光斑，下翅下緣角有橙紅色鋸齒紋；翅膀腹面底色呈豔黃色，下翅外緣有寬大的紅邊。雌蝶翅膀表面無藍紫色光斑，上翅有一個橙紅色大斑紋，下翅橙紅色鋸齒紋較雄蝶長。

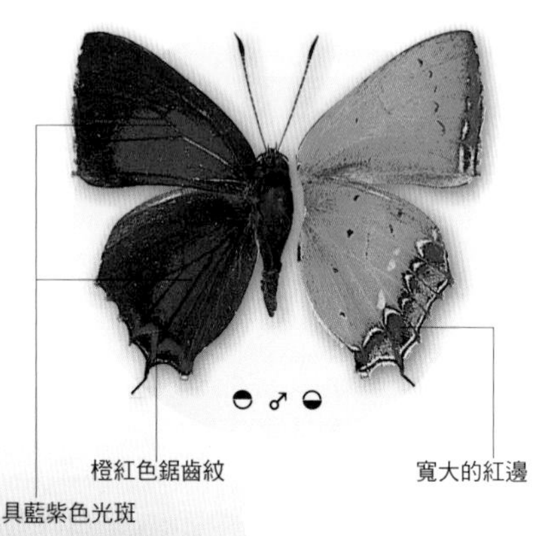

♀

小檔案 profile

展翅寬：30～34mm
發生期：全年可見
習　性：常在路旁、林緣訪花或地面吸水
分　布：平地至中海拔山區

♂

生活史 life history

幼蟲食草：蓼科的火炭母草

本種幼蟲已知的食草是火炭母草，這是一種優勢的蔓藤類草本植物，不僅山路旁的地面隨處可見，田埂或田邊也能攀延蔓生，所以紅邊黃小灰蝶幾乎到處都能繁衍子孫。

雌蝶產卵於葉背；卵白色，非常微小，表面有明顯的深凹刻。和其他多數小灰蝶一樣，幼蟲一生只有四齡，終齡幼蟲呈草綠色的蛞蝓狀，習慣躲藏在葉背從葉片中啃食葉肉組織，但常不咬穿葉面，而留下一層薄薄的表皮層；因此，發現火炭母草葉片上有半透明的窗孔般食痕，低下身去翻動附近的葉片，很有機會找到躲在葉背的幼蟲或蛹。蛹體長約10mm，淡綠色，散生黑褐色小斑紋；所有小灰蝶都屬於「帶蛹」。

卵

終齡幼蟲（4齡可達13mm）

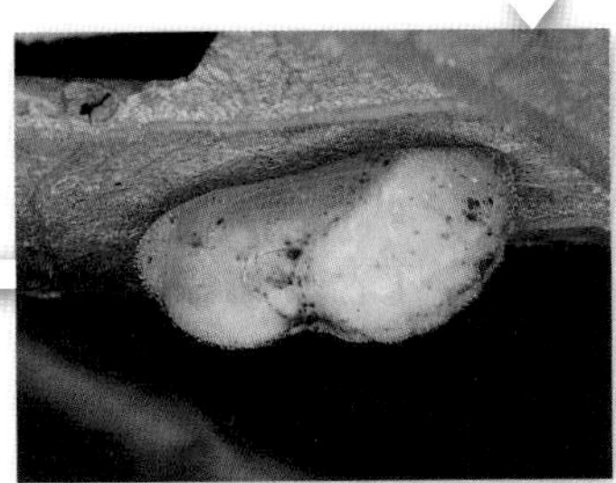

蛹（側面）

♀

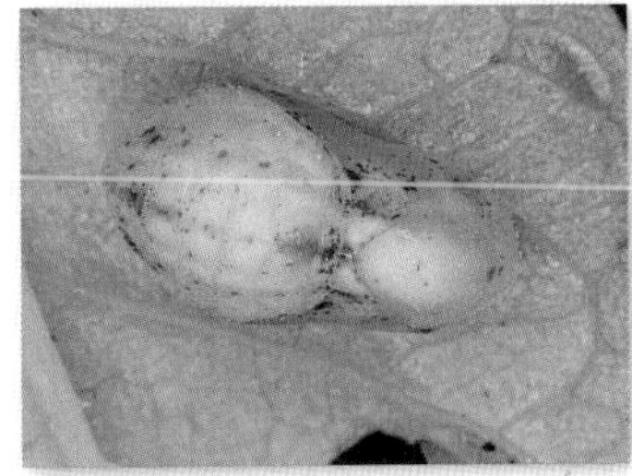

蛹（背面）

琉璃波紋小灰蝶

Jamides bochus formosanus

小灰蝶科 Lycaenidae　　別名：雅波灰蝶

有些蝴蝶翅膀上的鱗片結構很特殊，光線照射以後會有折射或繞射的效果，因而形成耀眼的金屬光澤。這類蝴蝶在台灣以蘭嶼的珠光鳳蝶最有名氣，但是若就光彩的耀眼強度來比較，本種堪稱第一名。假如，牠有珠光鳳蝶般的碩大體型，那肯定成為國寶級的珍貴蝶種。

秋天走在台北市的人行道上，若巧遇一隻藍色小蝶，像是點著魔幻藍燈般一明一滅地閃閃飄過，鐵定就是琉璃波紋小灰蝶，因為這種會「閃藍燈」的蝴蝶，全台只此一種別無分號；而且雖然牠一下子就消失了蹤影，你卻能百分之百確定那是隻雄蝶，因為同種的雌蝶可不會閃著一身璀璨的藍光。

小檔案 profile

展翅寬：26～30 mm
發生期：幾乎全年可見
習　性：常在田野、路旁、林緣訪花或地面吸水
分　布：平地至中海拔山區
近似種：姬波紋小灰蝶（*Prosotas nora formosana*）的體型明顯更小

姬波紋小灰蝶♀

生活史 life history

幼蟲食草：許多豆科植物的花苞或未熟豆莢中的種子，如葛藤、濱豇豆、肥豬豆等。

本種雌蝶不像雄蝶那麼招搖，翅膀上沒有搶眼的光彩，低調地盡量少暴露自己的行蹤，以順利產卵。最奇特的是，牠在食草花苞上產下一至數枚卵粒後，腹部末端會馬上分泌出外觀和特性類似泡沫定型髮膠的黏稠物，直接包覆在卵粒上，隔不久這些泡沫膠硬化，在卵粒外形成一個防護罩；這番費心的防護工事，讓天敵難有機會接觸到牠的卵。

孵化後的幼蟲不一定要咬破硬化後的膠狀外殼，牠可以直接向花苞方向啃食鑽入，躲在層層的花瓣內攝食成長，或是另外鑽入青豆莢中取食未硬化的種子。終齡幼蟲淡棕褐色，體背有邊界不明的雲狀縱波紋。蛹體長約9mm，底色黃褐色，滿布大大小小的黑色斑紋。

卵泡（中央一枚卵已孵化）

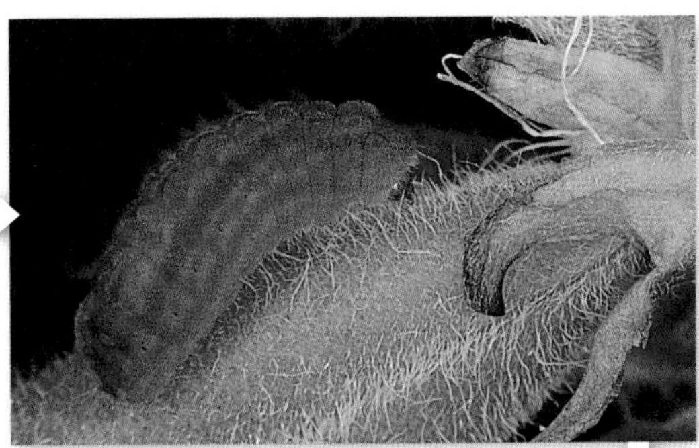

終齡幼蟲（4齡可達12mm）

♂

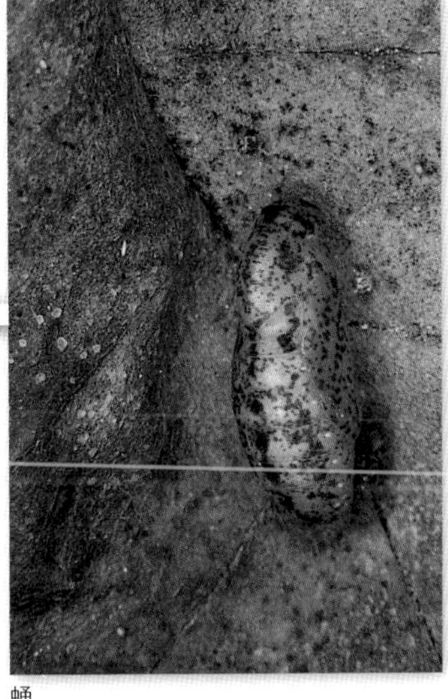

蛹

白波紋小灰蝶

Jamides alecto dromicus

小灰蝶科 Lycaenidae　　別名：淡青雅波灰蝶

多數常見的小灰蝶，外觀上有些共同的特色——頭部大而黑的複眼四周，框著一圈白色的鱗片與密毛；頭頂的那對觸角，呈一節黑一節白的模樣。此外，小灰蝶還有一項外觀與行為相互輝映的有趣生態：不少種類在下翅腹面的肛角附近有一枚眼紋，而眼紋的外端有非常細長的尾狀突起，這個眼紋和尾突的構造有偽裝成頭部的作用。為了提高欺敵的成功率，牠們停在花叢上吸蜜的同時，會不斷前後搓動左右下翅，於是細長的尾突隨風搖擺，像極靈活的觸角，自身後望去，肛角處的假頭狀構造十分傳神，足以誤導鳥類等天敵以此為攻擊目標，而牠們就藉著犧牲假頭處的局部翅膀，來逃過一次致命的攻擊。

白波紋小灰蝶具備以上特徵，而且牠是翅膀腹面有波狀紋的常見大型種。雄蝶翅膀表面淡水青色，外緣具細黑邊；雌蝶上翅表面有較雄蝶發達的黑色邊紋。

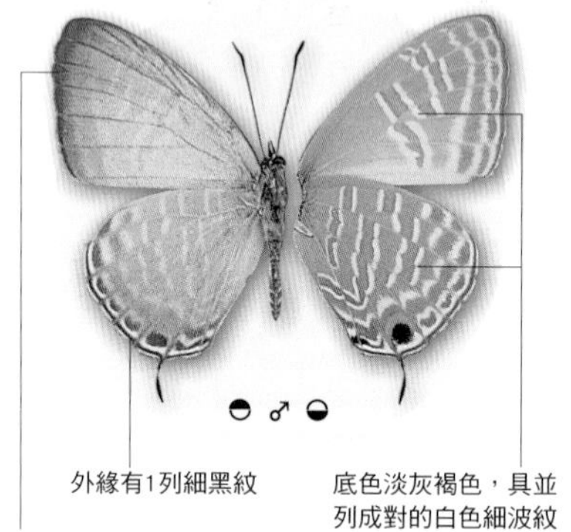

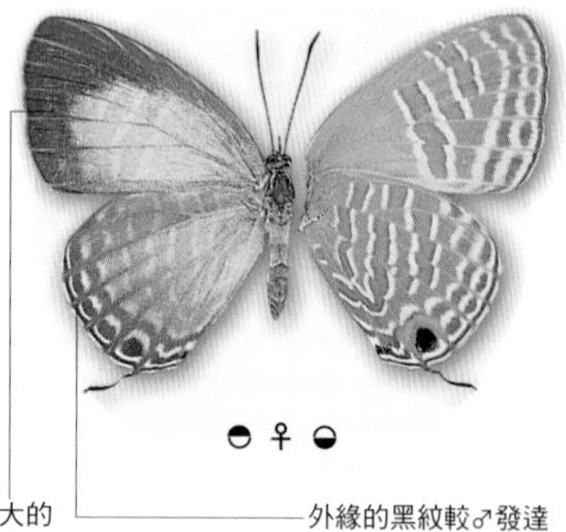

♂

小檔案 profile

展翅寬：28～40mm
發生期：春至秋季
習　性：常在路旁、林緣訪花或地面吸食水液、鳥糞
分　布：平地至中海拔山區
近似種：小白波紋小灰蝶（*J.celeno*）體型較小，翅膀腹面成對白波紋間的顏色較底色深。

小白波紋小灰蝶．夏型

生活史 life history

幼蟲食草：薑科的野薑花（穗花山奈）、月桃等植物的花苞、花瓣

野薑花是這種蝴蝶特別偏好的幼蟲食草，因此野薑花盛開的秋季，正是其族群特別興旺的時節，只要聞得到花香的郊野，幾乎都能看見牠徘徊紛飛的倩影。雌蝶經常造訪野薑花，以六隻腳在花苞上爬行遊走，為的不是覓食，而是尋找產卵的位置；當牠找到中意的地方，會彎起腹部將尾端的產卵管伸入花苞縫隙中，產下一枚青白色小卵，接著繼續爬行，尋覓另一個產卵處。

從市場買回的整束野薑花，假如插在花瓶中沒幾天，花朵卻迅速凋萎，連即將綻放的單朵花苞也下垂枯黃，那整個總花苞內八成有其幼蟲寄居啃食，不要把花束丟棄，一、兩個星期後，躲在花苞空隙中的蝶蛹（體長約12mm）就羽化成蝶。

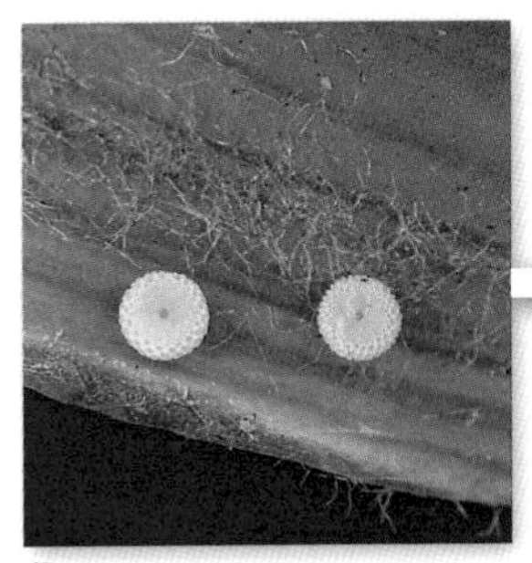

卵

終齡幼蟲（4齡可達15mm）

♀

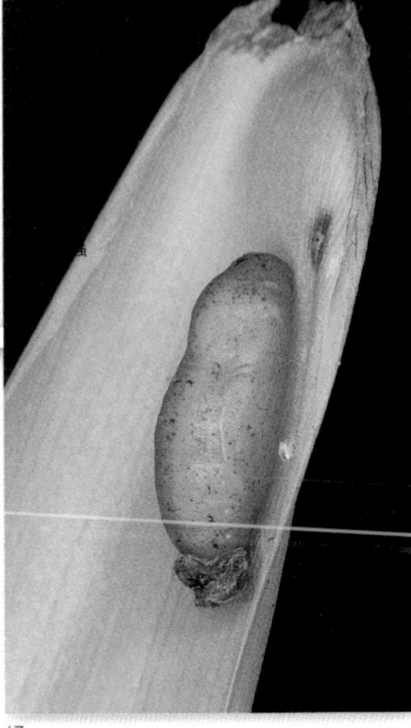

蛹

波紋小灰蝶

Lampides boeticus
小灰蝶科 Lycaenidae　　別名：豆波灰蝶

或許有人會納悶：下翅有眼紋與尾突的小灰蝶，真能用這個假頭狀的自衛構造，騙過小鳥這類智慧頗高的天敵嗎？經常賞蝶的人應不難親眼見證，有時在花叢上看見這類小灰蝶的假頭處翅膀，左右對稱缺了一個尖角，這大概都是鳥嘴的傑作；不過，蝴蝶的翅膀無法再生，失去假頭的小灰蝶，少了欺敵的利器，下次再被小鳥攻擊，就不會這麼幸運了。其實，類似情形也常發生在蛇目蝶，所以牠們的下翅眼紋總比上翅多。對蝴蝶來說，下翅缺了一角，較不致影響其飛行能力。

本種蝴蝶翅膀腹面白色與褐色相間的波狀紋非常密集，無近似種。雄蝶翅膀表面淡藍紫色，下翅尾突內側有一枚黑點；雌蝶上翅表面淡藍色，外緣與前緣具寬大的黑褐色邊。

尾突內側有1黑點　白褐相間的密波紋

淡藍紫色

淡藍色，外緣與前緣具寬大的黑褐色邊

小檔案 profile

展翅寬：25～33mm
發生期：全年可見
習　性：常在荒地、路旁、林緣訪花或地面吸水
分　布：平地至低海拔山區
近似種：翅膀表面外觀有數種近似種，但翅膀腹面外觀無近似種。

生活史 life history

幼蟲食草：非常多的豆科植物花苞或未熟豆莢中的種子，如南美豬屎豆、濱豇豆和大部分豆類作物。

假如說紋白蝶類是菜農的心頭大患，波紋小灰蝶就是豆農深惡痛絕的禍害。野外，豆科植物中花朵、豆莢屬中大型者，花序上幾乎都看得見本種雌蝶逗留產卵；而人們愛吃的各色豆類蔬菜，亦是其幼蟲眼中可口美味的佳餚，簡言之，牠是一般人所說的「害蟲」。

不過，在愛蝶人的眼裡，所有蝴蝶都是寶，所謂的「害蟲」，在飼養觀察上通常更容易入手；從豆類花苞上採回一些卵，市場買些沒噴農藥的四季豆或菜豆，把卵和豆子放一起，不需怎麼照顧，三個星期左右就可見一隻隻相繼羽化的蝴蝶。想在野外觀察牠的幼蟲也不難，找到一些半熟的大型豆科果實，發現豆莢上有圓洞形蛀痕的，一個個剝開看，總有機會發現幾隻大小不等的幼蟲。

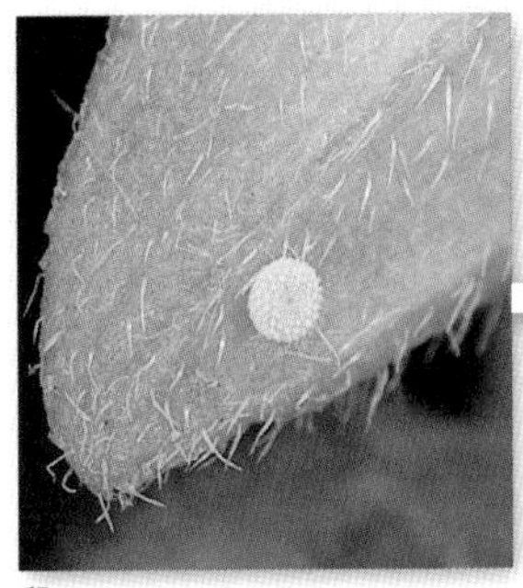

卵

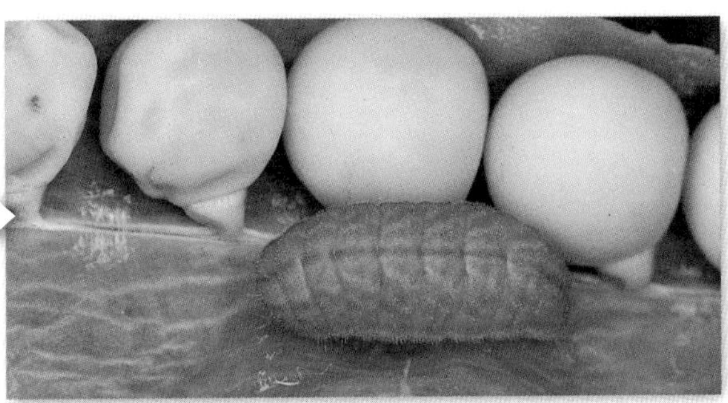

終齡幼蟲（4齡可達14mm）綠色個體

♂

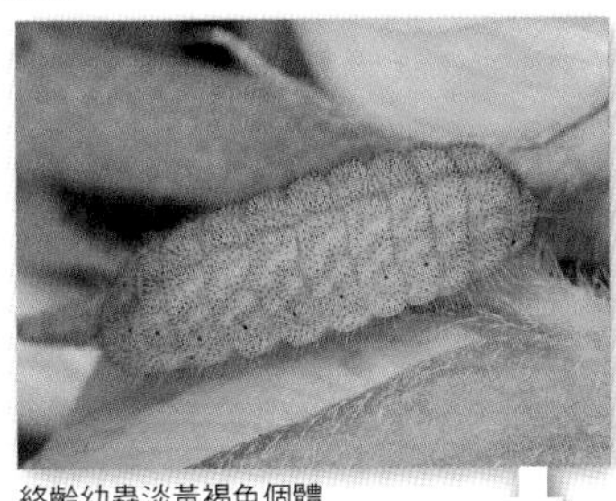

終齡幼蟲淡黃褐色個體

蛹

沖繩小灰蝶 | *Zizeeria maha okinawana*

小灰蝶科 Lycaenidae　　別名：藍灰蝶

這種體型超迷你的小灰蝶，大概是全台灣各公園、草坪、校園、安全島等綠地中，最常見的一種蝴蝶。由於展開翅膀的寬度不及三公分，小個子的牠所需要的蜜量並不多，各種大小野花或景觀花卉，只要有甜蜜的，幾乎都能讓牠駐足好一陣子。喜歡攝影的蝶友，準備好特寫鏡頭，小心緩慢地接近牠，一定可以拍到比鳳蝶類訪花更令人滿意的佳作。

本種雄蝶翅膀表面水青色，具微弱的金屬光澤，外緣有黑褐色邊；翅膀腹面底色淡灰褐色，散生弧形排列的小黑點；冬型個體翅膀表面無黑褐色邊，翅膀腹面底色變深，黑點幾乎消失。雌蝶翅膀表面底色黑褐色，局部具不明顯的淡水青色斑；冬型個體翅膀腹面黑點較夏型稍清楚。

◓ ♂ ◒

具微弱光澤的水青色，外緣有黑褐色邊

淡灰褐色底中散生弧形排列的小黑點

◓ ♀ ◒

黑點較♂發達

底色黑褐，局部有不明顯淡水青色斑

♂

小檔案 profile

展翅寬：21～27mm
發生期：全年可見
習　性：常在草坪、田園、荒地、路旁、林緣訪花或地面吸水
分　布：平地至中海拔山區
近似種：台灣小灰蝶（*Z. karsandra*）、微小灰蝶（*Zizina otis riukuensis*）、迷你小灰蝶（*Zizula hylax*）三種體型都更小

冬型♂

生活史 life history

幼蟲食草：酢漿草科的酢漿草

沖繩小灰蝶會隨處可見，是因為開著小黃花的酢漿草繁殖力驚人，中海拔以下日照充足的低矮草叢，都有機會見到這種蝴蝶的幼蟲食草植物。到公園草坪去試試自己找蟲的能力吧！本種幼蟲習慣躲在葉背啃食葉肉組織，從葉面上方看下去，一樣有半透明窗孔狀的小食痕，循著這個線索在草地上細細尋覓，多半會有收穫。

小灰蝶的卵當然也很微小，外形大多呈扁圓形，表面滿布精細的鐫刻凹紋，且種類不同，鐫刻的紋樣亦隨之有異；拿到低倍顯微鏡下觀察，會讓人不禁佩服大自然的巧奪天工！

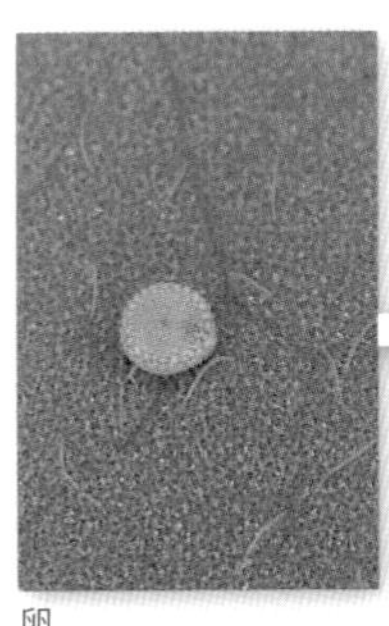
卵

終齡幼蟲（4齡可達10mm）

蛹

交配（左♂右♀）

♀

冬型♀

台灣琉璃小灰蝶

Acytolepsis puspa myla
小灰蝶科 Lycaenidae　　別名：靛色琉灰蝶

與多數常見的小灰蝶一樣，台灣琉璃小灰蝶平日最喜歡訪花吸蜜；而包括本種在內的同屬多種琉璃小灰蝶，雄蝶還喜歡群聚在溪邊溼地上喝水，在族群量特別多的山區，上百隻擠成一團，享受尿水大餐的情形算很常見。不過，賞蝶者要是靠得太近、動作又太冒失，驚擾到當中幾隻較敏感的傢伙，整群馬上跟著一哄而散，頓時宛如漫天撒開的水青色亮片般光彩奪目。

本種雄蝶翅膀表面為具光澤的水青色，外緣、前緣有黑褐色邊紋，各翅中央有不明顯白斑；翅膀腹面為白底中散生許多大小不一的黑點，上翅亞外緣黑點排列雜亂不整齊。雌蝶翅表中央的白斑較大，黑褐色邊特別寬大，水青色斑不明顯。

外緣有黑褐色邊紋
各翅中央有不明顯白斑

亞外緣黑點排列雜亂不整齊

各翅中央的白斑較大；黑褐色邊特別寬大

小檔案 profile

展翅寬：24～32mm
發生期：全年可見
習　性：常在路旁、林緣訪花、吸食鳥糞或群聚地面吸水
分　布：主要於低海拔山區
近似種：琉璃小灰蝶（*Celastrina argiolus caphis*）、埔里琉璃小灰蝶（*Celastrina lavendularis himilcon*）翅膀腹面黑點較小，上翅亞外緣黑點排列整齊。

埔里琉璃小灰蝶

生活史 life history

幼蟲食草：涵蓋多科植物，如細葉饅頭果、龍眼、石朴、多花紫藤、猿尾藤、山櫻花、玫瑰花瓣等。

多數小灰蝶的幼蟲都呈蛞蝓狀，體型小、種類多，有些很難從外觀立即鑑定出明確身分。不過，屬於小不點一族的牠們，胃口不大，幼生期時間也短，假如有機會在野外植物的嫩枝葉上找到，帶回家飼養，很快就搖身一變為成蝶！

一般蝴蝶幼蟲，食草植物跨科已不多見，而本種簡直可說是異類奇葩，光是目前已知的食草種類，就涵蓋了八個不同的科別，食性廣得無法一一列舉。或許因為這個特性，使牠成為低海拔山區，最普遍也最常見的一種琉璃小灰蝶。蛹體長約10mm，體背末端有個大黑斑，通常出現於食草葉背、樹皮縫隙或地面落葉堆中。

卵

終齡幼蟲（4齡可達14mm）

♂

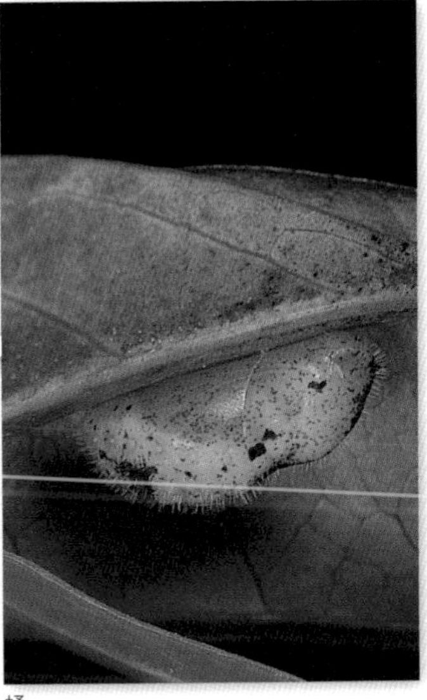

蛹

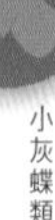

蘇鐵小灰蝶

Chilades pandava peripatria

小灰蝶科 Lycaenidae　　別名：蘇鐵綺灰蝶

在台灣，蘇鐵小灰蝶的身世相當曲折，1976年以前沒有任何發現紀錄，首次現身時被當成波紋小灰蝶（P.192）。經過十年左右，族群開始大量出現在全台的公園綠地，那時被認定是新入侵的蘇鐵小灰蝶；後來，有學者認為牠是源自台東蘇鐵保留區、世界上獨一無二的特有新種蝴蝶，取名為「東陸蘇鐵小灰蝶」。再後來，又有不同的學者更新為蘇鐵小灰蝶的台灣特有亞種。再以金門為例，從戰地開放觀光的二、三十年間，本種從未在人們生活周遭亮相過，直到2015年筆者受金門國家公園委託從事烈嶼昆蟲調查期間，在小金門發現了相當穩定的族群。耐人尋味的是，這是種源自華南的固有族群？還是藉由人們植栽引進而從台灣本島入侵歸化的，有待日後更進一步的採集、研究分析。

本種翅表外觀和波紋小灰蝶難分軒輊，難怪遭前人誤認；其下翅腹面前緣與基部附近的黑點，是區分鑑定的重要特徵。

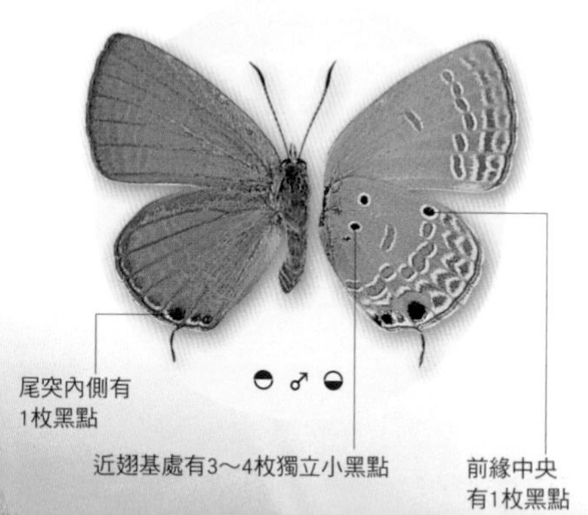

小檔案 profile

展翅寬：26～31mm
發生期：全年可見
習　性：常在各類公園綠地訪花或吸食露水
分　布：主要於平地

生活史 life history

幼蟲食草：蘇鐵科的各類鐵樹嫩芽

對園藝景觀界而言，這種小灰蝶是十足的害蟲，因為其幼蟲食草是蘇鐵（鐵樹）的嫩芽。鐵樹的生長速度緩慢，不會隨時長新葉，平時在沒有嫩葉的鐵樹植栽附近，幾乎見不到這種蝴蝶。不過，只要庭園中有鐵樹長出一撮柔軟多汁的新葉，遠方的雌蝶就有本事循味飛奔而來，在嫩芽上產下許多卵粒。隔不久，新葉上就蟲滿為患，嚴重威脅鐵樹的生長。

本種幼蟲橙黃色至紅色的外觀相當醒目，體背有成列淡色小斜紋。成熟幼蟲躲藏於鐵樹植株的凹縫，或地面雜物、土壤、石塊的縫隙中化蛹，蛹體長約10mm。

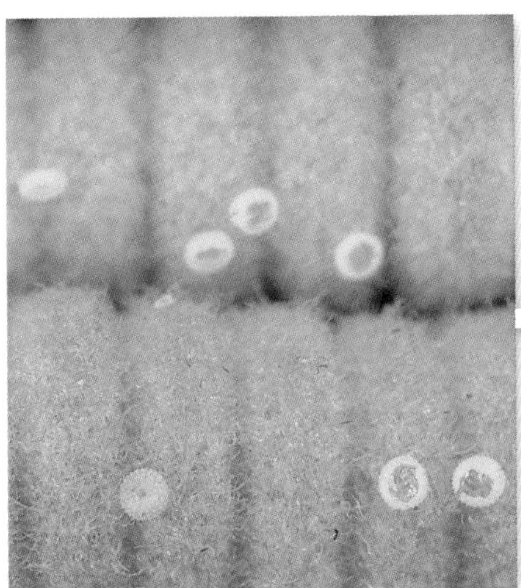

卵與孵化後的卵殼

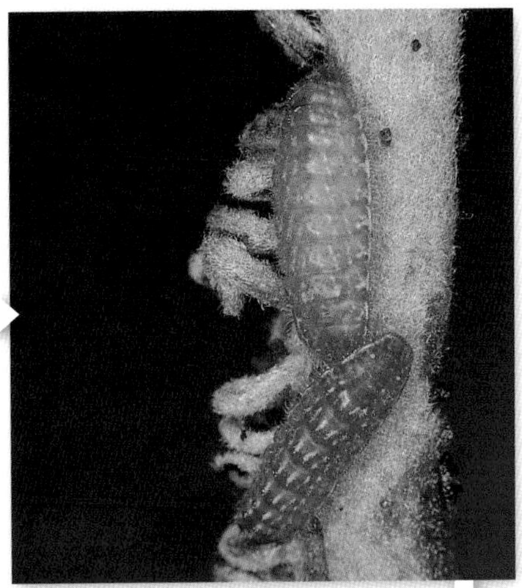

終齡幼蟲（4齡可達14mm）

♀產卵

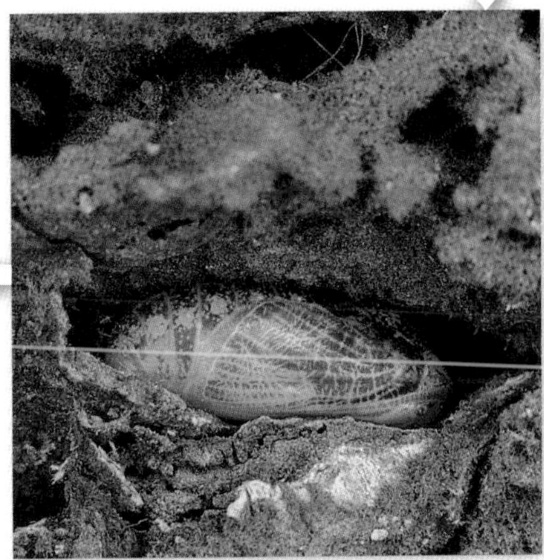

蛹

大綠弄蝶

Choaspes benjaminii formosanus

弄蝶科 Hesperiidae　　別名：綠弄蝶

弄蝶科在台灣的種數也不少，總共有六十餘種。這是一類反應十分靈敏、飛行速度超快的中小型蝴蝶，外觀上最明顯的共同特徵，是棍棒狀觸角末端，都延伸出一個弧度不大的小彎鉤。停棲時，慣用六隻腳來站立或攀附；有些種類（包括本種大綠弄蝶在內）經常將兩對翅膀夾緊豎在背上，平時根本很難見到牠們翅表的模樣；有些剛好相反，只要一停下來，隨時隨地都把翅膀向身體兩側平攤，想瞧瞧翅膀腹面的特徵也很難；另外一部分種類則很有趣，有時夾緊翅膀，有時把下翅向左右平攤，但上翅呈斜角直立，姿態頗像戰鬥機的造型。

本種翅膀表面外側黑褐色，內側褐綠色，下翅肛角區有橙色斑；翅膀腹面褐綠色，帶金屬光澤，翅脈黑色，下翅肛角區大橙色斑中有黑色斑紋。

褐翅綠弄蝶♂◒

小檔案 profile

展翅寬：39～50mm

發生期：春至秋季

習　性：常在山路旁、林緣訪花或地面吸食鳥糞、水液

分　布：低至中海拔山區

近似種：褐翅綠弄蝶（*C. xanthopogon chrysopterus*）體型較小，雄蝶下翅表面基半部的長毛呈綠白色；雌蝶翅表基半部的長毛為略帶綠的褐色。

生活史 life history

幼蟲食草：清風藤科的山豬肉、清風藤

挵蝶的幼蟲有個非常特別的共同習性：打從一孵化後，牠們就會在寄居的食草葉片上，利用啃咬切割和吐絲連結，把局部葉片翻轉對折，形成一個可以躲藏棲身的葉苞蟲巢。大部分的幼蟲，都會循著平時吐下的絲路，爬到葉苞外攝食，吃飽了再爬回葉苞中休憩。而大多數葉苞只有一處較大的開口，躲入葉苞中的幼蟲習慣在巢內轉身，頭部朝洞口停棲；假如牠們在剛爬出巢口時受到驚嚇干擾，則立即倒退入巢躲藏。

本種幼蟲外觀相當醒目特殊，體背呈一節黑一節黃相間的橫帶，黑色帶中有一對小藍點；橙紅色的頭部有四枚黑色圓斑。蛹體長約25mm，表面覆有白粉，疏生一些小黑點。

卵

終齡幼蟲（體長可達38mm）

終齡幼蟲頭部特寫

蛹

狹翅挵蝶

Isoteinon lamprospilus formosanus

挵蝶科 Hesperiidae　　別名：白斑弄蝶

狹翅挵蝶與其他眾多關係較近的近緣種，停棲時會因目的不同，而有兩種相異的姿態：一般棲止休息時，牠們習慣把翅膀豎在背上；做日光浴時，則採斜張上翅像戰鬥機般的姿勢。仔細觀察，牠們與多數蝴蝶一樣，真要休息、睡覺時，就會選近樹林處，並以頭朝樹林的方向停下來；若是曬太陽或占據地盤，停下的位置前方，視野一定較寬闊，這樣才方便隨時起身飛行。

台灣所有挵蝶中，超過半數的外觀以褐色系為底色，翅膀上斑紋（多為白色斑點）的大小、多寡、排列方式，即為身分鑑定的依據。本種下翅腹面那九個框上細黑邊的明顯白點，是牠與眾不同的最大特徵。

小檔案 profile

展翅寬：34～41mm
發生期：春至秋季
習　性：常在山路旁、林緣訪花或地面吸食鳥糞、水液
分　布：平地至低海拔山區

生活史 life history

幼蟲食草：芒草、台灣蘆竹等多種禾本科植物

外觀以褐色系為主的挵蝶，芒草是其許多幼蟲的共同食草。如果在野外芒草葉上發現有截向內對折的缺口，輕手把這內折的葉片掀開，常能看見一隻躲在葉苞中的挵蝶幼蟲。由於芒草的葉形細長，不夠一隻大型幼蟲對折葉片來製造葉苞，所以體型較大的幼蟲（包括本種在內），改採在兩側的葉緣來回吐絲，利用絲線的拉力，將芒草向葉背的方向捲成一個彎彎的半開放式棲所，這可算是簡易的葉苞。

以芒草為食的挵蝶幼蟲，體型都特別細長，身體也多無特殊斑紋，頭部特徵是鑑定身分的重點所在；本種終齡蟲頭部有對邊界不明的寬大橙褐色縱紋，尾端有枚大黑斑。蛹體長約24mm，外觀呈較單純的黃褐色。

卵

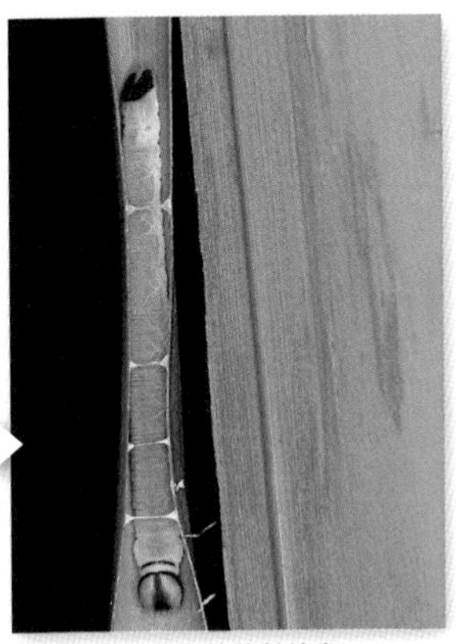
躲在簡易葉苞中的終齡幼蟲（體長可達40mm）

終齡幼蟲頭部特寫

蛹

大白紋挵蝶

Udaspes folus
挵蝶科 Hesperiidae　　別名：薑弄蝶

除了喜歡訪花吸蜜外，很多種類的挵蝶還有個特殊的癖好——吸食鳥糞。有時，牠們找到的鳥糞不巧已被太陽曬乾，頗有智慧的挵蝶，會先排出自己的尿液，將鳥糞浸溼溶解，再吸食過濾其中的養分，而牠們就一直駐足鳥糞上，邊排尿邊忘情暢飲，讓人看得也不忍離去。萬一不慎把剛要停落鳥糞進食的挵蝶嚇跑，別懊惱！牠們都有驚人的記憶力，沒多久，不死心的可愛傢伙會不偏不倚地回到鳥糞上，「守糞待蝶」的賞蝶怪招果然奏效！大白紋挵蝶有個比身體還長上一大截的口器，吸食鳥糞時，先將這根長吸管向前伸出，再轉個彎拐到身體下方的鳥糞上。

顧名思義，本種翅膀具有十分發達的白色斑紋，尤其是下翅的白斑特別大。雌雄外觀差異不明顯。

♂

上翅9枚白斑
下翅中央1大白斑

下翅白斑延伸到
翅基與內緣

♀

外觀與♂無明顯差異

小檔案 profile

展翅寬：40～47mm
發生期：春至秋季
習　性：常在山路旁、林緣訪花或地面吸食鳥糞、水液
分　布：平地至低海拔山區

生活史 life history

幼蟲食草：薑科的月桃、山月桃等月桃屬植物

挵蝶幼蟲擅長製造葉苞來躲藏棲身，小鳥等掠食性動物因此不易發現牠們的行蹤，那麼挵蝶是否就沒什麼天敵？那可不！嗅覺靈敏的寄生性天敵，光憑氣味就能找到這些寄主的下落，不消多久，挵蝶幼蟲照樣小命不保。如果運氣不錯，也許有機會觀察到寄生蠅在葉苞巢口探頭探腦，牠會趁著挵蝶幼蟲出門不注意時，偷偷溜到寄主身上下蛋；至於體型超小的寄生蜂更是肆無忌憚，直接鑽入葉苞，把那兒充當產房。因此，若採集回家的挵蝶幼蟲，並未順利長大，甚至飼養一陣後，露臉的卻是隻蠅或蜂，箇中蹊蹺想必不難明瞭。

本種終齡幼蟲頭部粗糙全黑。蛹體長約35mm，呈淡黃綠色。

卵

終齡幼蟲（體長可達53mm）

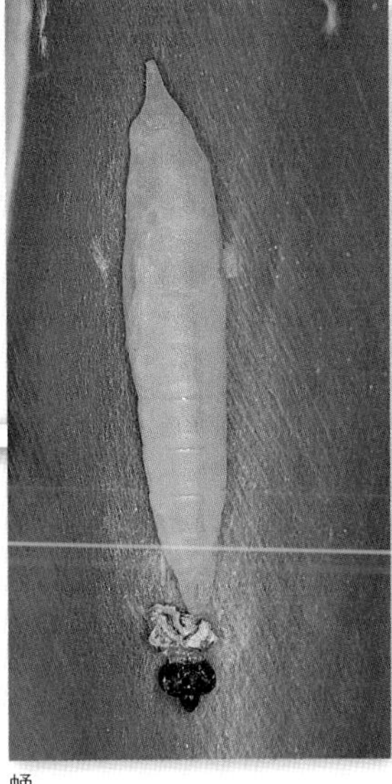

蛹

黑星挵蝶 *Suastus gremius*

挵蝶科 Hesperiidae

與紫蛇目蝶（P.184）一樣，本種幼蟲對於棕櫚科的諸多造景或經濟植栽，都具有良好且廣泛的適應能力，只是黑星挵蝶的體型較小、飛行速度又快，平時較不容易發現牠的行蹤。但即使在空汙嚴重的城市裡，一些滿覆烏黑落塵的觀音棕竹等食草葉片上，都能輕易找到牠的幼蟲葉苞，不妨大膽推斷：牠在都市的族群量，可能比紫蛇目蝶還多。更有趣的現象是，辦公室或住家室內新移入的棕櫚類盆栽，常會夾帶著牠的卵或小型葉苞，一般人不易發現盆栽有長蟲，於是牠就成了最常在屋內意外現身的一種蝴蝶。

本種翅膀表面底色深褐，上翅有七枚白斑，下翅無白斑；翅膀腹面底色褐色，上翅白斑和表面略同，下翅四至六個黑點是最主要的特徵。雌雄差異小。

小檔案 profile

展翅寬：32～35mm
發生期：全年可見
習　性：常在公園、花園、山路旁訪花或地面吸食鳥糞、水液
分　布：平地至低海拔山區

生活史 life history

幼蟲食草：棕櫚科的山棕和觀音棕竹、黃椰子、羅比親王海棗、檳榔、椰子等多種景觀或經濟植栽

野外植物的葉片上很容易找到葉苞蟲巢，小心掀開葉苞，會發現其中躲藏著各式各樣的小蟲子，有蜘蛛、蟋蟀、螽斯和各類蝶蛾幼蟲或蛹。剛接觸蝴蝶幼生期觀察的新手，或許分不清葉苞中的幼蟲是蝶還是蛾，這裡提供一點辨識的小技巧，只要發現葉苞內有蟲巢主人的糞便，那就不是挵蝶幼蟲，因為這類愛乾淨的小蟲，每每會在葉苞內轉身，把尾端伸出葉苞巢口外排便；而且包括本種在內的許多挵蝶幼蟲，還會利用肛門肌肉的瞬間震動，把糞粒彈射得遠遠的，觀看時若忘了保持安全距離，小心臉龐中「彈」。

本種卵造型極特殊，看似一個秀色可餐的小蛋糕，直徑約1.3mm。終齡幼蟲頭部白色，前方有一對黑色縱帶。蛹體長約25mm。

卵

剛孵化的一齡幼蟲

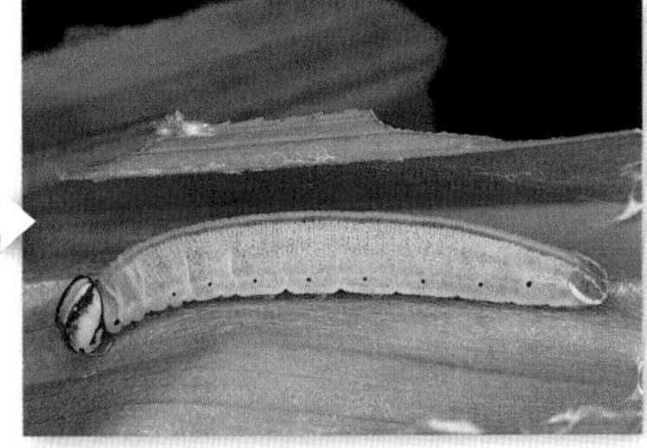

終齡幼蟲（體長可達37mm）

終齡幼蟲頭部特寫

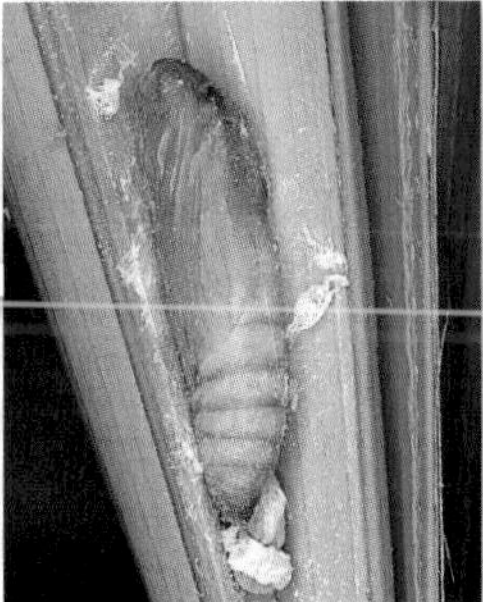

蛹

香蕉挵蝶

Erionota torus

挵蝶科 Hesperiidae　　別名：蕉弄蝶

這是一種廣布於中國華南沿海但台灣原先並不出產的蝴蝶，1986年高屏地區的香蕉園開始出現其幼蟲大量危害的紀錄。隔兩年牠的族群已經擴散到台南、嘉義，同年在基隆、宜蘭郊山的香蕉植株，筆者也有蟲巢的觀察紀錄，由此研判牠可能藉由往返海峽兩岸的漁船而入侵歸化的。香蕉挵蝶的紅眼睛和許多蛾類複眼一樣都會反光，具有在昏暗環境加強視力的作用，牠平日就偏好在晨昏時段活動，和黑樹蔭蝶（P.180）一樣具趨光的習性；而在牠開始入侵台灣的當時，適逢政府正要解嚴之際，台灣漁船已經常停靠華南沿海漁港，黃昏時刻船上的強力水銀燈，很容易引來牠躲入船艙偷渡成功。近年有兩種新近入侵的環紋蝶，在局部近海山區歸化，應該也是循相同的途徑偷渡成功的。

本種為目前台灣體型最大的挵蝶，紅眼褐身；雌雄差異不明顯。

複眼紅色

◓ ♂ ◒

底色較淡
斑紋同表面

上翅有1小2大3枚米白色斑
下翅無斑紋

◓ ♀ ◒

除體型較大，外觀與♂無明顯差異

小檔案 profile

展翅寬：55～68mm
發生期：春至秋季，以成熟終齡幼蟲在葉苞中越冬，隔年春天化蛹、羽化。
習　性：常在香蕉園、山路旁、林緣吸食香蕉花蜜或地面吸水
分　布：平地至低海拔山區

生活史 life history

幼蟲食草：芭蕉科的香蕉、台灣芭蕉

本種幼蟲是「大胃王」，製造葉苞的習慣也不同於其他種類，牠會切割大面積的香蕉葉，利用吐絲捲成一個筒狀的葉苞；加上剛入侵的頭一、兩年幾毫無天敵可言，因而對香蕉作物產生極強的殺傷力。幸好兩、三年後，採集到的幼蟲常見有微小的寄生蜂寄生其體內，目前危害香蕉葉的情形已較趨緩和。

雌蝶習慣將數枚至二、三十枚卵粒集中產在一起；初呈米白色，後轉趨棕紅色。終齡幼蟲肥胖粗大，頭部黑色，體表被覆一層白粉。較特殊的是，本種以成熟終齡幼蟲越冬，隔年春天才在葉苞蟲巢中化蛹；與其他挵蝶一樣屬於「帶蛹」，幼蟲化蛹前先吐絲團固定尾端，再吐一圈粗絲帶圍住身體。蛹體長約40mm，淡黃褐色，體表也有白粉。

卵

終齡幼蟲（體長可達60mm）

蛹

台灣單帶弄蝶 | *Borbo cinnara*

弄蝶科 Hesperiidae　　別名：禾弄蝶

假如要票選出最常在都市中現身的弄蝶，甚至是蝴蝶，那麼台灣單帶弄蝶絕對當之無愧。雖然成蟲的體型小、飛行速度快、外觀長相又不起眼，可是無論校園、公園、荒地、安全島或公寓頂樓綠化地，牠都很容易找到繁殖族群的食草與棲所。連一些疏於照顧的住家陽台花盆中，只要長出禾本科的小雜草，雌蝶就不請自來，在草葉上分次產下幾粒小卵。因此牠能夠不分季節、不挑場所、不怕汙染地在各地都市中安身立命。

本種弄蝶在台灣有多種外觀相似的近、遠親，想單從花叢上短暫停留的身影來鑑別身分，不僅難度極高，出錯的機率也很大。

上翅亞外緣7枚白點

◓ ♂ ◒

下翅0～3枚獨立小白點

中室端2枚小白點（少數個體消失）

略帶綠色的深黃褐色
下翅白點較表面明顯

◓ ♀ ◒

外觀與♂無明顯差異

小檔案 profile

展翅寬：30～36mm

發生期：全年可見

習　性：常在公園、荒地、路旁或林緣的花叢吸蜜

分　布：平地至低海拔山區

近似種：單帶弄蝶（*Parnara guttata*）上翅表面白點6枚，下翅表面白點4枚；姬單帶弄蝶（*Parnara bada*）上翅表面白點5枚，中室端無白點，下翅表面白點多為2枚。

姬單帶弄蝶

生活史 life history

幼蟲食草：兩耳草、柳葉箬、颱風草等許多禾本科雜草

弄蝶也是一類比較難用雌蝶套網採卵的蝴蝶；自野外葉苞中採集幼蟲固然不難，但遭寄生蜂或寄生蠅寄生的機率不算低，因而經常在終齡幼蟲或蛹期會相繼死亡，以致不清楚原先飼養的種類是什麼，所以至今仍有部分常見種類的幼生期形態資料尚未齊全。有興趣的蝶友，不妨加強雌蝶產卵的追蹤調查，除了可建立食草植物的完整性，也許還有機會觀察到從未有人飼養過的種類。

本種卵和許多近緣種相似，都是光滑的半球形，直徑約1mm。終齡幼蟲體色淡綠色，頭部有一對白色的八字形斜紋。蛹體長約26mm，淡綠色，腹部背面有四條白色縱線，近似種極多。

卵

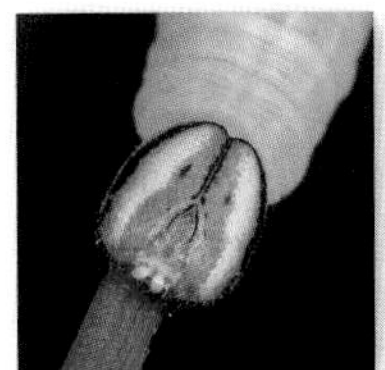
終齡幼蟲頭部特寫

終齡幼蟲（體長可達38mm）

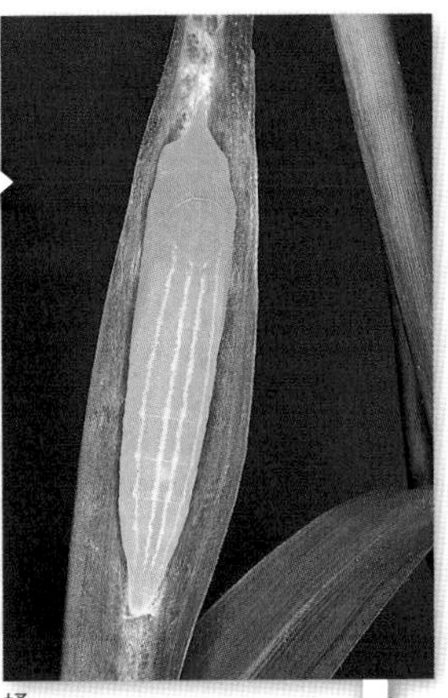
蛹

蝴蝶飼養觀察小祕訣

★重要提醒：根據法律規定，未經申請許可，國人不得採集、持有與飼養保育類昆蟲。

【種源的取得】

●戶外採集法：

多認識各類蝴蝶的食草植物，就較有機會可在嫩芽、葉片或枝條間找到蝶卵、幼蟲或蛹，這些不同生活史階段的個體，都是可適量採集回家飼養的種源。而仔細搜尋幼蟲在食草葉片上的食痕或特定種類（如挵蝶）製造的葉苞，會更有助於幼蟲的取得。若對食草植物所知較淺，則不妨稍加留意雌蝶的芳蹤與行動，一發現牠們產卵，不僅可採集到蝶卵，也能進一步了解各類食草植物與雌蝶產卵的生態。

●人工採卵法：

在戶外採集成熟雌蝶（大多數為已交配過的個體），用大網子罩在幼蟲食草植株上，再把雌蝶放入網中，不少種類便會在食草枝葉間產下卵粒，這就是人工採卵的最典型作法。若家中事先未種植食草植株，從野外剪取食草枝葉插在水瓶中，可用來替代套網採卵的食草盆栽。另一個變通的作法是準備一個大塑膠袋，先在袋中置入食草植物的枝葉與雌蝶，接著讓塑膠袋充滿空氣後綁緊，放在明亮但曬不到太陽的地方，許多中小型蝴蝶就可能會在食草上產下卵粒。

【飼養幼蟲的布置與方法】

●食草植株或盆栽套網飼養法

在食草植物上套網飼養蝴蝶幼蟲之時，只要記得每隔兩、三天清除網中的糞便，順便檢視食草葉片是否充足，幼蟲通常都有很高的存活率。不過，雖然有細網的保護，戶外還是有些天敵能對網內幼蟲的生命造成威脅，例如肉食性椿象可隔著網子把口器插入網中，獵食靠近網的幼蟲；而成群的螞蟻也會咬破較不堅固的網線，鑽進網內進行一場大屠殺。因此若以盆栽飼養幼蟲，最好將整個盆栽搬進室內再套網，如此也可避免少數幼蟲化蛹時走失。這是最佳的飼養方式。

●切花式飼養法

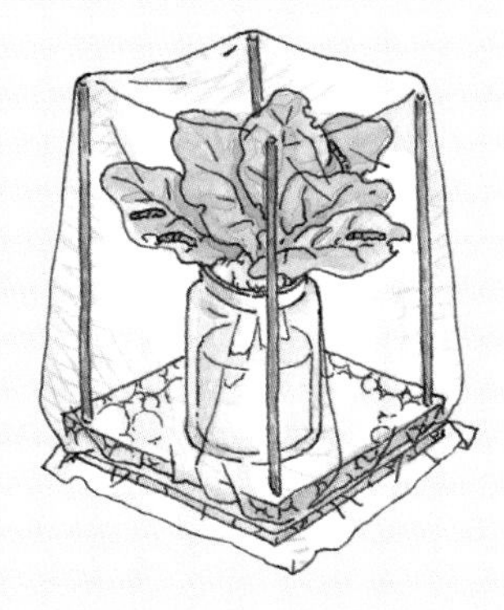

家中若無幼蟲食草盆栽，可在野外剪幾段食草植物的枝葉，以插花的方式保持充足的水分供應，把幼蟲放養於葉叢間。要注意的是，記得將靠近瓶口的部分，用棉花等物塞住，以免幼蟲爬下、跌入水中淹死。一樣可採套網來防止幼蟲走失。

●透明塑膠盒飼養法

部分的植物枝葉經過剪切後，儘管插在水中，一樣很快乾枯；遇到這種情形，不妨變換飼養方法，將幼蟲置於透明塑膠盒，直接投食數片食草葉片，其他備用葉片就以保存新鮮蔬菜的方式放在冰箱中冷藏。因為幼蟲的空氣需要量很少，只要不是完全封閉、不透氣的塑膠盒，一般毋須在盒蓋上打洞通氣；打洞很容易招來無所不在的螞蟻入侵。以容器飼養幼蟲時，盒內溼度大常導致蟲糞快速發霉，因此必須每天清除蟲糞，並擦拭飼養盒內壁的水氣，以提高幼蟲的存活率。

一個生命的結束常常代表其他生命的誕生

種類繁多的寄生蜂或寄生蠅是蝴蝶幼生期中最主要的威脅之一，人們常對這些五花八門的寄生性小昆蟲相對比較陌生。透過野外採集的蝶卵、幼蟲或蛹回家飼養，常有機會因蝴蝶飼養的計畫失敗，卻意外認識了不同蝴蝶各自常見的特定寄生性天敵。

如果有興趣持續觀察寄生性天敵的相關生態，遇到蝴蝶幼生階段死亡後，千萬不要急著將屍骸丟棄，或許再過一兩天後，某隻斑蝶幼蟲的屍骸會縮小成一個包著舊皮的橢圓形蟲蛹，隔一段時日後會再鑽出一隻羽化的姬蜂成蟲。或者，麝香鳳蝶類幼蟲健康狀況逐漸衰敗且失去活動力的過程中，牠們的體表突然會鑽出數十、甚至上百隻微小的蛆蟲，並且在寄主蟲體旁吐絲、結出一個個小白繭，有一天這些小繭中會羽化出一隻隻的小小繭蜂。至於看似腐敗的死亡蝶蛹一樣可能另有生機，如果發現局部變色的蛹殼內有微幅蠕動的跡象，一兩天後可能會有一至數隻成熟的蠅蛆鑽出蛹殼、落地，再逐漸硬化成一個橢圓形的蠅蛹。

繪圖：高鵬翔

常見蝴蝶幼蟲食草圖譜

鐵樹

盤龍木

水柳

葎草

石朴（台灣朴樹）

青苧麻

朴樹

水麻

山黃麻

冷清草

蕁麻科

糯米糰

木蘭科

白玉蘭

蓼科

火炭母草

馬兜鈴科

異葉馬兜鈴

馬齒莧科

馬齒莧

港口馬兜鈴

樟科

樟樹

山柑科（白花菜科）

銳葉山柑

紅楠

魚木

十字花科

葶菜

決明

豆科

南美豬屎豆

田菁

葛藤

阿勃勒

望江南

翅果鐵刀木

鐵刀木

酢漿草科

酢漿草

大戟科

鐵色

三腳虌

台灣假黃楊

山刈葉

蓖麻

賊仔樹

過山香

飛龍掌血

石苓舅

食茱萸

雙面刺

胡椒木

芸香

清風藤科

山豬肉

鼠李科

桶鉤藤

錦葵科

金午時花

堇菜科

箭葉堇菜

夾竹桃科

爬森藤

蘿藦科

馬利筋（尖尾鳳）

台灣牛皮消

蘿藦科

華他卡藤

武薛藤（羊角藤）

布朗藤

絨毛芙蓉蘭

甌蔓

茜草科

水金京

爵床科

賽山藍

爵床

台灣馬藍

車前草科

車前草

忍冬科

忍冬

棕櫚科

山棕

菊科

鼠麴草

觀音棕竹

菝葜科

菝葜

芭蕉科

台灣芭蕉

禾本科

芒草

薑科

月桃

綠竹

野薑花（穗花山奈）

100 BUTTERFLIES

蝴蝶幼生期野外快速辨識圖錄

蝴蝶幼生期外部構造用語圖解

蝶卵外形示意圖

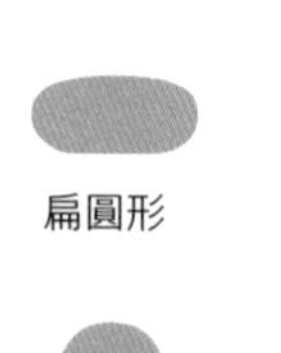
扁圓形

半球形

山丘形

紡錘形

橢圓形

砲彈形
（比例細長）

砲彈形
（比例胖短）

球形

終齡幼蟲外部構造示意圖

◆外部構造側面示意圖

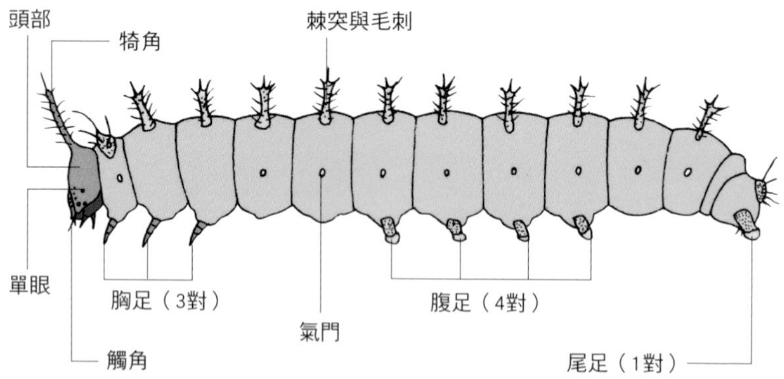

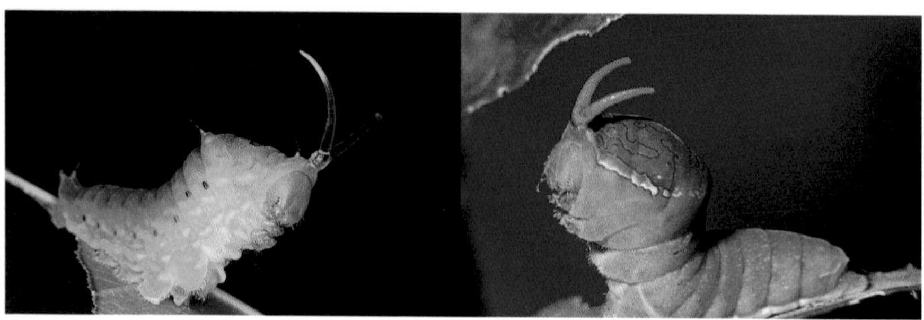
幼蟲伸出臭角

◆頭部正視圖

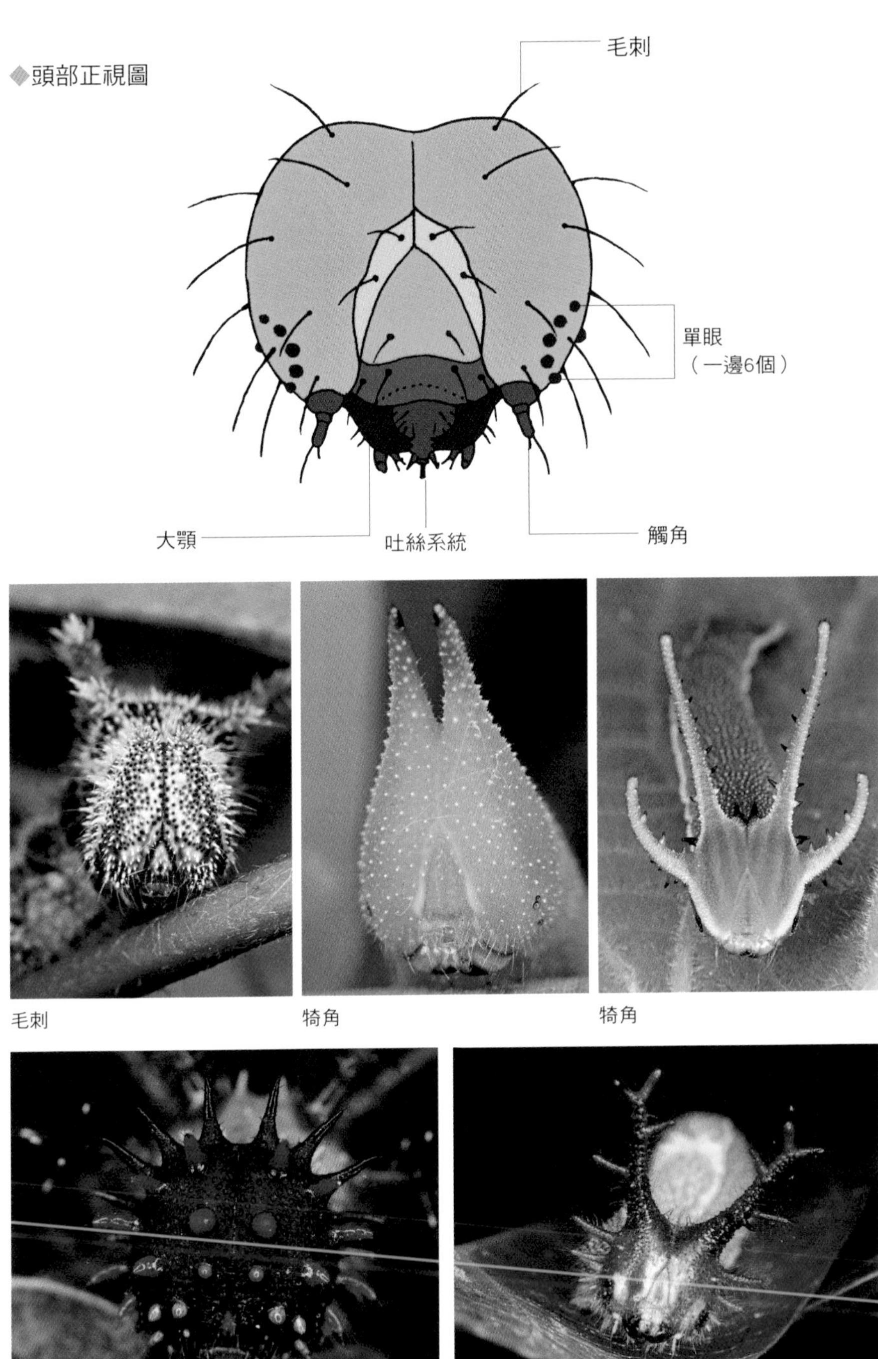

毛刺

犄角

犄角

尖突

犄角與尖突

蝶蛹外形構造示意圖

◆帶蛹構造示意圖

【側面】

上翅
氣門
複眼
腹部
觸角
胸部背面

【腹面】

下翅
觸角
上翅
口器
複眼
中腳
前腳

◆垂蛹構造示意圖

【側面】

腹部
氣門
上翅
胸部背面
複眼
觸角

【腹面】

上翅
中腳
觸角
前腳
複眼
口器

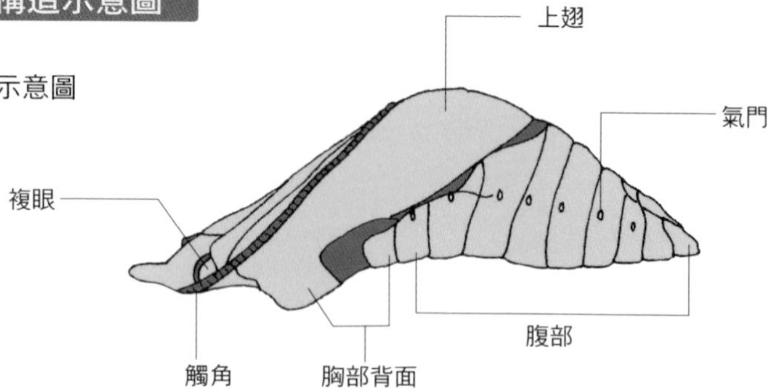

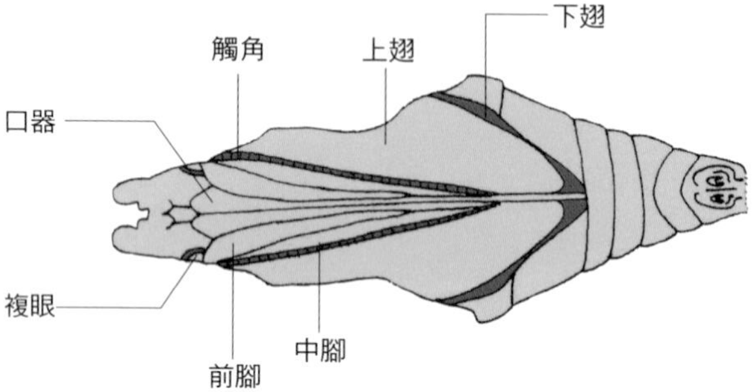

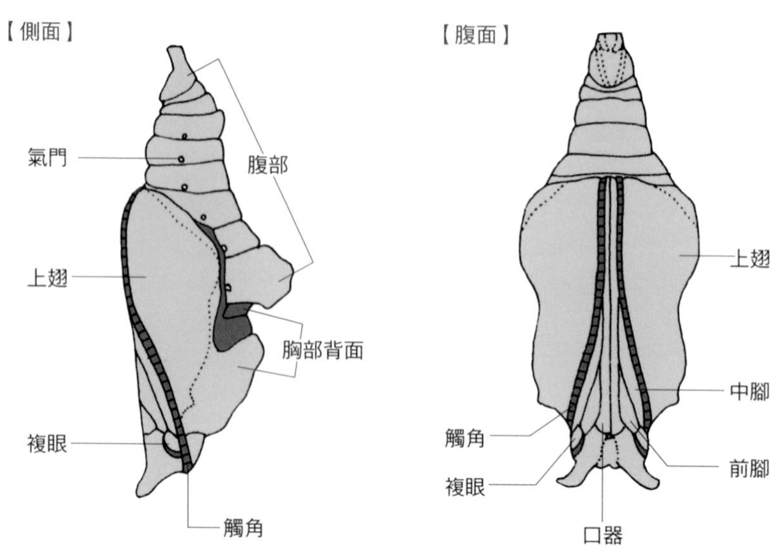

蝶卵辨識

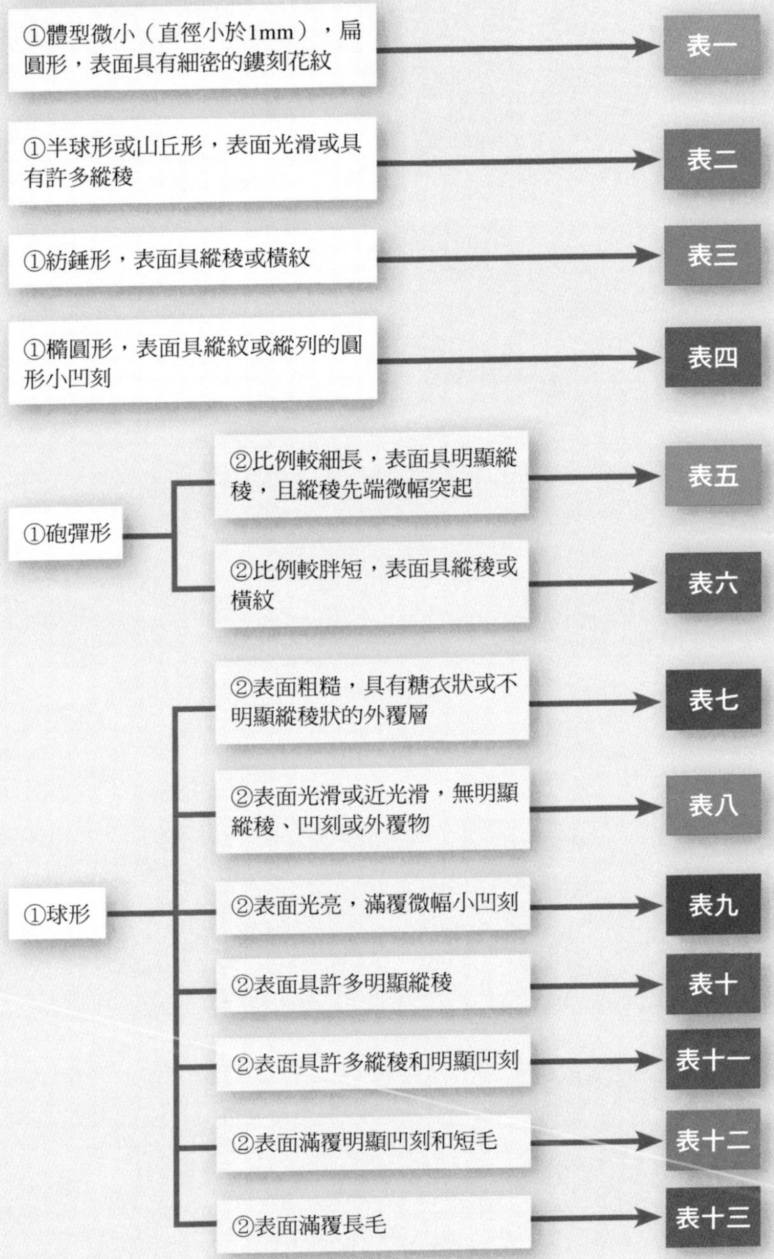

①體型微小（直徑小於1mm），扁圓形，表面具有細密的鏤刻花紋
表一
①半球形或山丘形，表面光滑或具有許多縱稜
表二
①紡錘形，表面具縱稜或橫紋
表三
①橢圓形，表面具縱紋或縱列的圓形小凹刻
表四
①砲彈形
②比例較細長，表面具明顯縱稜，且縱稜先端微幅突起
表五
②比例較胖短，表面具縱稜或橫紋
表六
①球形
②表面粗糙，具有糖衣狀或不明顯縱稜狀的外覆層
表七
②表面光滑或近光滑，無明顯縱稜、凹刻或外覆物
表八
②表面光亮，滿覆微幅小凹刻
表九
②表面具許多明顯縱稜
表十
②表面具許多縱稜和明顯凹刻
表十一
②表面滿覆明顯凹刻和短毛
表十二
②表面滿覆長毛
表十三

表一　體型微小（直徑小於1mm），扁圓形，表面具有細密的鏤刻花紋

小灰蝶

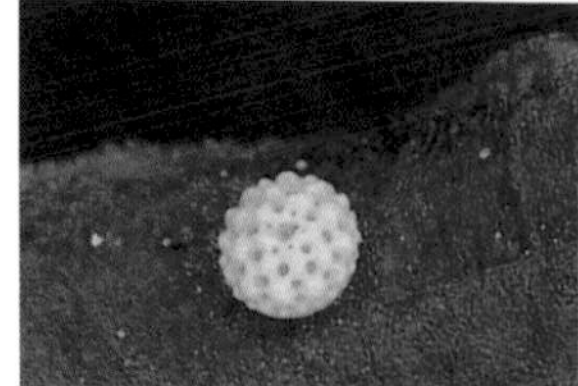
紅邊黃小灰蝶（P.186）

白波紋小灰蝶（P.190）

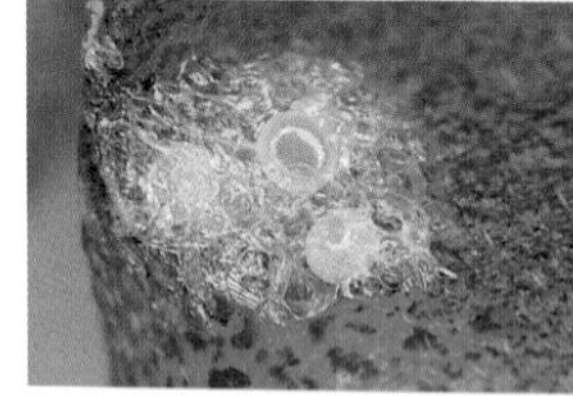
琉璃波紋小灰蝶（P.188）

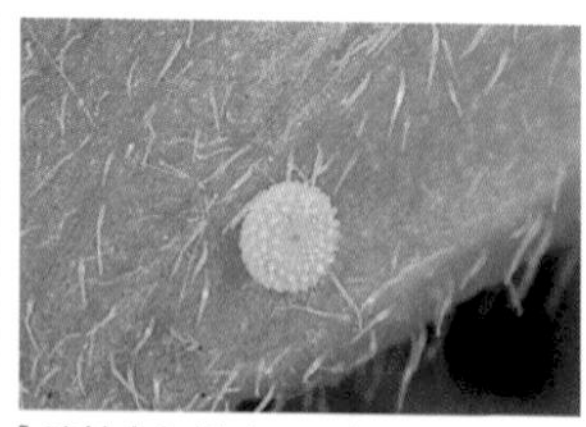
波紋小灰蝶（P.192）

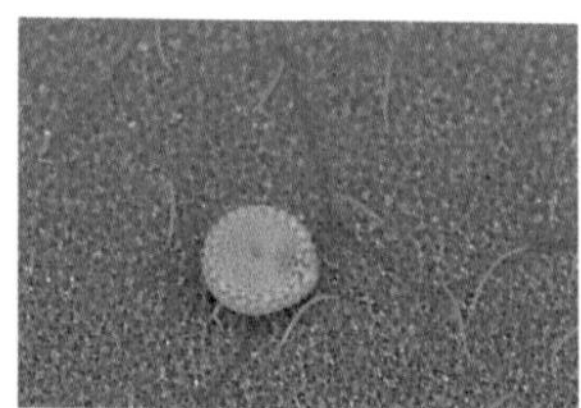
沖繩小灰蝶（P.194）

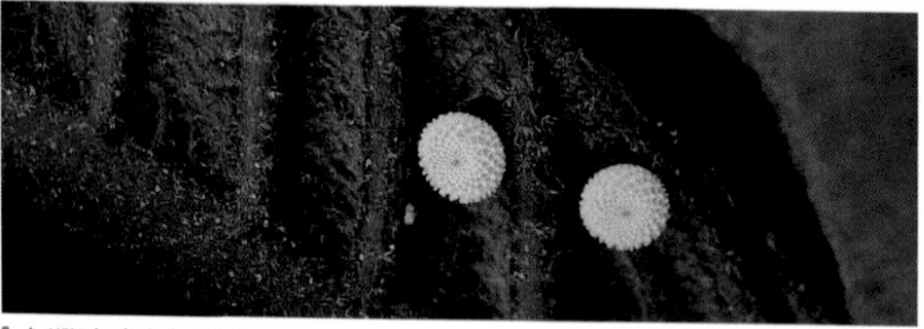
台灣琉璃小灰蝶（P.196）

蘇鐵小灰蝶（P.198）

表二　半球形或山丘形，表面光滑或具有許多縱稜

挵蝶

大綠挵蝶（P.200）

狹翅挵蝶（P.202）

大白紋挵蝶（P.204）

黑星挵蝶（P.206）

香蕉挵蝶（P.208）

台灣單帶挵蝶（P.210）

表三　紡錘形，表面具縱稜或橫紋

粉蝶

黑點粉蝶（P.64）

雌白黃蝶（P.66）

水青粉蝶（P.70）

淡黃蝶（P.72）

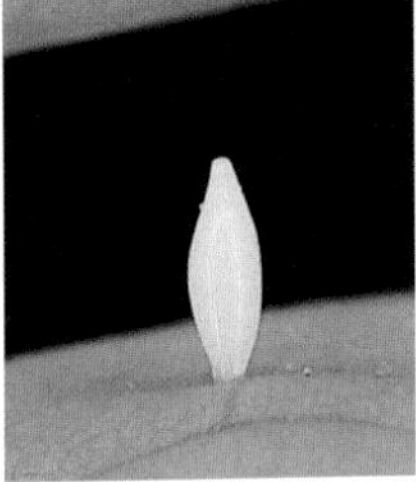
荷氏黃蝶（P.76）

台灣黃蝶（P.78）

表四　橢圓形，表面具縱紋或縱列的圓形小凹刻

斑蝶

圓翅紫斑蝶（P.96）

端紫斑蝶（P.98）

斯氏紫斑蝶（P.100）

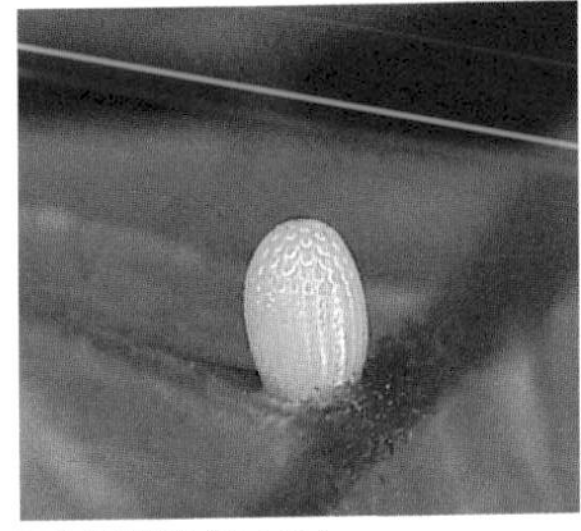
小紫斑蝶（P.102）

大白斑蝶（P.104）

蛺蝶

細蝶（P.106）

表五 比例較細長的砲彈形，表面具明顯縱稜，且縱稜先端微幅突起

粉蝶

紋白蝶（P.52）

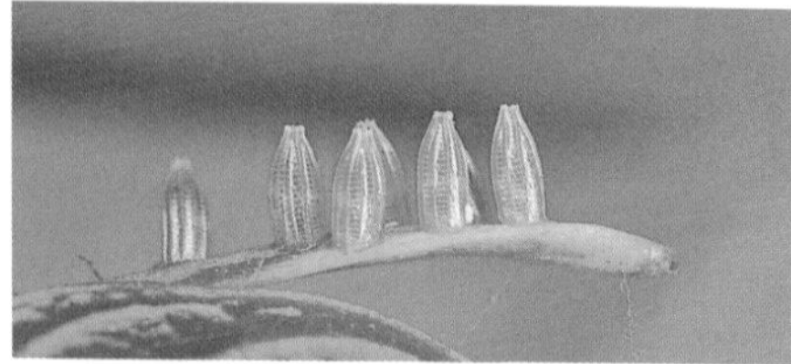
台灣粉蝶（P.58）

斑粉蝶（P.62）

台灣紋白蝶（P.54）

雲紋粉蝶（P.60）

淡紫粉蝶（P.56）

端紅蝶（P.68）

紅點粉蝶（P.74）

表六 比例較胖短的砲彈形，表面具縱稜或橫紋

斑蝶

黑脈樺斑蝶（P.80）

樺斑蝶（P.82）

淡色小紋青斑蝶（P.84）

小紋青斑蝶（P.86）

姬小紋青斑蝶（P.88）

青斑蝶（P.90）

小青斑蝶（P.92）

琉球青斑蝶（P.94）

表七　球形，表面粗糙，具有糖衣狀或不明顯縱稜狀的外覆層

鳳蝶

黃裳鳳蝶（P.12）

大紅紋鳳蝶（P.14）

麝香鳳蝶（P.18）

台灣麝香鳳蝶（P.16）

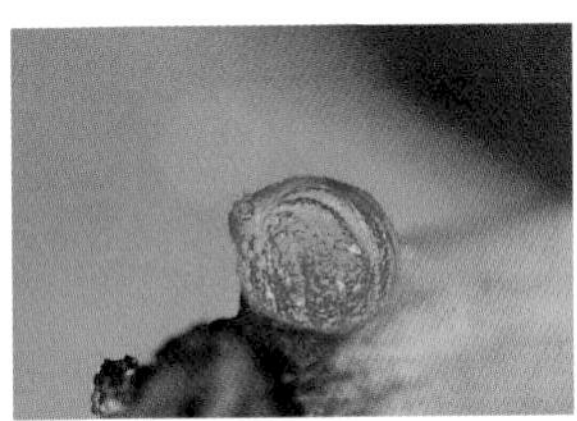
紅紋鳳蝶（P.20）

表八　球形，表面光滑或近光滑，無明顯縱稜、凹刻或外覆物

鳳蝶

青帶鳳蝶（P.22）

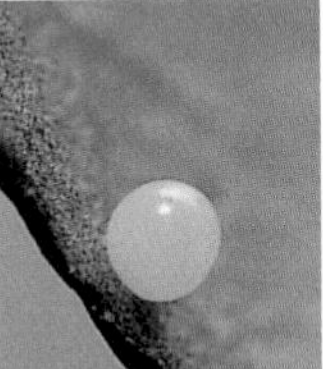
青斑鳳蝶（P.24）

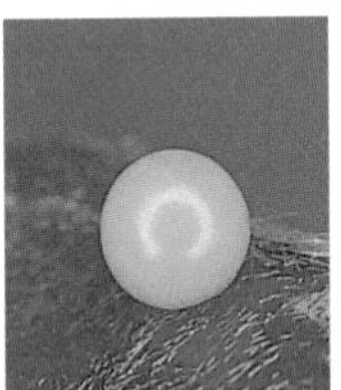
綠斑鳳蝶（P.26）

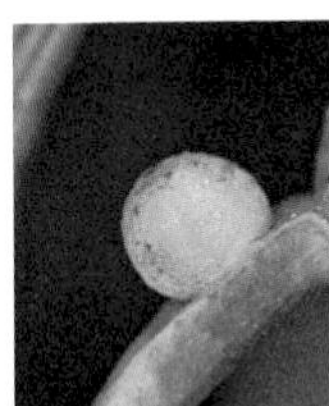
無尾鳳蝶（P.28）

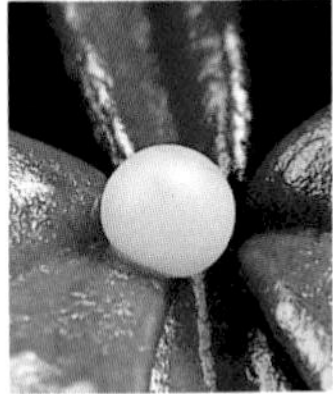
柑橘鳳蝶（P.30）

玉帶鳳蝶（P.32）

黑鳳蝶（P.34）

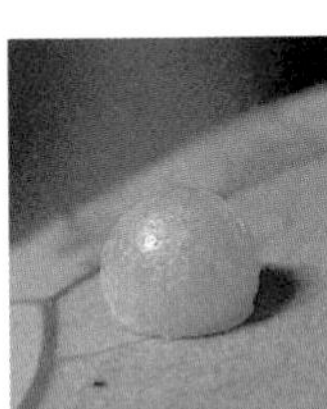
白紋鳳蝶（P.36）

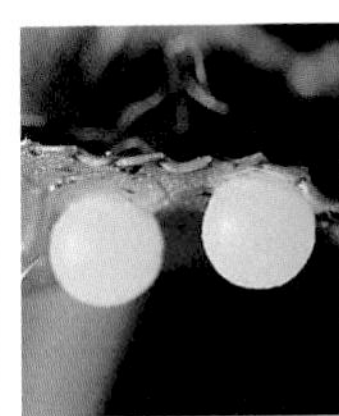
台灣白紋鳳蝶（P.38）

無尾白紋鳳蝶（P.40）

台灣鳳蝶（P.42）

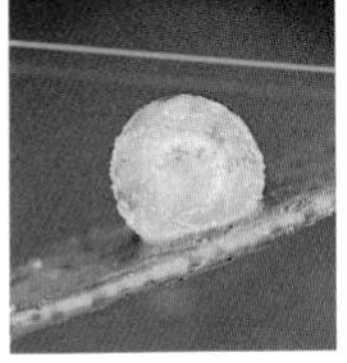
大鳳蝶（P.44）

烏鴉鳳蝶（P.46）

台灣烏鴉鳳蝶（P.48）

大琉璃紋鳳蝶（P.50）

表八　球形，表面光滑或近光滑，無明顯縱稜、凹刻或外覆物

蛇目蝶

白條蔭蝶（P.166）

波紋白條蔭蝶（P.168）

雌褐蔭蝶（P.170）

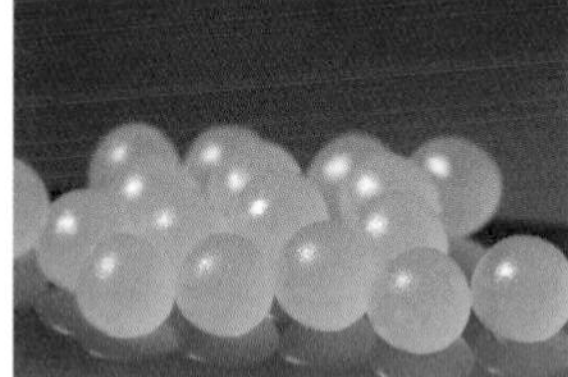

永澤黃斑蔭蝶（P.172）

小蛇目蝶（P.174）

姬蛇目蝶（P.176）

切翅單環蝶（P.178）

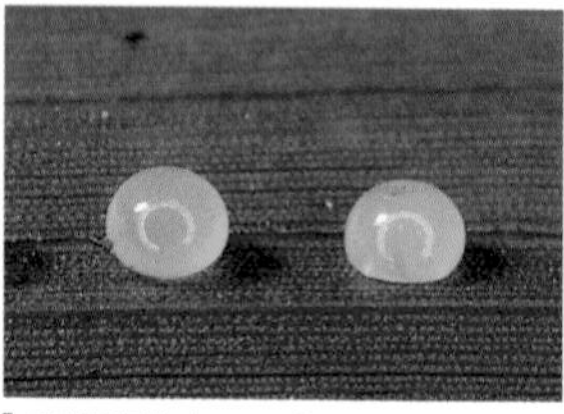

黑樹蔭蝶（P.180）

白條斑蔭蝶（P.182）

紫蛇目蝶（P.184）

環紋蝶

環紋蝶（P.158）

表九　球形，表面光亮，滿覆微幅小凹刻

蛇目蝶

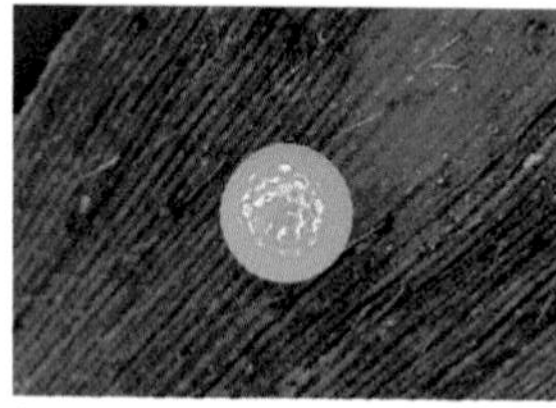

小波紋蛇目蝶（P.160）

大波紋蛇目蝶（P.162）

台灣波紋蛇目蝶（P.164）

表十 球形，表面具許多明顯縱稜

蛺蝶

孔雀蛺蝶（P.116）

眼紋擬蛺蝶（P.118）

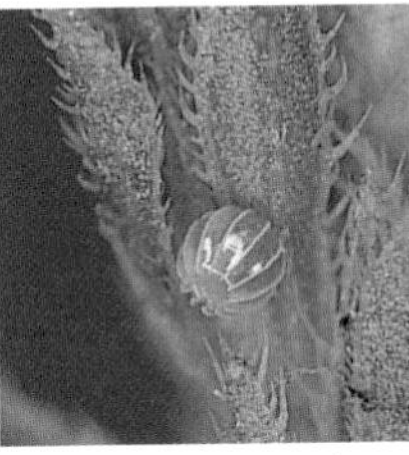
孔雀青蛺蝶（P.120）

黑擬蛺蝶（P.122）

枯葉蝶（P.124）

紅蛺蝶（P.126）

姬紅蛺蝶（P.128）

黃蛺蝶（P.130）

琉璃蛺蝶（P.132）

左：台灣黃三線蝶，右：寬紋黃三線蝶（P.134）

姬黃三線蝶（P.136）

雌紅紫蛺蝶（P.138）

琉球紫蛺蝶（P.140）

石墻蝶（P.148）

流星蛺蝶（P.150）

豹紋蝶（P.152）

台灣小紫蛺蝶（P.154）

紅星斑蛺蝶（P.156）

表十一 球形，表面具許多縱稜和明顯凹刻

蛺蝶

黑端豹斑蝶（P.110）

紅擬豹斑蝶（P.112）

黃斑蝶（P.114）

表十二 球形，表面滿覆明顯凹刻和短毛

蛺蝶

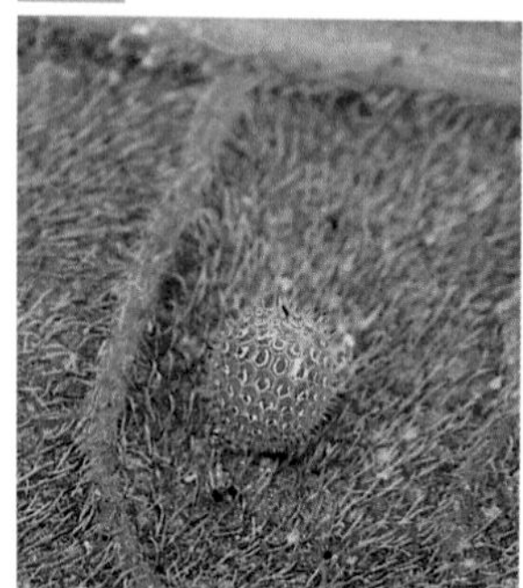

琉球三線蝶（P.142）

台灣三線蝶（P.144）

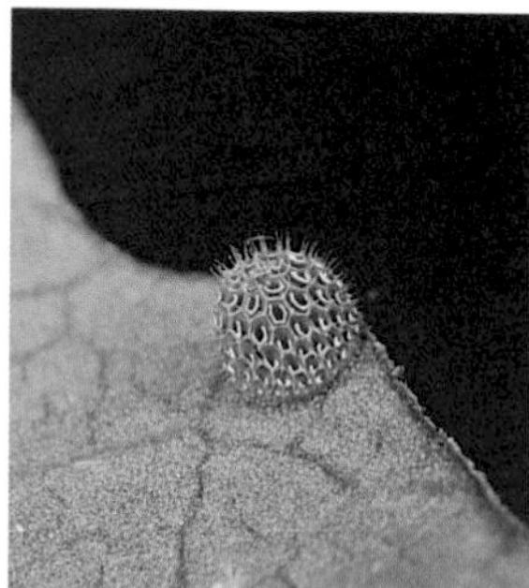

單帶蛺蝶（P.146）

表十三 球形，表面滿覆長毛

蛺蝶

樺蛺蝶（P.108）

終齡幼蟲辨識

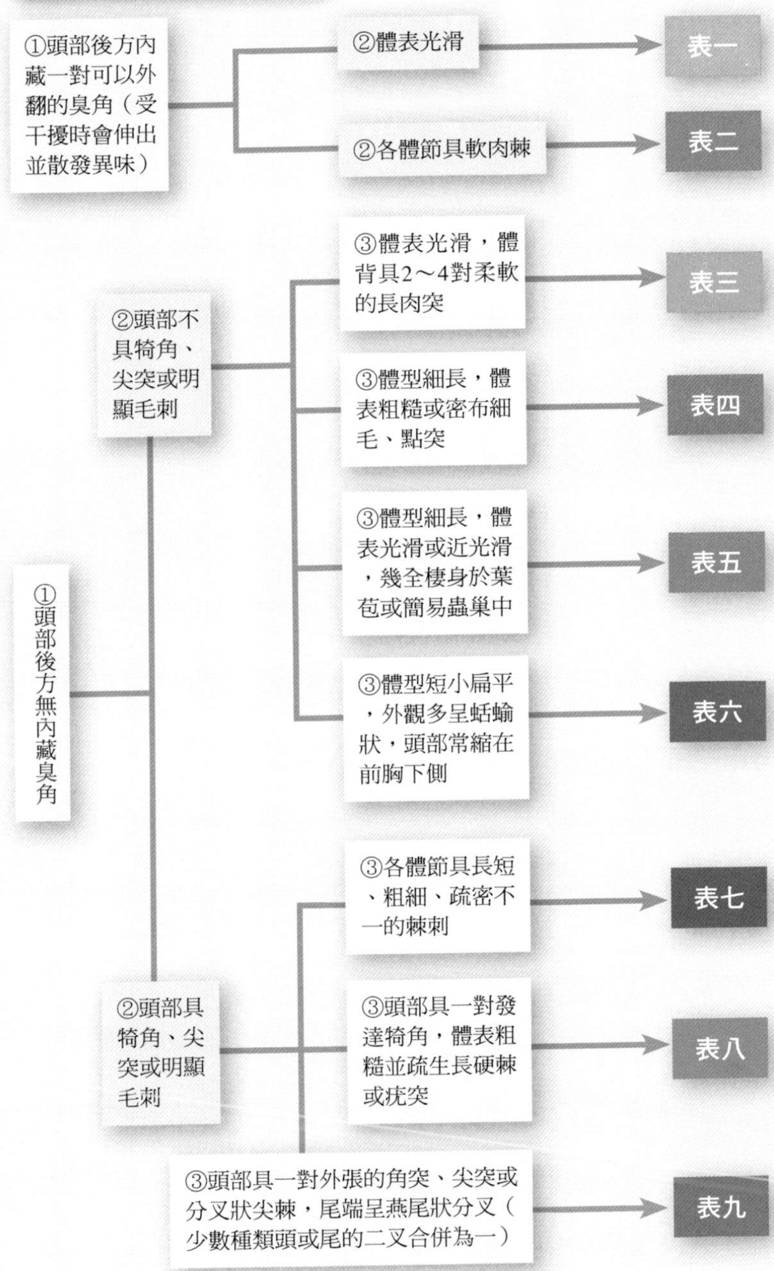
①頭部後方內藏一對可以外翻的臭角（受干擾時會伸出並散發異味）
②體表光滑
表一
②各體節具軟肉棘
表二
①頭部後方無內藏臭角
②頭部不具犄角、尖突或明顯毛刺
③體表光滑，體背具2～4對柔軟的長肉突
表三
③體型細長，體表粗糙或密布細毛、點突
表四
③體型細長，體表光滑或近光滑，幾全棲身於葉苞或簡易蟲巢中
表五
③體型短小扁平，外觀多呈蛞蝓狀，頭部常縮在前胸下側
表六
②頭部具犄角、尖突或明顯毛刺
③各體節具長短、粗細、疏密不一的棘刺
表七
③頭部具一對發達犄角，體表粗糙並疏生長硬棘或疣突
表八
③頭部具一對外張的角突、尖突或分叉狀尖棘，尾端呈燕尾狀分叉（少數種類頭或尾的二叉合併為一）
表九

表一 具臭角，體表光滑

鳳蝶

青帶鳳蝶（P.22）

青斑鳳蝶（P.24）

柑橘鳳蝶（P.30）

綠斑鳳蝶（P.26）

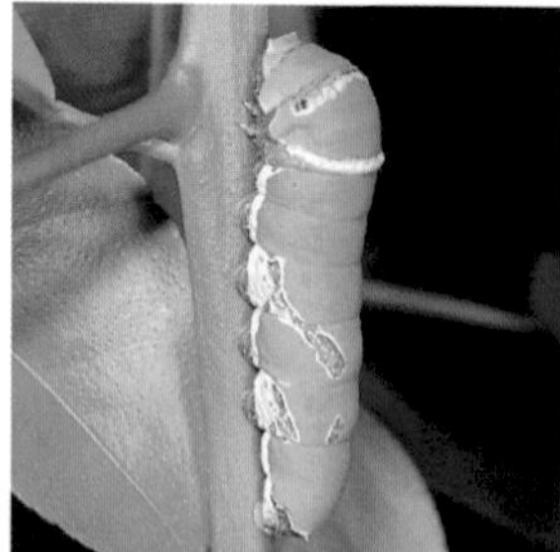
無尾鳳蝶（P.28）

玉帶鳳蝶（P.32）

黑鳳蝶（P.34）

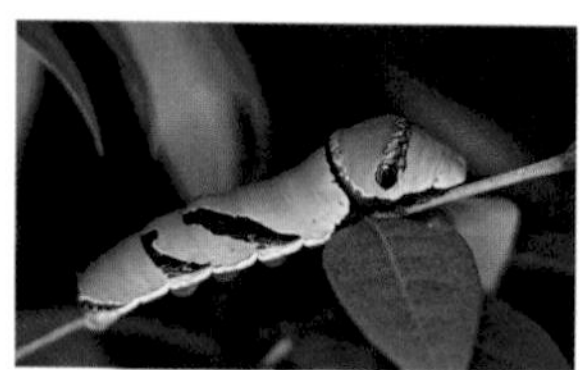
白紋鳳蝶（P.36）

台灣白紋鳳蝶（P.38）

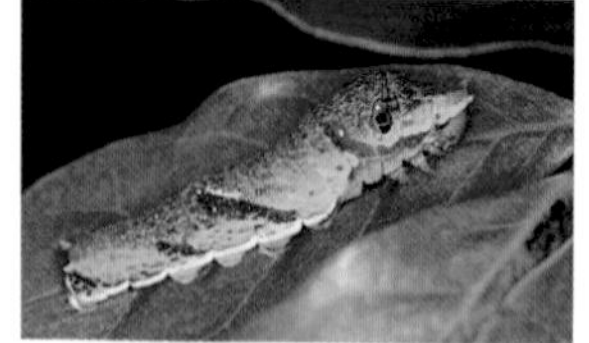
無尾白紋鳳蝶（P.40）

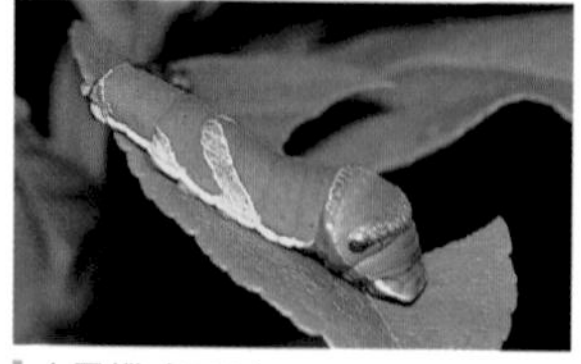
大鳳蝶（P.44）

烏鴉鳳蝶（P.46）

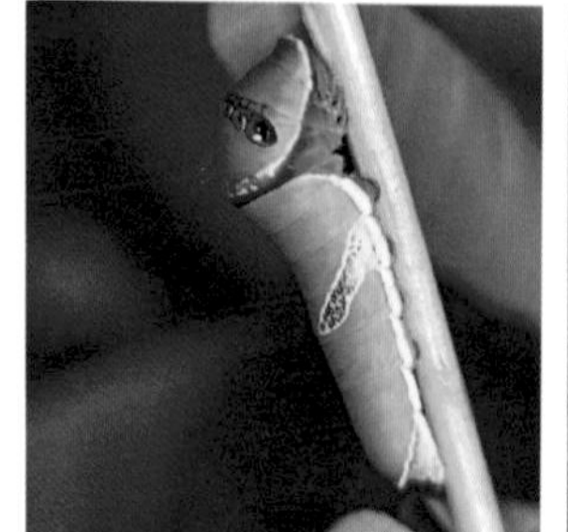
台灣鳳蝶（P.42）

台灣烏鴉鳳蝶（P.48）

大琉璃紋鳳蝶（P.50）

表二 具臭角，各體節具軟肉棘

鳳蝶

黃裳鳳蝶（P.12）

大紅紋鳳蝶（P.14）

台灣麝香鳳蝶（P.16）

麝香鳳蝶（P.18）

紅紋鳳蝶（P.20）

表三 體表光滑，體背具2～4對柔軟的長肉突

斑蝶

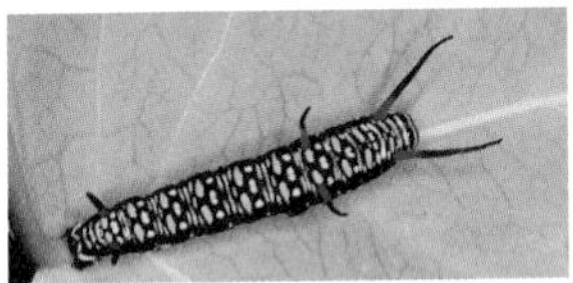
黑脈樺斑蝶（P.80）

樺斑蝶（P.82）

淡色小紋青斑蝶（P.84）

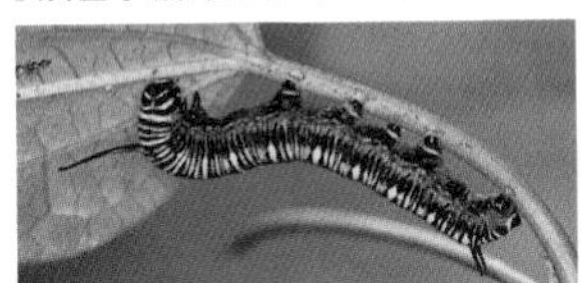
小紋青斑蝶（P.86）

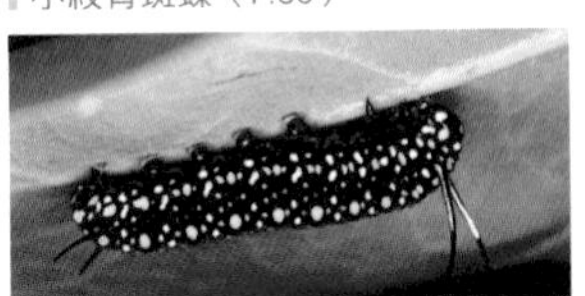
姬小紋青斑蝶（P.88）

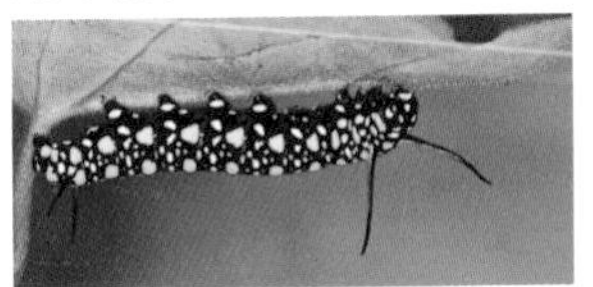
青斑蝶（P.90）

小青斑蝶（P.92）

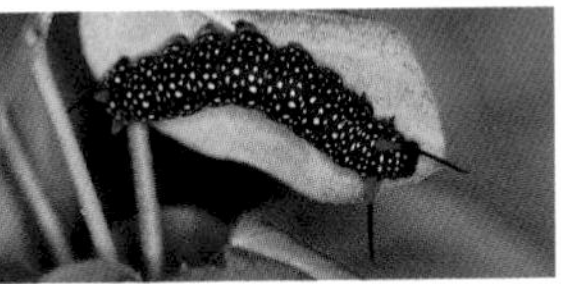
琉球青斑蝶（P.94）

圓翅紫斑蝶（P.96）

端紫斑蝶（P.98）

斯氏紫斑蝶（P.100）

小紫斑蝶（P.102）

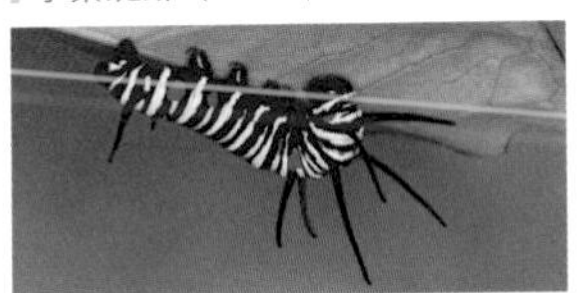
大白斑蝶（P.104）

表四　體型細長，體表粗糙或密布細毛、點突

粉蝶

紋白蝶（P.52）

淡紫粉蝶（P.56）

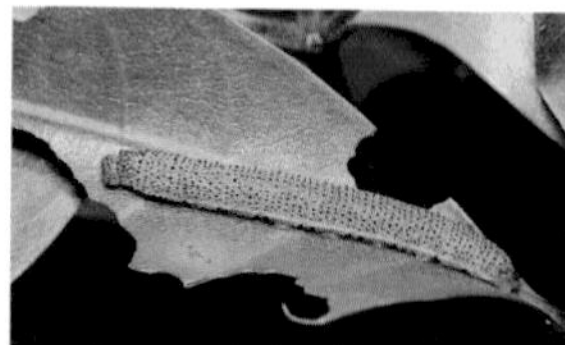
台灣粉蝶（P.58）

台灣紋白蝶（P.54）

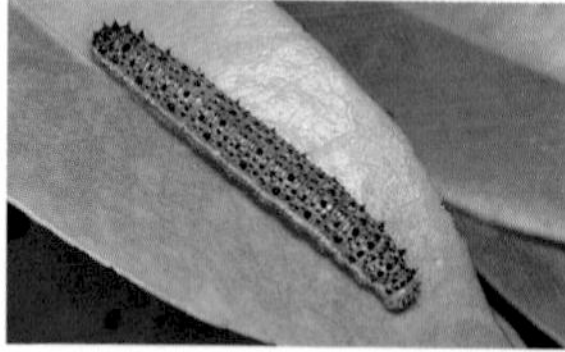
雲紋粉蝶（P.60）

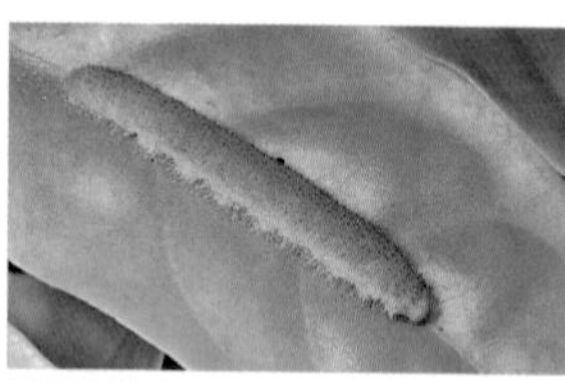
斑粉蝶（P.62）

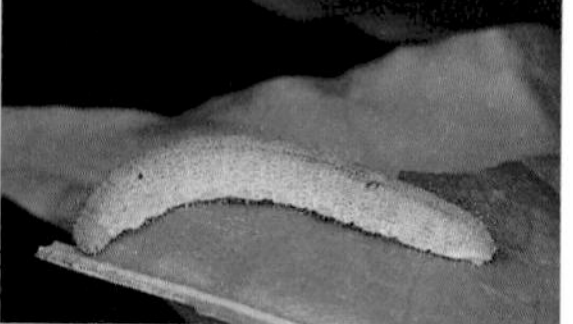
黑點粉蝶（P.64）

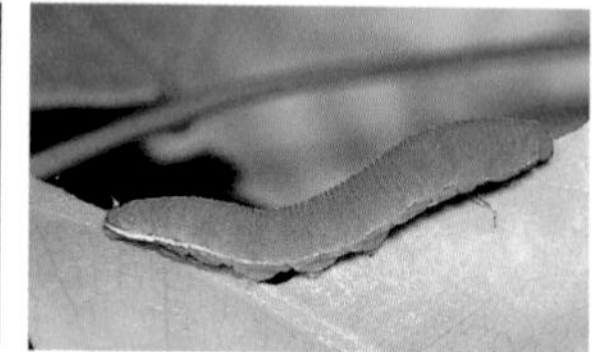
雌白黃蝶（P.66）

端紅蝶（P.68）

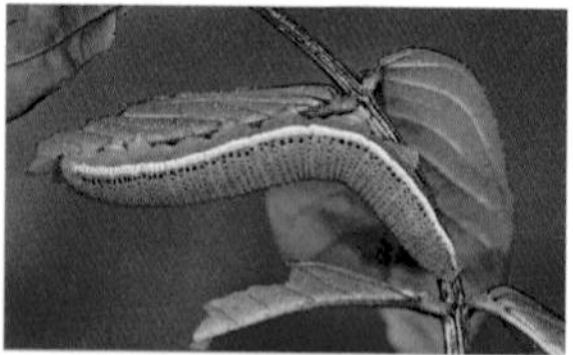
水青粉蝶（P.70）

淡黃蝶（P.72）

紅點粉蝶（P.74）

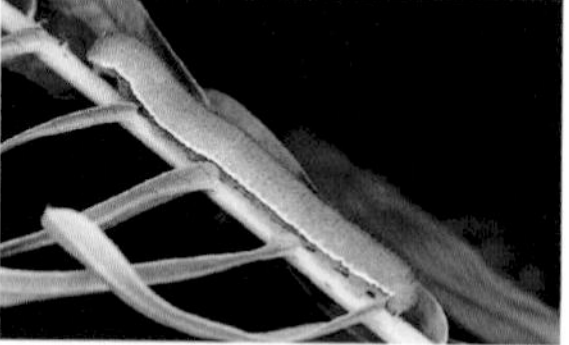
荷氏黃蝶（P.76）

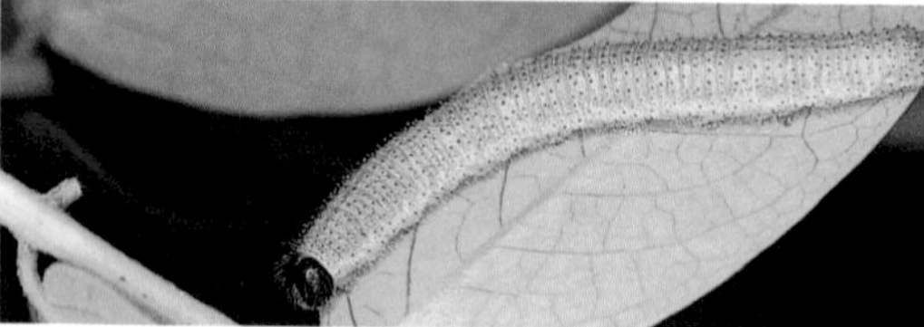
台灣黃蝶（P.78）

環紋蝶

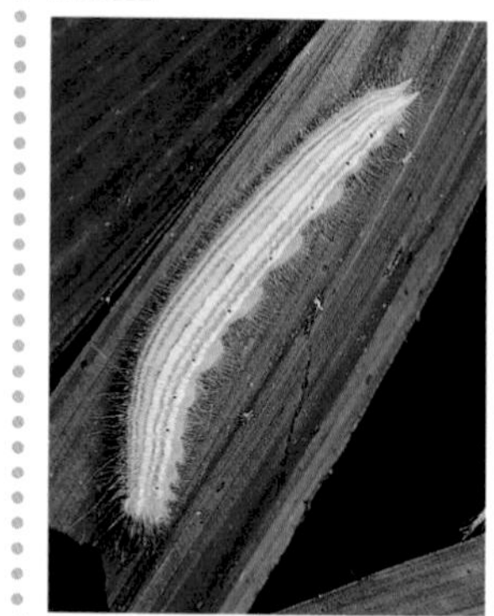
環紋蝶（P.158）

表五　體型細長，體表光滑或近光滑，幾全棲身於葉苞或簡易蟲巢中

弄蝶

大綠弄蝶（P.200）

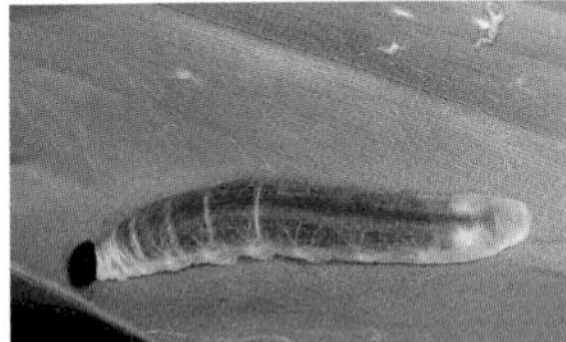
大白紋弄蝶（P.204）

香蕉弄蝶（P.208）

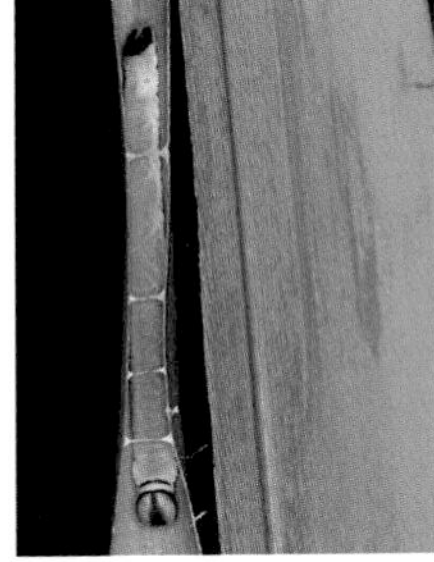
狹翅弄蝶（P.202）

黑星弄蝶（P.206）

台灣單帶弄蝶（P.210）

表六　體型短小扁平，外觀多呈蛞蝓狀，頭部常縮在前胸下側

小灰蝶

紅邊黃小灰蝶（P.186）

波紋小灰蝶（P.192）

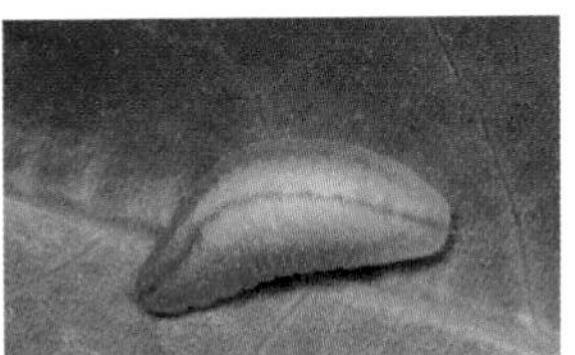
台灣琉璃小灰蝶（P.196）

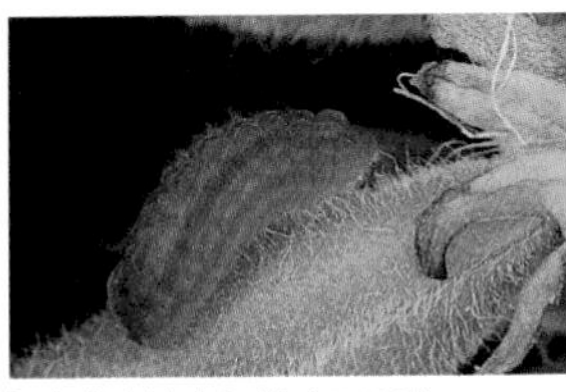
琉璃波紋小灰蝶（P.188）

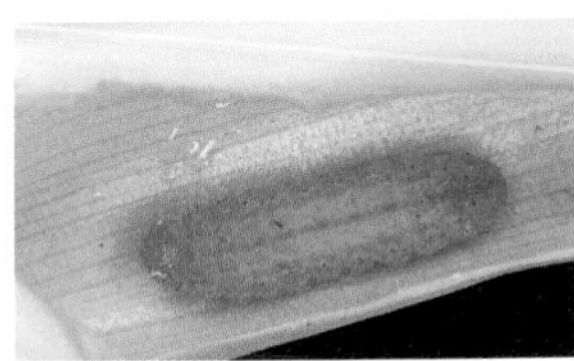
白波紋小灰蝶（P.190）

沖繩小灰蝶（P.194）

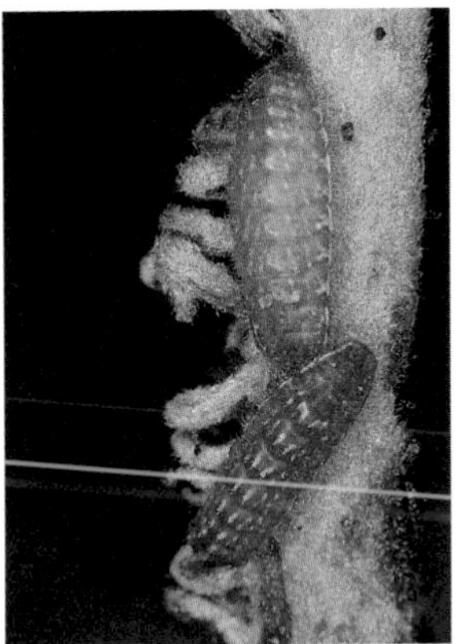
蘇鐵小灰蝶（P.198）

表七 各體節具長短、粗細、疏密不一的棘刺

蛺蝶

細蝶（P.106）

樺蛺蝶（P.108）

黑端豹斑蝶（P.110）

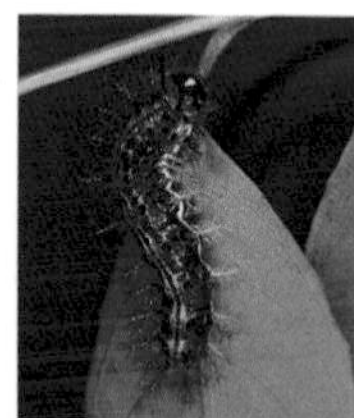
紅擬豹斑蝶（P.112）

黃斑蝶（P.114）

孔雀蛺蝶（P.116）

眼紋擬蛺蝶（P.118）

孔雀青蛺蝶（P.120）

黑擬蛺蝶（P.122）

枯葉蝶（P.124）

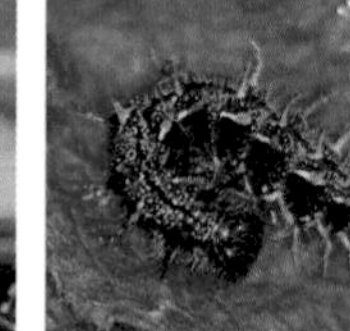
紅蛺蝶（P.126）

姬紅蛺蝶（P.128）

黃蛺蝶（P.130）

琉璃蛺蝶（P.132）

台灣黃三線蝶（P.134）

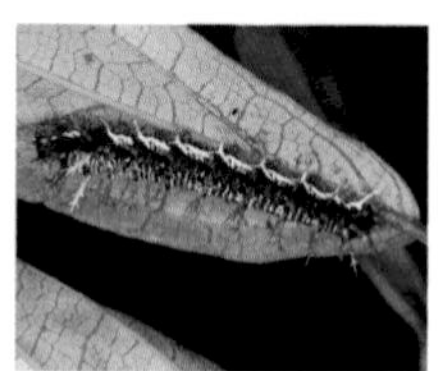
姬黃三線蝶（P.136）

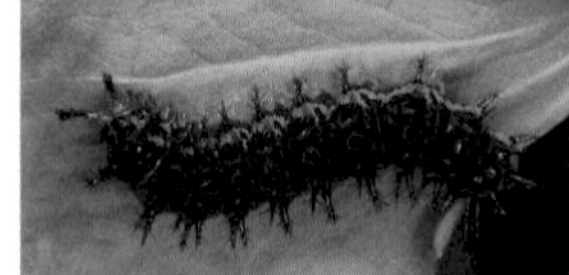
雌紅紫蛺蝶（P.138）

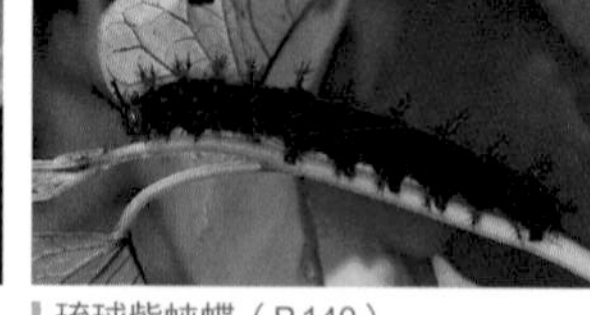
琉球紫蛺蝶（P.140）

琉球三線蝶（P.142）

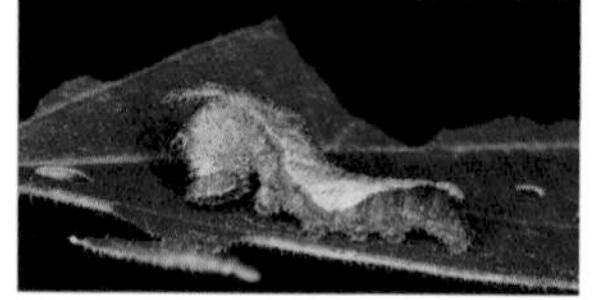
台灣三線蝶（P.144）

單帶蛺蝶（P.146）

表八

頭部具一對發達犄角，體表粗糙並疏生長硬棘或疣突

蛺蝶

石墻蝶（P.148）

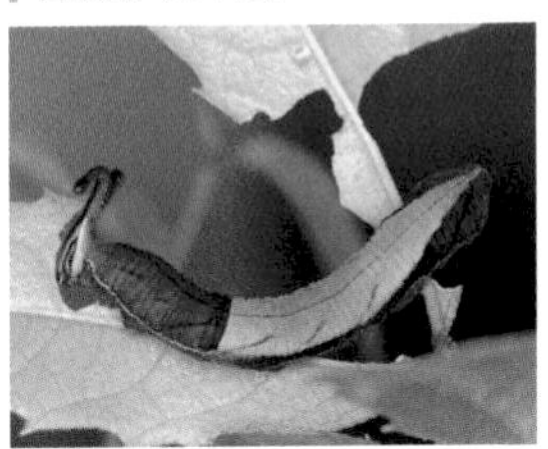

流星蛺蝶（P.150）

豹紋蝶（P.152）

台灣小紫蛺蝶（P.154）

紅星斑蛺蝶（P.156）

表九

頭部具一對外張的角突、尖突或分叉狀尖棘，尾端呈燕尾狀分叉（少數種類頭或尾的二叉合併為一）

蛇目蝶

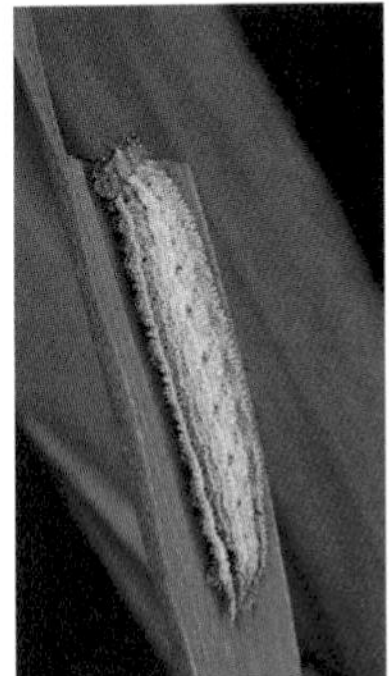

小波紋蛇目蝶（P.160）

大波紋蛇目蝶（P.162）

台灣波紋蛇目蝶（P.164）

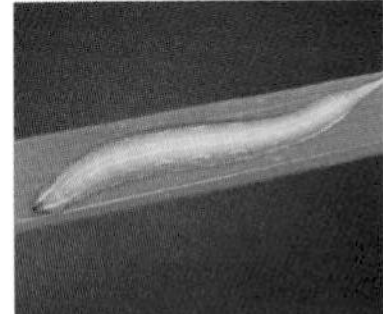

白條蔭蝶（P.166）

波紋白條蔭蝶（P.168）

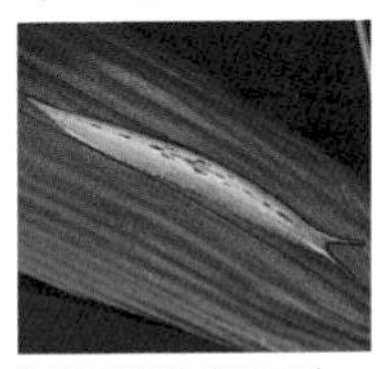

雌褐蔭蝶（P.170）

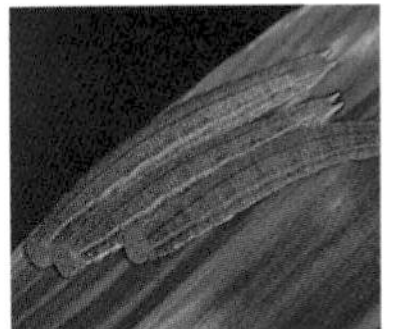

永澤黃斑蔭蝶（P.172）

小蛇目蝶（P.174）

姬蛇目蝶（P.176）

切翅單環蝶（P.178）

黑樹蔭蝶（P.180）

白條斑蔭蝶（P.182）

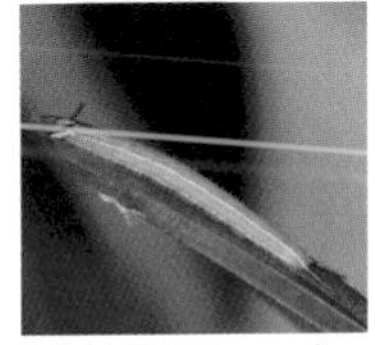

紫蛇目蝶（P.184）

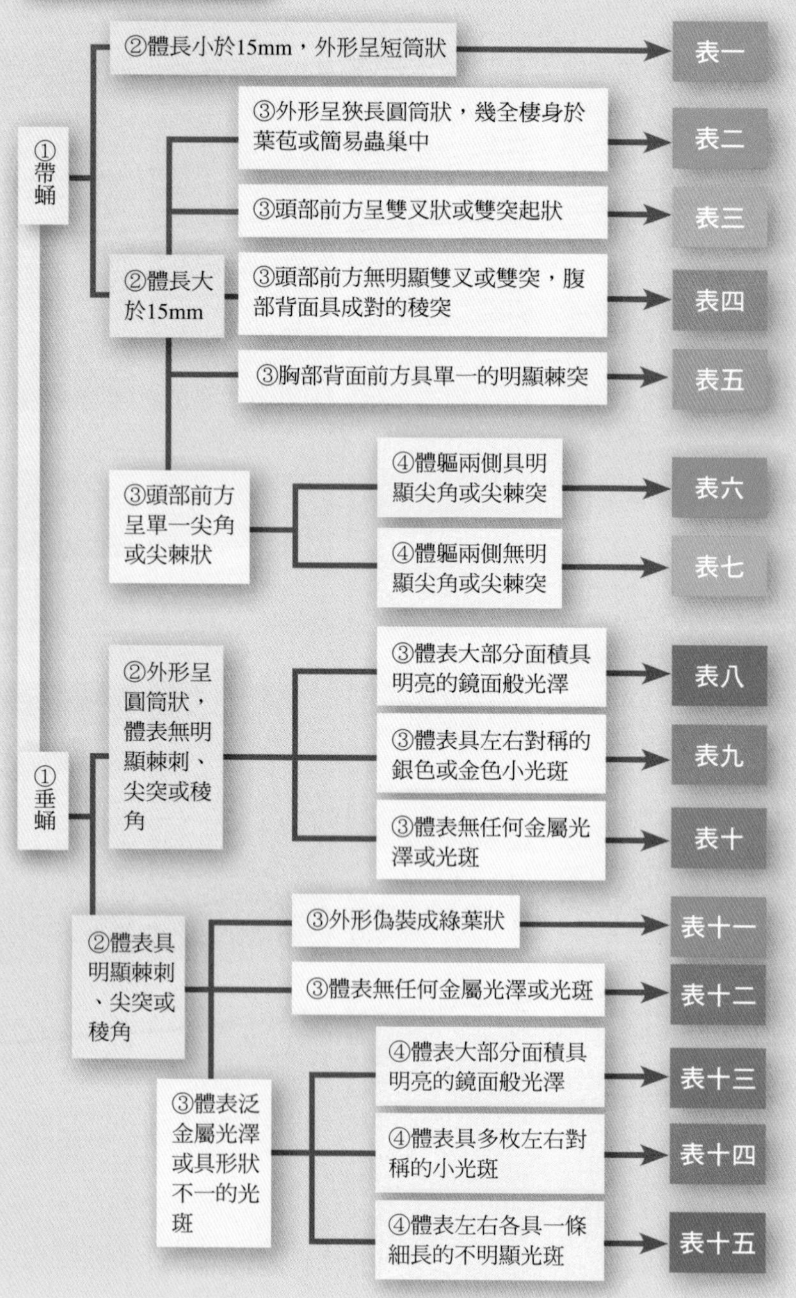
蝶蛹辨識
①帶蛹
②體長小於15mm，外形呈短筒狀
表一
②體長大於15mm
③外形呈狹長圓筒狀，幾全棲身於葉苞或簡易蟲巢中
表二
③頭部前方呈雙叉狀或雙突起狀
表三
③頭部前方無明顯雙叉或雙突，腹部背面具成對的稜突
表四
③胸部背面前方具單一的明顯棘突
表五
③頭部前方呈單一尖角或尖棘狀
④體軀兩側具明顯尖角或尖棘突
表六
④體軀兩側無明顯尖角或尖棘突
表七
①垂蛹
②外形呈圓筒狀，體表無明顯棘刺、尖突或稜角
③體表大部分面積具明亮的鏡面般光澤
表八
③體表具左右對稱的銀色或金色小光斑
表九
③體表無任何金屬光澤或光斑
表十
②體表具明顯棘刺、尖突或稜角
③外形偽裝成綠葉狀
表十一
③體表無任何金屬光澤或光斑
表十二
③體表泛金屬光澤或具形狀不一的光斑
④體表大部分面積具明亮的鏡面般光澤
表十三
④體表具多枚左右對稱的小光斑
表十四
④體表左右各具一條細長的不明顯光斑
表十五

表一　體長小於15mm，外形呈短筒狀

小灰蝶

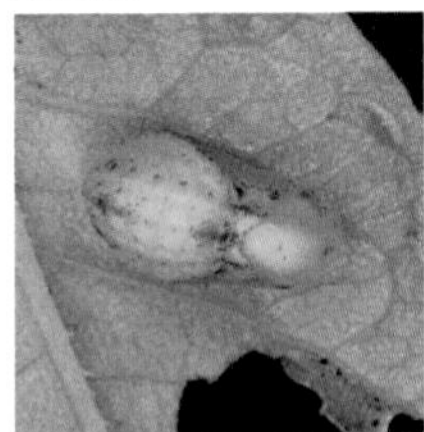

紅邊黃小灰蝶（P.186）

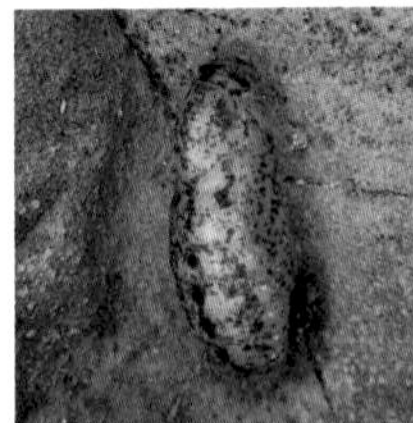

琉璃波紋小灰蝶（P.188）

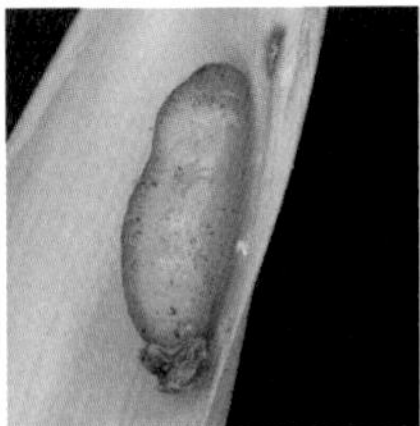

白波紋小灰蝶　（P.190）

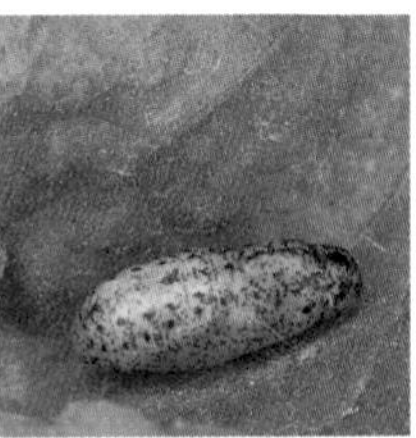

波紋小灰蝶　（P.192）

沖繩小灰蝶（P.194）

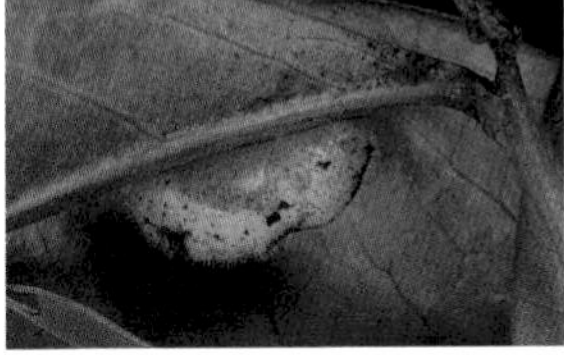

台灣琉璃小灰蝶　（P.196）

蘇鐵小灰蝶　（P.198）

表二　外形呈狹長圓筒狀，幾全棲身於葉苞或簡易蟲巢中

挵蝶

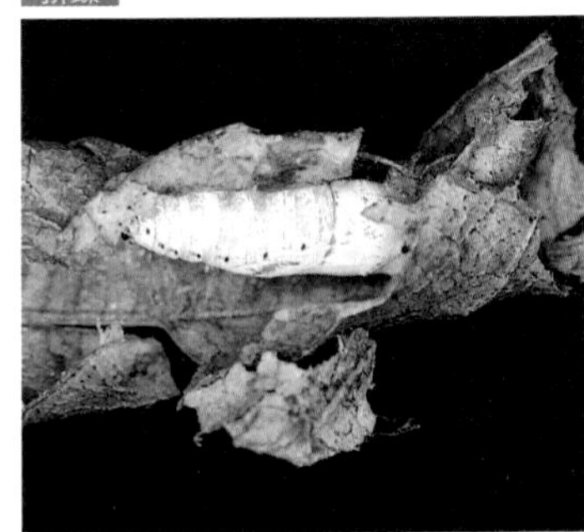

大綠挵蝶（P.200）

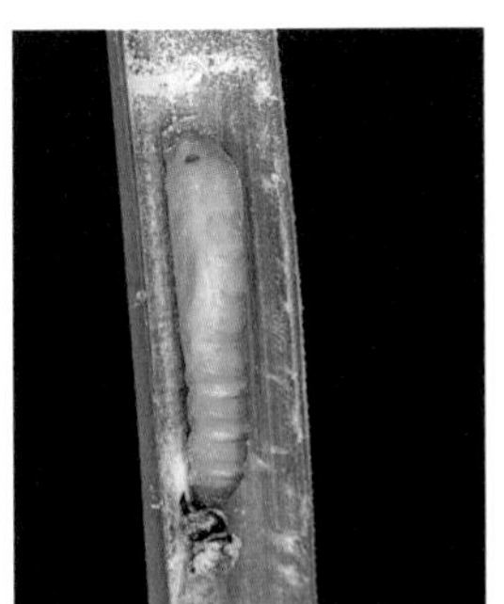

狹翅挵蝶（P.202）

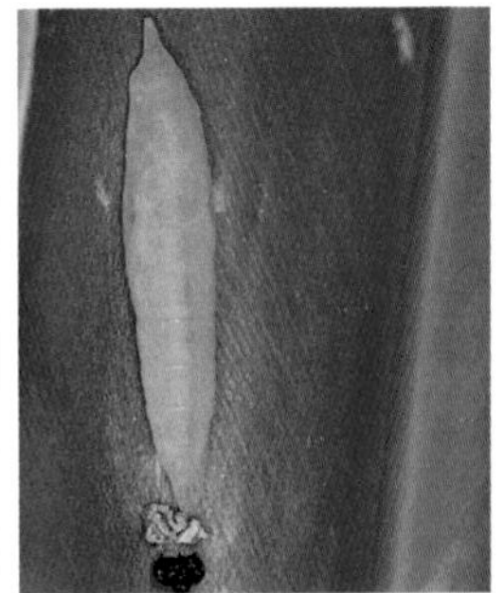

大白紋挵蝶（P.204）

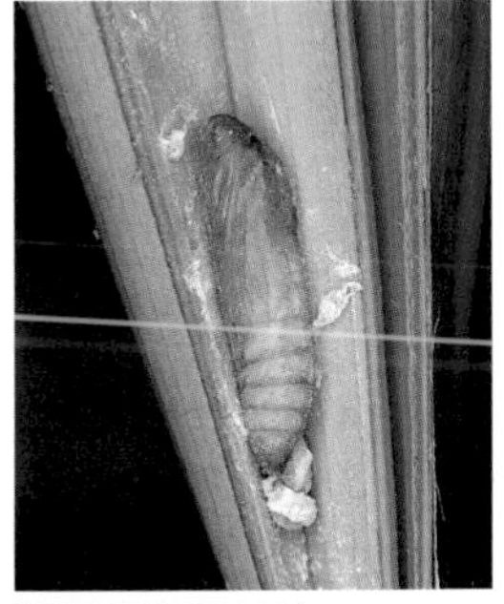

黑星挵蝶（P.206）

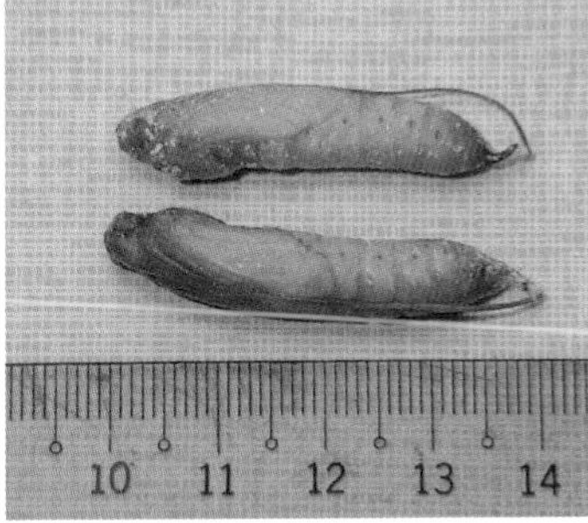

香蕉挵蝶（P.208）

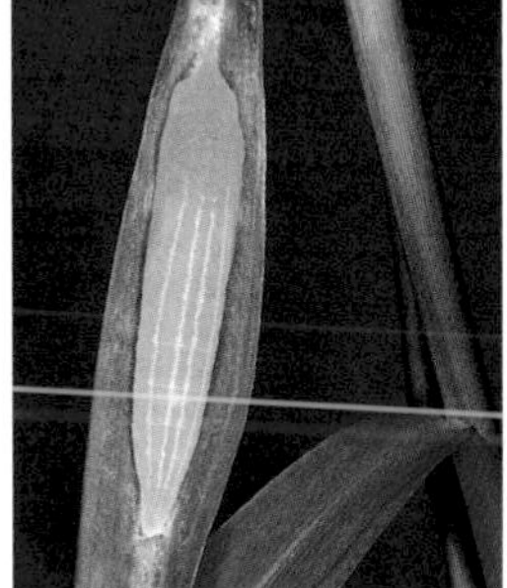

台灣單帶挵蝶（P.210）

表三 頭部前方呈雙叉狀或雙突起狀

鳳蝶

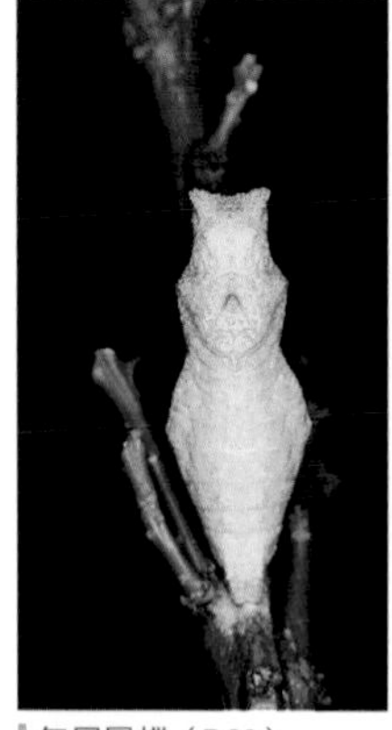
無尾鳳蝶（P.28）

柑橘鳳蝶（P.30）

玉帶鳳蝶（P.32）

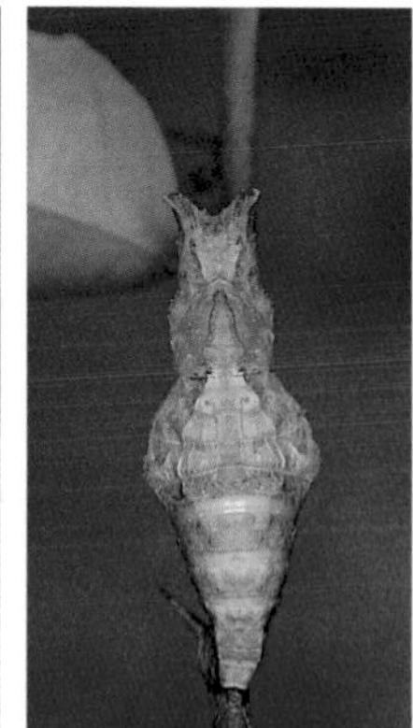
黑鳳蝶（P.34）

白紋鳳蝶（P.36）

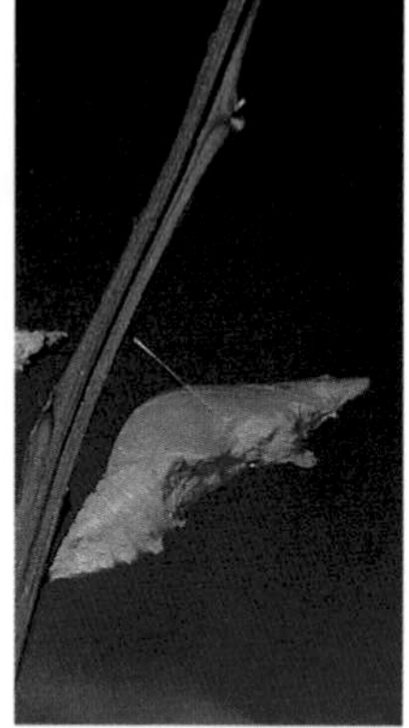
台灣白紋鳳蝶（P.38）

無尾白紋鳳蝶（P.40）

台灣鳳蝶（P.42）

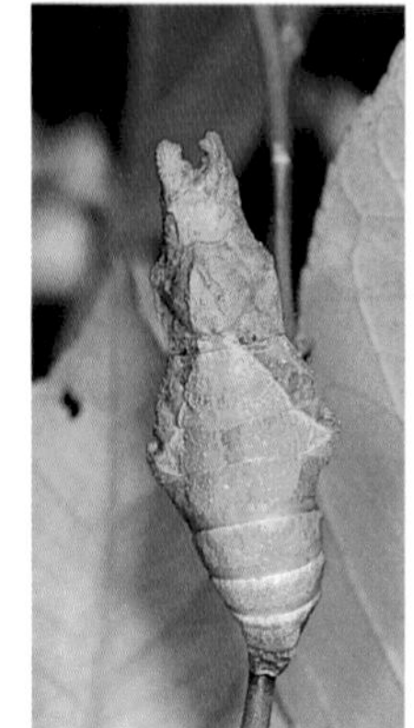
大鳳蝶（P.44）

烏鴉鳳蝶（P.46）

台灣烏鴉鳳蝶（P.48）

大琉璃紋鳳蝶（P.50）

表四 頭部前方無明顯雙叉或雙突，腹部背面具成對的稜突

鳳蝶

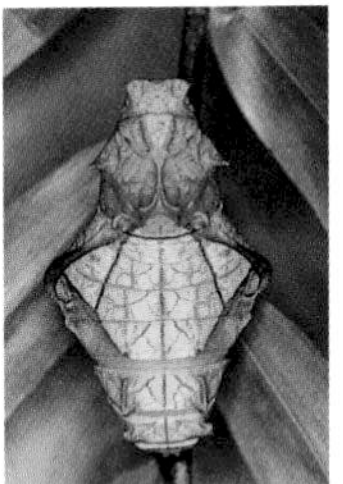
黃裳鳳蝶（P.12）

大紅紋鳳蝶（P.14）

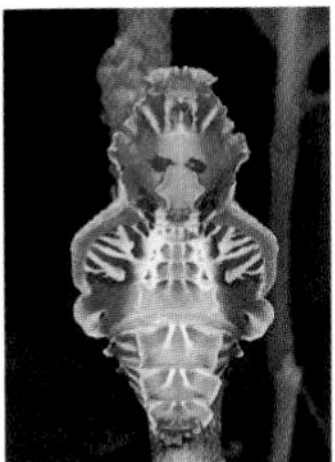
台灣麝香鳳蝶（P.16）

麝香鳳蝶（P.18）

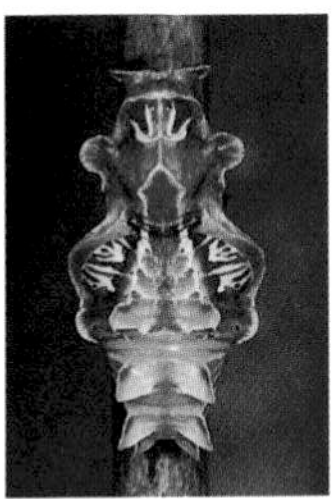
紅紋鳳蝶（P.20）

表五 胸部背面前方具單一的明顯棘突

鳳蝶

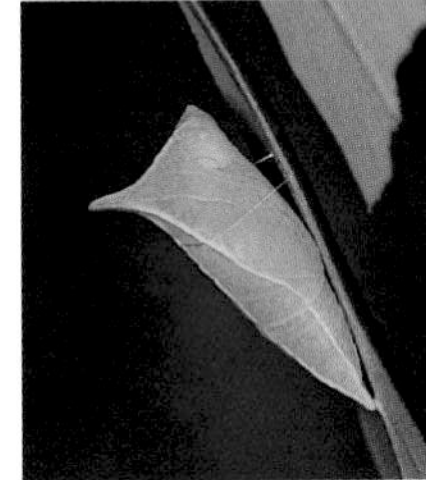
青帶鳳蝶（P.22）

青斑鳳蝶（P.24）

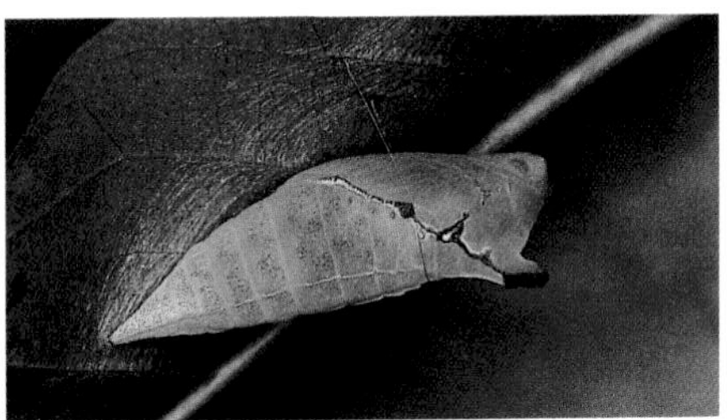
綠斑鳳蝶（P.26）

表六 頭部前方呈單一尖角或尖棘狀，體軀兩側具明顯尖角或尖棘突

粉蝶

紋白蝶（P.52）

台灣紋白蝶（P.54）

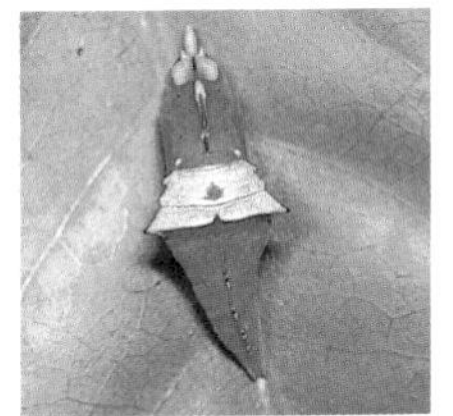
淡紫粉蝶（P.56）

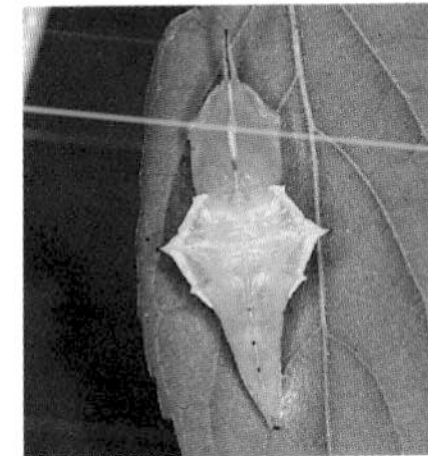
台灣粉蝶（P.58）

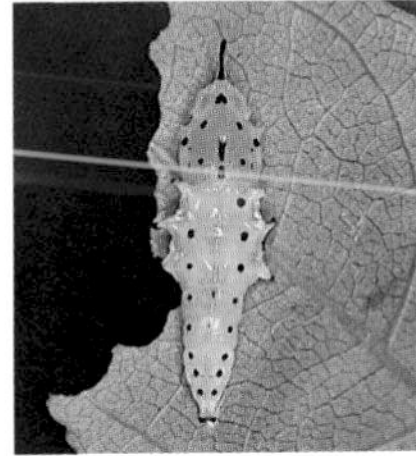
雲紋粉蝶（P.60）

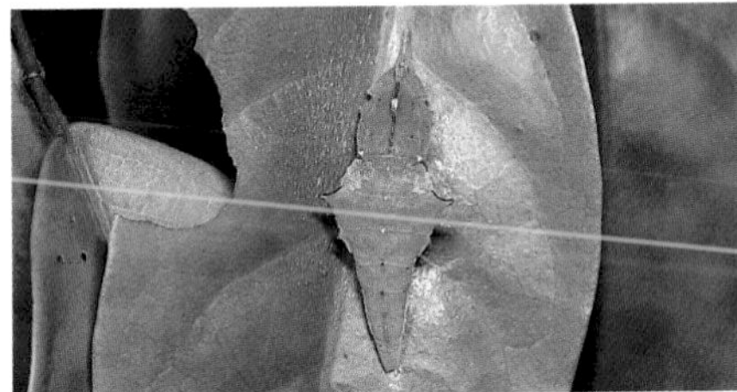
斑粉蝶（P.62）

表七 頭部前方呈單一尖角或尖棘狀，體軀兩側無明顯尖角或尖棘突

粉蝶

黑點粉蝶（P.64）

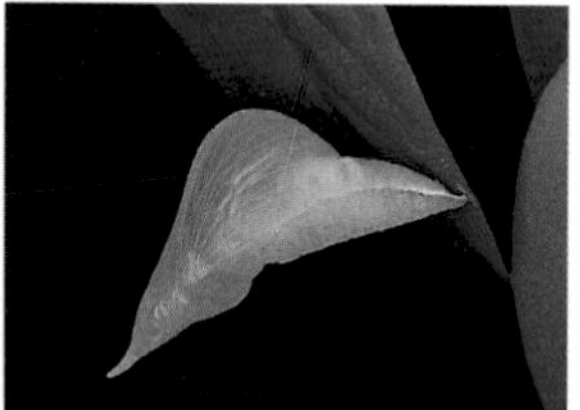
雌白黃蝶（P.66）

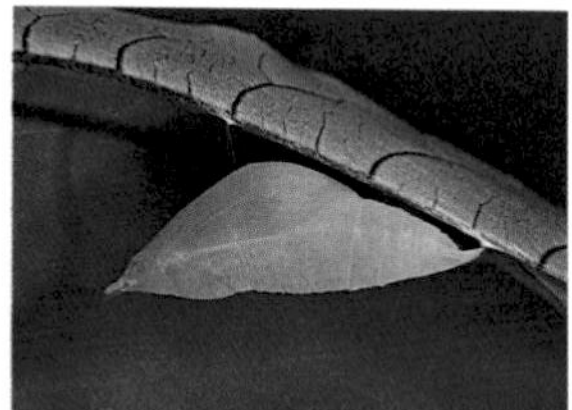
端紅蝶（P.68）

水青粉蝶（P.70）

淡黃蝶（P.72）

紅點粉蝶（P.74）

荷氏黃蝶（P.76）

台灣黃蝶（P.78）

表八 外形呈圓筒狀，體表大部分面積具明亮的鏡面般光澤

斑蝶

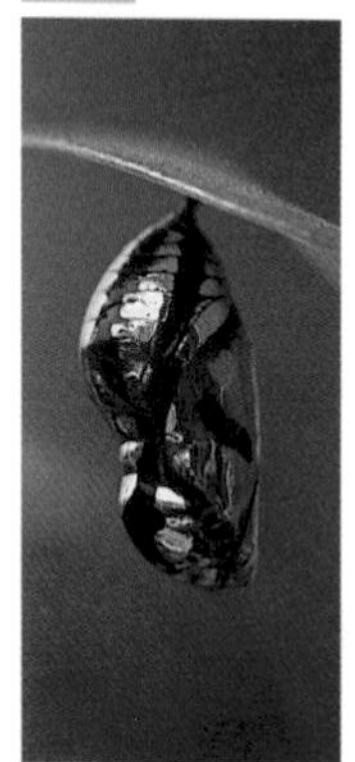
圓翅紫斑蝶（P.96）

端紫斑蝶（P.98）

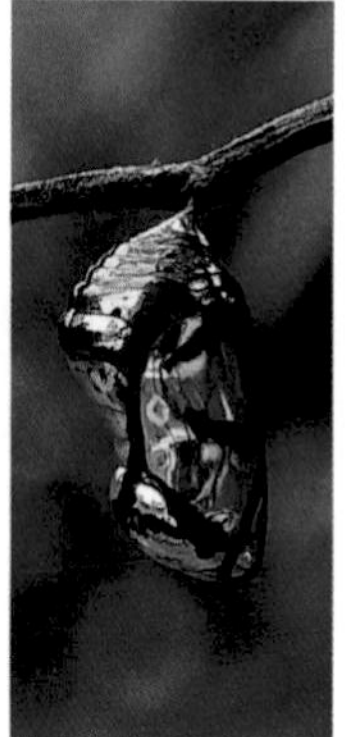
斯氏紫斑蝶（P.100）

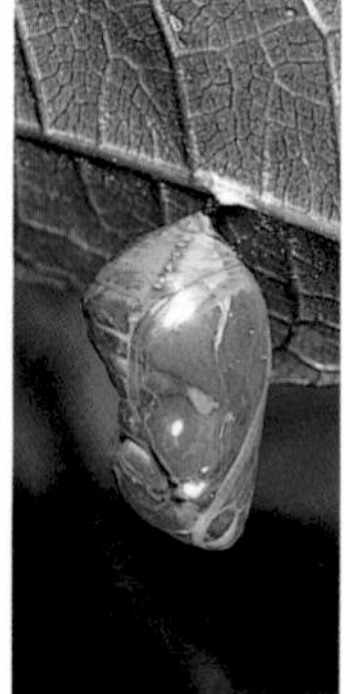
小紫斑蝶（P.102）

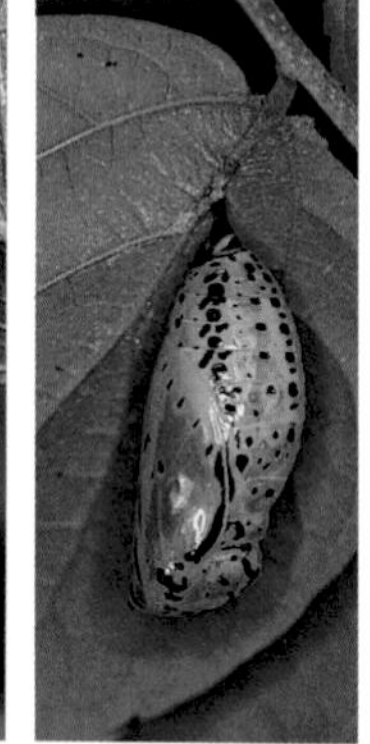
大白斑蝶（P.104）

表九　外形呈圓筒狀，體表具左右對稱的銀色或金色小光斑

斑蝶

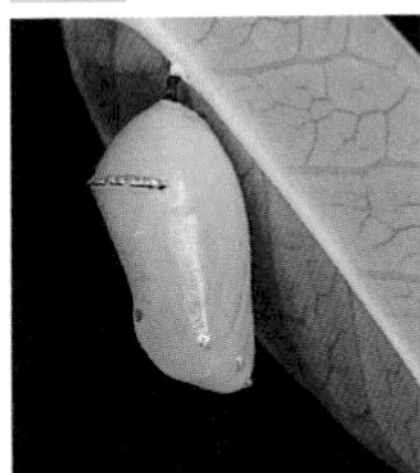
黑脈樺斑蝶（P.80）

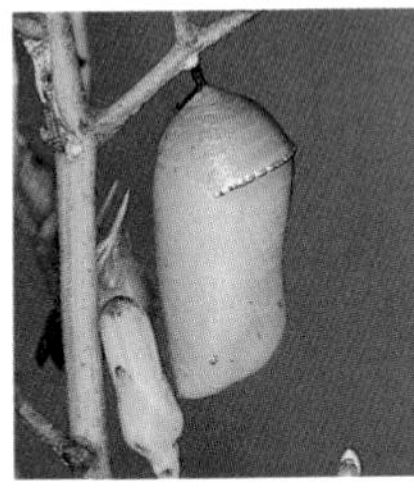
樺斑蝶（P.82）

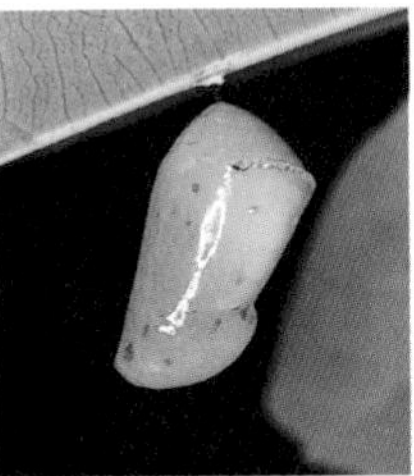
淡色小紋青斑蝶（P.84）

小紋青斑蝶（P.86）

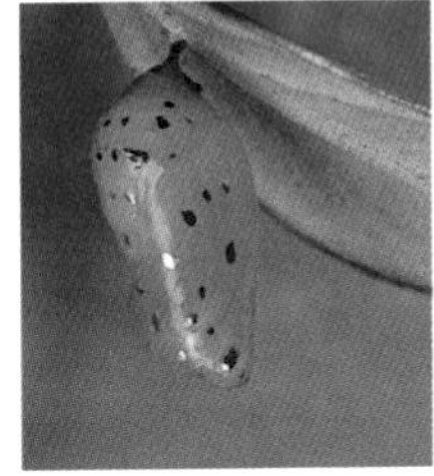
姬小紋青斑蝶（P.88）

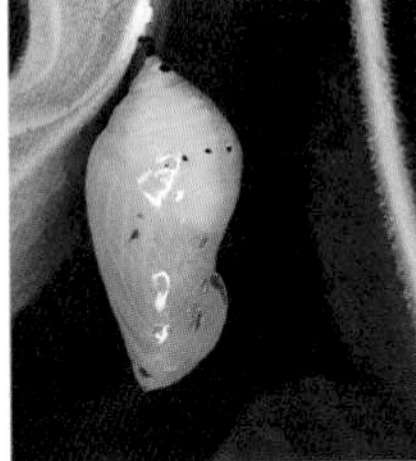
青斑蝶（P.90）

小青斑蝶（P.92）

琉球青斑蝶（P.94）

表十　外形呈圓筒狀，體表無任何金屬光澤或光斑

蛇目蝶

永澤黃斑蔭蝶（P.172）

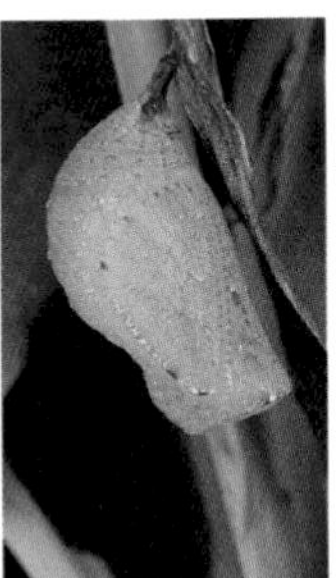
小蛇目蝶（P.174）

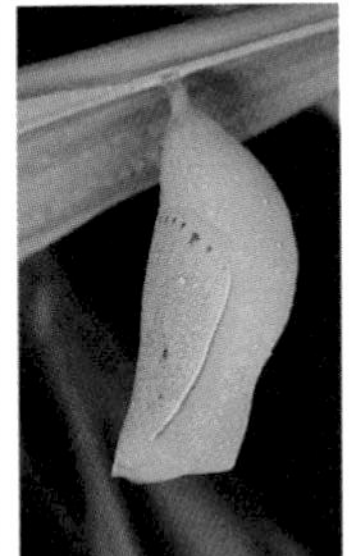
姬蛇目蝶（P.176）

切翅單環蝶（P.178）

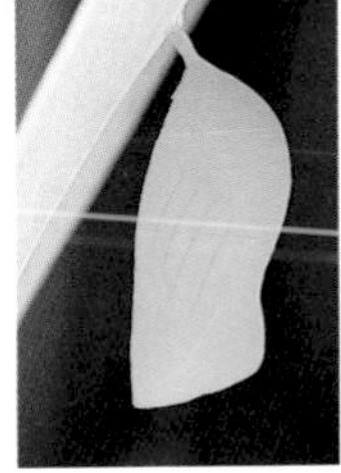
黑樹蔭蝶（P.180）

表十一　外形偽裝成綠葉狀

蛺蝶

豹紋蝶（P.152）

紅星斑蛺蝶（P.156）

台灣小紫蛺蝶（P.154）

表十二　體表具明顯棘刺、尖突或稜角，無任何金屬光澤或光斑

蛺蝶

細蝶（P.106）

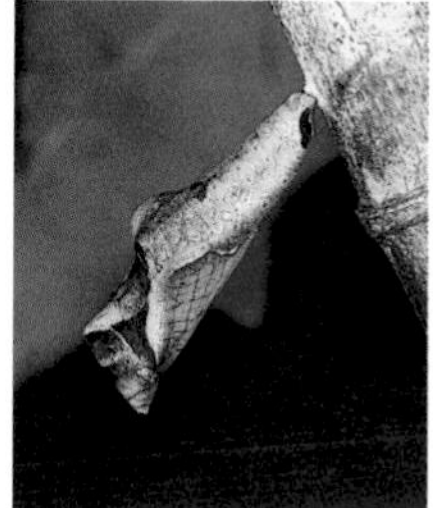
樺蛺蝶（P.108）

孔雀蛺蝶（P.116）

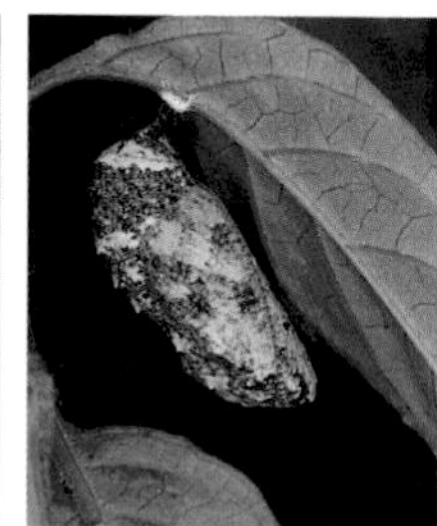
眼紋擬蛺蝶（P.118）

孔雀青蛺蝶（P.120）

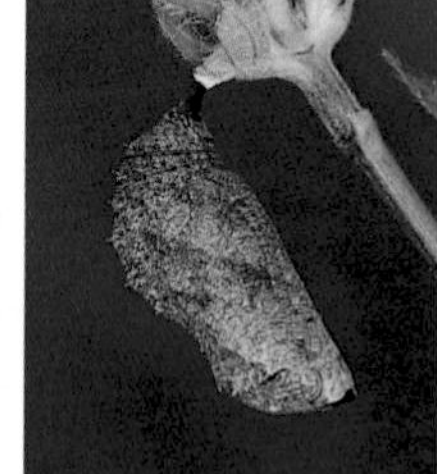
黑擬蛺蝶（P.122）

枯葉蝶（P.124）

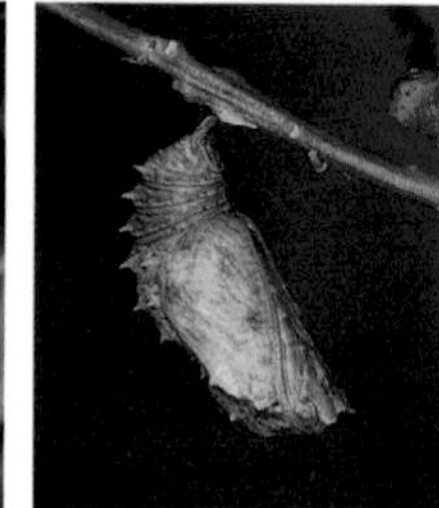
雌紅紫蛺蝶（P.138）

琉球紫蛺蝶（P.140）

石墻蝶（P.148）

流星蛺蝶（P.150）

環紋蝶

環紋蝶（P.158）

蛇目蝶

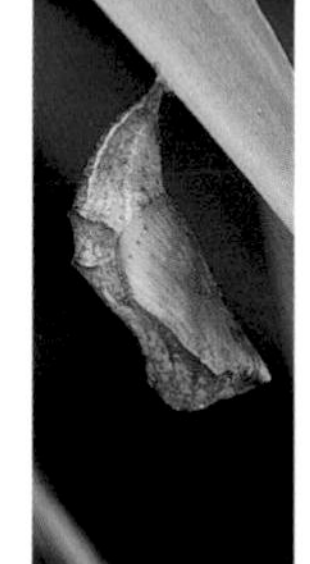
小波紋蛇目蝶（P.160）

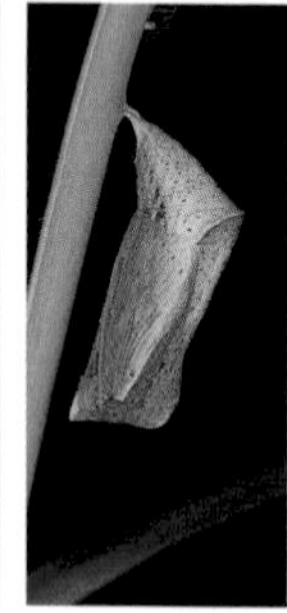
大波紋蛇目蝶（P.162）

台灣波紋蛇目蝶（P.164）

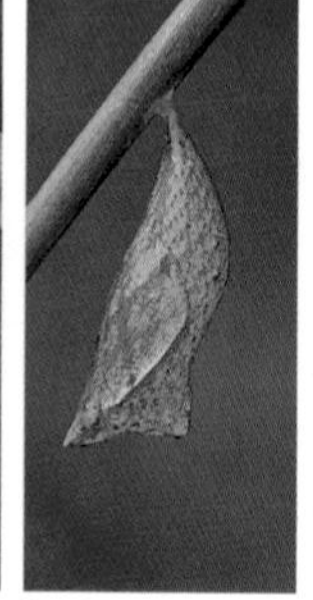
雌褐蔭蝶（P.170）

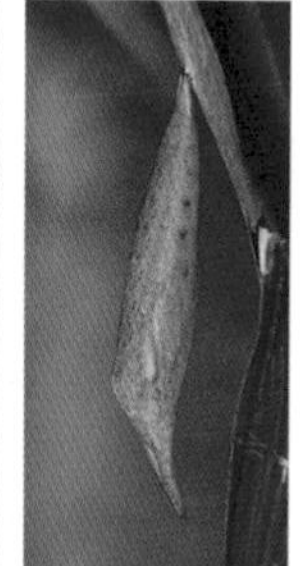
白條斑蔭蝶（P.182）

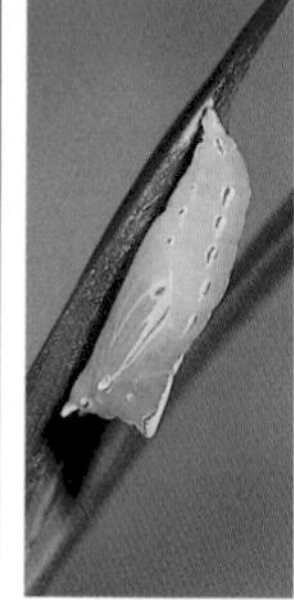
紫蛇目蝶（P.184）

表十三

體表具明顯棘刺、尖突或稜角，大部分面積具明亮的鏡面般光澤

蛺蝶

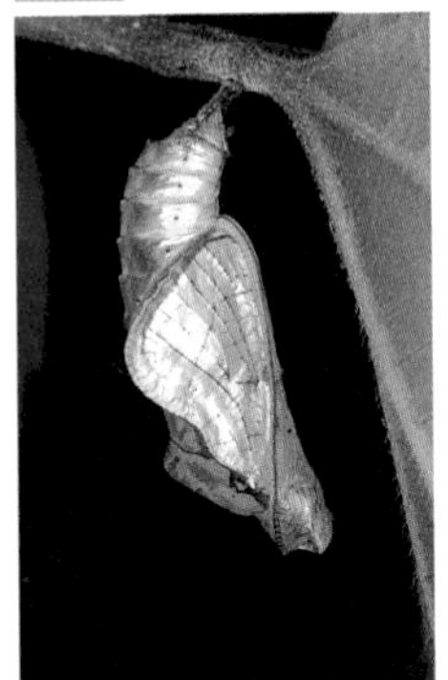

琉球三線蝶（P.142）

台灣三線蝶（P.144）

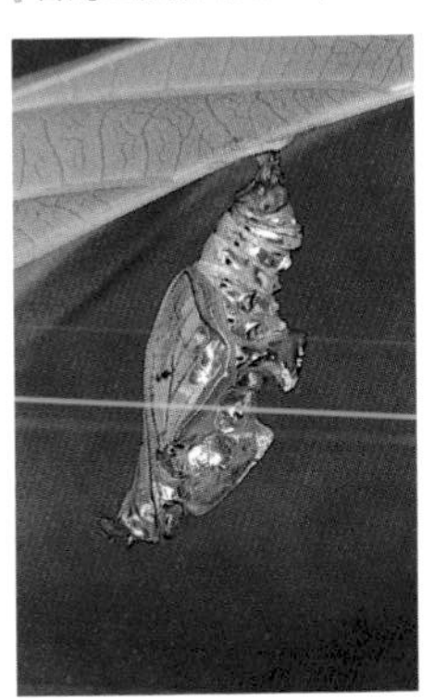

單帶蛺蝶（P.146）

表十四 體表具明顯棘刺、尖突或稜角，且有多枚左右對稱的小光斑

蛺蝶

黑端豹斑蝶（P.110）

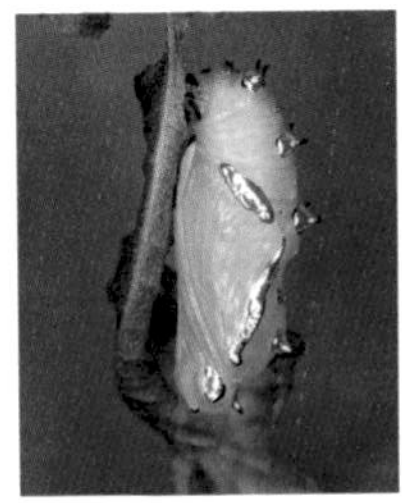

紅擬豹斑蝶（P.112）

黃斑蝶（P.114）

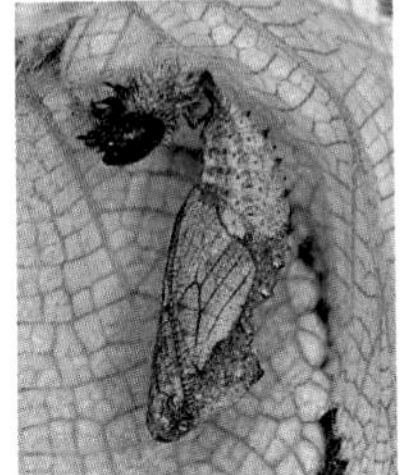

紅蛺蝶（P.126）

姬紅蛺蝶（P.128）

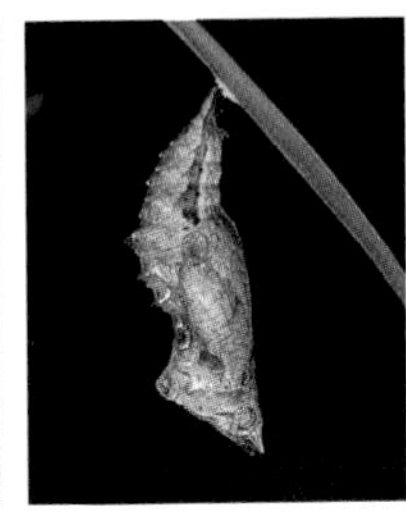

黃蛺蝶（P.130）

琉璃蛺蝶（P.132）

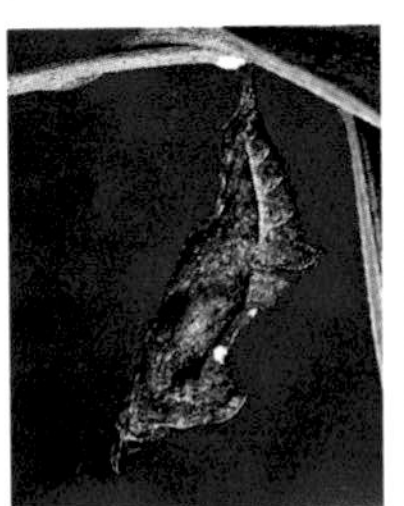

台灣黃三線蝶（P.134）

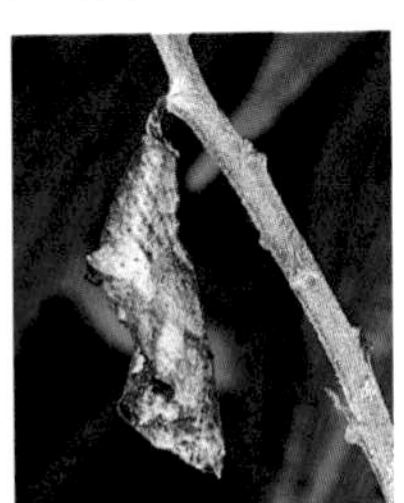

姬黃三線蝶（P.136）

表十五 體表具明顯棘刺、尖突或稜角，左右各具一條細長的不明顯光斑

蛇目蝶

白條蔭蝶（P.166）

波紋白條蔭蝶（P.168）

【中名索引】包含中名與別名

◆十一劃

◆十二劃

◆十三劃

◆十四劃

◆十五劃

◆十六劃

◆十七劃

◆十八劃

◆二十劃以上

【學名索引】

L

M

N

P

S

T

U

V

Y

Z

#【新版後記】

本書初版印行以前，個人和遠流台灣館的合作已有長期的默契，不過當初這本口袋型的蝶書從內容架構的商議定案，到撰文、整理圖片、修潤、編排設計、乃至付梓印行，卻是在短短數月當中挑戰完成，算是打破了自己與台灣館過往的紀錄。時間雖短，整體呈現卻讓人十分滿意。這是我非常喜歡的一本著作，相當感謝靜宜與詩薇當年經常要犧牲假日，為這本書的最佳呈現費心；更讓人意外欣喜的，台灣館竟然能商請到「老爺」（鄭司維）這位頂尖的紙模型設計大師，甘願牛刀小用來替這本小書做美編設計，與有榮焉的是鄭先生如今已擔任大學教授逾十年，再次謝謝「老爺」教授賦予台灣彩蝶翩然紙上的新生命。

這本書的出版曾經創造了自己許多全新紀錄：生平第一次不用筆寫，而改以電腦打字撰文；第一次一邊寫書、一邊飼養蝴蝶趕拍書中要用的照片；第一次嘗試使用數位相機的作品（延伸附錄中的食草圖片，即是以數位相機完成）。選定的100種蝴蝶中，有不少種類的幼生期，是往年在野外採集到幼蟲後所飼養拍攝的，然而存檔照片中獨缺卵的資料；亦有極少數幾種自己未曾飼養，卻不能不介紹。而全力寫稿期間，往往又無法分身到戶外採集、拍攝特定的種類。慶幸且感念當年各地新舊朋友的鼎力相助：有的提供立即資訊；有的遠從其他縣市，將我所需要的蝶卵及幼蟲，或以快遞或親身送達新店，使得這100種蝴蝶的生活史照片能夠完整無缺。所以要再次向埔里蝴蝶園的羅錦文先生、錦吉昆蟲館的羅錦吉先生、安坑蝴蝶園的牛伯伯和新竹荒野的麗玲與國元、紹忠、冠宇等眾多蝶友致謝，十分感激大家的厚愛！

回顧自己從事田野昆蟲生態研究攝影數十年，如今滿頭灰髮已屆退休之齡。不過，蝴蝶仍算是個人接觸最早、用情最久的初戀，非常榮幸當年有台灣館工作夥伴們的鞭策激勵，促成這本書的編寫與拍攝，也讓《蝴蝶100》成為一本全方位的完整生態圖鑑。初版發行後的十餘年來，國人的賞蝶、識蝶活動逐年興榮、專業，坊間應運而生相關的參考書籍不一而足，成蟲、食草、幼生期的圖鑑各領風騷。很欣慰本書在市場上售罄一段不短的時日後，遠流台灣館決定讓向隅的讀者擁有購得改版新書的重新選擇機會。編輯會議上，我回覆主編說這本書最大的特色，它是初入門者可以從辨識蝴蝶種類開始，一路鑽研到認識幼蟲食草、幼生期進階飼養觀察的全方位常見種圖鑑。我們衷心希望它陪伴初探蝴蝶世界的新手蝶友，人人都能簡單入門，進而歡喜充實的與蝶為伍。

生態攝影創作之於個人，是興趣、更是養家餬口的事業。隨著數位時代的變遷，網路蓬勃崛起對傳統產業形態帶來前所未有的革命性衝擊，因應不及的許多紙業、印刷、出版事業紛紛中箭歇業，以圖鑑形態書籍出版為主的我更是首當其衝。至於早年要拍好一張及格的生態攝影作品，攝影師的專業器材、技巧、經驗各方面都有一定的門檻，所以相關專業攝影的幻燈片作品授權，還可以是一項穩定的收入來源，如今隨著數位科技的精進，任何人一台智慧型手機都可以輕鬆拍到差強人意的生態作品，因此造成不少「專業」變成「無業」最後被迫「轉業」的窘境。

感念上蒼垂憐，我並未被現實逼得必須中年轉業，在昆蟲前輩趙榮台老師的厚愛牽成下，2010年開始與金門結緣，繼續做的還是自己最專長的昆蟲生態攝影、出版。也因為藉由幫金門國家公園或金門林務所撰寫昆蟲相關書籍的機緣，個人探索昆蟲世界的觸角與地緣關係，從海洋島國形態的台灣本土進而擴展到華南沿海的大陸型島嶼。

其實，金門野地自然環境的歧異度跟台灣山林比起來相對偏低，在昆蟲世界的探索中，能讓人嘆為觀止的驚豔著實不多。很欣慰老天爺對我似乎厚愛有加，2013～2019年間還能在工作之餘，每年抽空參加一兩趟摯友的中國鍬形蟲研究採集隊，前後二百多天裡跑遍雲南各地的原始林區，除了夜晚點燈誘集趨光甲蟲，白天就把大部分的精力專注在陌生蝶種的拍攝與生態探索。2014年盛夏，甚至在不知自己心臟幾乎無法負荷下，從雲南德欽縣海拔4,250公尺的白茫雪山埡口路邊下車，立即帶著精簡的攝影裝備隨著中國蝶友往海拔5,000公尺以上的高地走去，目的就是為了一睹從未親見的絹蝶，這是一類台灣毫無種類分布的高原性鳳蝶科成員。在體力與毅力的交戰中，我的足跡最終在海拔4,700公尺左右的碎石坡間止步，雖然看見了、也拍到了幾隻老態龍鍾翅裳破舊的絹蝶，然而看著海拔更高處一些野花叢上來來去去的白色蝶影，當下內心還立定志向——有一天我要再來拍到更完美的絹蝶倩影。

誘請中國罕見的珍稀蝶類璞蛺蝶（*Prothoce franck*）上手吸汗，攝於雲南西雙版納與寮國邊境。

雲南高原訪蝶回國半年後的一個寒夜，突發的心肌梗塞才喚醒自己的記憶，當初白茫雪山登高過程中，明明高山症發作喘不過氣了，還強逼著自己要超越極限，沒有客死他鄉，命真的是撿回來的。從此，我的人生觀比以往更樂觀開朗、也更隨緣了！

活過了一甲子回顧與蝴蝶交往的心路歷程，從汲汲營營設法100種、200種的標本收藏入門，進而因熱衷蝶翅鱗片微觀下奇幻色彩搭配造型構圖的攝影創作，開始嘗試飼養各種不同的蝶種，為的是完整無暇的新鮮蝶翅標本；接著慢慢懂得欣賞大自然各種生命成長蛻變的神奇幻化與偉大。如今不只隨緣，甚至愛上了和彩蝶親密接觸的悸動，我愛放開胸懷請不同的彩蝶上手，最後一起拍下紀念照，拍下永生不滅的情愫與回憶。嗯！蝴蝶真的真的是我的最愛。

張永仁

國家圖書館出版品預行編目資料

蝴蝶100生活史全圖鑑 = A field guide to the butterflies of Taiwan/張永仁著. -- 臺北市 : 遠流出版事業股份有限公司, 2023.03, 256面 ; 21×14.8公分

ISBN 978-957-32-9979-0(平裝)

1.CST: 蝴蝶 2.CST: 動物圖鑑 3.CST: 臺灣

387.793025 112000327

蝴蝶100 生活史全圖鑑

A FIELD GUIDE TO THE BUTTERFLIES OF TAIWAN

作者／張永仁

編輯製作／台灣館
總編輯／黃靜宜
原版執行主編／張詩薇
原版美術設計／鄭司維、黃慧甄
新版執行主編／張尊禎
新版美術編輯暨封面設計／陳春惠
行銷企劃／叢昌瑜、沈嘉悅

發行人／王榮文
發行單位／遠流出版社事業股份有限公司
地址／ 104005 台北市中山北路一段 11 號 13 樓
電話／（02）2571-0297　傳真／（02）2571-0197　劃撥帳號／0189456-1
著作權顧問／蕭雄淋律師
輸出印刷／中原造像股份有限公司
□ 2023 年 3 月 1 日新版一刷

定價 600 元（缺頁或破損的書，請寄回更換）

ISBN 978-957-32-9979-0
YL ib 遠流博識網 http://www.ylib.com Email: ylib@ylib.com

【本書為《蝴蝶 100》之修訂新版，原版於 2007 年出版】